人工智能技术与大数据

Artificial Intelligence for Big Data

[印度] 阿南德·德什潘德 (Anand Deshpande)
[印度] 马尼什·库马 (Manish Kumar)

著　赵运枫　黄伟哲　译

人民邮电出版社

北　京

图书在版编目（CIP）数据

人工智能技术与大数据 / （印）阿南德·德什潘德
（Anand Deshpande）著 ；（印）马尼什·库马
（Manish Kumar）著 ；赵运枫，黄伟哲译. -- 北京 : 人
民邮电出版社，2020.10
ISBN 978-7-115-50815-7

Ⅰ. ①人… Ⅱ. ①阿… ②马… ③赵… ④黄… Ⅲ.
①人工智能②数据处理 Ⅳ. ①TP18②TP274

中国版本图书馆CIP数据核字(2020)第070113号

版 权 声 明

- ◆ 著　　　　[印] 阿南德·德什潘德（Anand Deshpande）
　　　　　　　[印] 马尼什·库马（Manish Kumar）
　　译　　　　赵运枫　黄伟哲
　　责任编辑　吴晋瑜
　　责任印制　王　郁　焦志炜
- ◆ 人民邮电出版社出版发行　　北京市丰台区成寿寺路 11 号
　　邮编　100164　电子邮件　315@ptpress.com.cn
　　网址　https://www.ptpress.com.cn
　　北京市艺辉印刷有限公司印刷
- ◆ 开本：800×1000　1/16
　　印张：18.5
　　字数：338 千字　　　　　　　2020 年 10 月第 1 版
　　印数：1 – 2 000 册　　　　　 2020 年 10 月北京第 1 次印刷
　　著作权合同登记号　图字：01-2018-7749 号

定价：69.00 元
读者服务热线：**(010) 81055410**　印装质量热线：**(010) 81055316**
反盗版热线：**(010) 81055315**
广告经营许可证：京东市监广登字 20170147 号

内容提要

　　本书分为两个部分，共 12 章。第 1 章到第 5 章介绍了大数据的本体论、机器学习的基本理论等内容，为具体场景、算法的实践奠定了基础。读者可以了解到，在工程实践中，对大数据的处理、转化方式与人类学习知识并将其转化为实践的过程是多么相似。在对机器学习的介绍中，会对其数学原理、训练过程做基本的讲解，并辅以代码帮助读者了解真实场景中技术工具的使用。第 6 章到第 12 章提供了多个不同的用例，章节之间彼此独立，介绍了如何用人工智能技术（自然语言处理、模糊系统、遗传编程、群体智能、强化学习、网络安全、认知计算）实现大数据自动化解决方案。

　　如果读者对 Java 编程语言、分布式计算框架、各种机器学习算法有一定的了解，那么本书可以帮助你建立一个全局观，从更广阔的视角来看待人工智能技术在大数据中的应用。如果读者对上述知识一无所知，但是对大数据人工智能的技术、业务非常感兴趣，那么可以通过本书获得从零到一的认知提升。

译者序

都说互联网行业擅长"造"概念，把一个早已存在的事物用一个新词去包装，仿佛完成了一次创新。大数据（Big Data）是近些年最热门的话题之一，在更新迭代如此迅速的互联网领域，这个概念算得上"经久不衰"了。这是为什么呢？我想搞清楚这个问题。要知道，利用数据进行分析是人类生产生活实践中一直都在使用的方式。

何况这个技术一点也不新。仅就工具而论，这两年火起来的 Apache Flink，实际上第 1 版的发行时间比 Apache Spark 还要早上几年。大数据平台中最重要的工具 Hadoop，开发者们在十几年前就完成了基本框架的开发，谷歌的"老三篇"论文发布更要在这之前。现在人人都在用 Hive 做数据仓库，但是 20 世纪 90 年代没有 Hive 时，人们照样用类似的思想，用不一样的工具，做着同样的事情。哪怕是当前最热、最新的人工智能技术，也早在几十年前就开始了酝酿。而这一切，早在"大数据元年"到来之前，就在悄悄地发生着。

所谓大数据时代，除了带来更多、更丰富的数据，还带来了什么呢？直到我读了这本书，才算是有了一个初步清晰的答案。随着数据量的增大、数据流转速度的增快、数据多样性的增加，人们重新意识到了一件事——数据即信息，而对信息的处理可以将其转变为知识，运用知识就可以获得价值。在数据量不大的过去，人们可获取的知识是片面的，产生的价值也是有限的。在通信、网络、存储等各方面技术都得以发展的今天，人们获得了前所未有的数据量和计算能力。在传统企业中，人们更多地凭借经验来做出决策，数据只是辅助；而在创新型企业中，人们可以彻彻底底地依靠数据驱动业务，进一步还会发生公司组织方式的转变。这便是产业数字化转型的核心。

介绍大数据与人工智能技术的书有很多。有的介绍平台架构，有的分享最佳实践，有的深入源码分析。很多书都有着深刻的洞见，并且十分实用。但是对于初入这个行业的人来说，若不了解它们如何影响人们认知世界的方式，很容易陷入"只研究工具如何使用"的沼泽中。本书不仅对大数据与人工智能有一个综述性的介绍，也提供了多个不同场景中的用例。相信读者读完本书后，会有一种豁然开朗的感觉："原来人工智能技术在大数据中的应用就是这样的啊!"

　　本书由赵运枫与黄伟哲共同翻译，因个人水平有限，书中难免有疏漏之处，望广大读者予以指正。

黄伟哲

于成都

作者简介

阿南德·德什潘德（Anand Deshpande）是 Datametica Solutions 公司的大数据交付主管。他负责与客户合作制订数据策略，并帮助他们的公司成为数据驱动型企业。他拥有丰富的大数据生态系统技术经验，经常在各种活动中就数据科学和大数据发表演讲，对数据科学、认知智能以及用于数据管理和分析的算法有着浓厚的兴趣。

"本书及我生命中所有有价值的东西都离不开我的精神导师、父母和姻亲的祝福，离不开我的妻子 Mugdha、女儿 Devyani 和 Sharvari 无条件的支持和爱。感谢本书另一位作者 Manish Kumar 的合作。非常感谢 Rajiv Gupta 先生和 Sunil Kakade 先生的支持和指导。"

马尼什·库马（Manish Kumar）是 Datametica Solutions 公司的高级技术架构师。作为一名数据、解决方案和产品架构师，他拥有超过 11 年的数据管理行业经验，经常就大数据和数据科学发表演讲。他在构建有效的 ETL 管道、通过 Hadoop 实现安全性、实现实时数据分析解决方案，以及为数据科学问题提供创新和最佳的可能解决方案方面拥有丰富的经验。

"感谢我的父母 N.K. Singh 博士和 Rambha Singh 博士，感谢他们的祝福。感谢我的妻子 Swati Singh 和我可爱的儿子 Lakshya Singh，在写作本书期间，我没能很好地陪伴他们，感恩有他们的支持。感谢我的合著者和朋友 Anand Deshpande 先生，并向给予我们支持的 Niraj Kumar 先生和 Rajiv Gupta 先生表示感谢。"

审稿人简介

阿尔本索·科莱塔（Albenzo Coletta）是机器人、国防、航空电子和电信领域的高级软件工程师和系统工程师。他拥有计算机器人硕士学位。他是人工智能领域的工业研究人员、COMAU 机器人通信系统的设计师和业务分析师。他设计了一个针对财务问题的模糊神经系统（与 Sannio 大学合作），还为几个意大利重要的编辑团体设计了一个推荐系统。他同时也是 UCID（经济和财政部）的顾问。他开发了一个可移动的人机交互系统。

詹卡洛·扎克卡恩（Giancarlo Zaccone）在管理科学和工业领域的研究项目方面拥有超过 10 年的经验。他曾在 CNR（国家研究委员会）担任研究员，在并行数值计算和科学可视化项目工作。他是一家咨询公司的高级软件工程师，为太空和国防应用开发和测试软件系统。他拥有意大利那不勒斯费德里克二世（Naples Federico II）大学的物理学硕士学位和罗马大学（La Sapienza of Rome）的科学计算二级 PG 硕士学位。

译者简介

赵运枫 数据工程师/架构师，对大数据、金融科技、信用风控、知识图谱有浓厚兴趣。目前就职于新希望金融科技有限公司。联系邮箱：zyf0880@163.com。

黄伟哲 大数据开发工程师、软件咨询师，大数据与人工智能技术爱好者，擅长敏捷软件开发与交付。目前就职于思特沃克（ThoughtWorks）。联系邮箱：weizhe.huang@thoughtworks.com。

前言

人们正处于数字时代发展的十字路口，每个人手中都掌握着巨大的计算能力和数据——当前的电子数据量呈指数级增长。在接触数据相关技术的 6 年多里，我们看到了一个快速的转变，即企业愿意利用数据资产，从最初的获取洞见，到最终的获取高级分析。最初听起来像炒作的东西在很短的时间内变成了现实。大多数公司已经意识到，数据是保持话语权所需的最重要资产。作为大数据分析行业的从业者，我们通过与不同规模、不同区域和不同功能领域的客户合作，已经真切地看到了这种转变。它们都利用开放分布式开源计算存储数据资产，并通过执行高级分析预测企业未来趋势和业务风险。

本书旨在分享我们长期以来获得的知识，以期大数据领域的新从业者能从我们的经验中受益。我们认识到，人工智能领域是广阔的，它只是人类历史上一场革命的开始。我们将看到人工智能成为每个人生活中的主流，它会通过补充人类的能力来解决一些长期困扰我们的问题。本书对机器学习和人工智能的理论做了全面的介绍，从最基本的知识到用认知智能构建应用程序，采用一种简单的方法来说明核心概念和理论，并给出了图解和示例。

如果读者从本书中受益，并将他们的学习和创新快速推进到令人兴奋至极的某个计算领域，创建一个真正的智能系统，将人的能力提高到下一个层次，这对于我们来说将是最大的鼓舞。

读者对象

本书是为那些对机器学习、人工智能和大数据分析领域充满好奇的读者准备的。本书并不要求读者对统计学、概率论或数学有深入的了解。这些概念通过易于遵循的示例进行了说明。如果读者对 Java 编程语言和分布式计算框架（Hadoop/Spark）的概念有基本的了解，那么有助于更好地阅读本书。本书对数据科学家、IT 产品和服务公司的技术人员、技术项目经理、架构师、业务分析师以及任何处理数据资产的人都很有用。

主要内容

第 1 章，大数据与人工智能系统。本章为数据革命伊始人类智能和机器智能的融合提供背景。人们有能力去消费和处理以前不可能达到的数据量。本章将解释人们那些决定性的力量和行为如何影响生活质量，以及如何转化成机器世界。在深入了解人工智能的基础知识之前，本章将介绍大数据的范式及其核心属性。接下来，本章将提炼出"大数据框架"的概念，并研究如何利用它们在机器中构建智能。最后，本章将展示大数据和人工智能的一些令人兴奋的应用。

第 2 章，大数据本体论。本章会把数据的语义表示引入知识资产。如果想要实现人工智能，语义化和标准化的世界观是必不可少的。人工智能从数据中获取知识，利用上下文知识进行洞察并做出有意义的行动，以增强人类的能力。这种语义的世界观被表示为本体论。

第 3 章，从大数据中学习。本章展示机器学习的广泛分类，如监督学习和无监督学习，并介绍一些广泛使用的基本算法，最后概述 Spark 编程模型和 Spark 的机器学习库（Spark MLlib）。

第 4 章，大数据神经网络。本章介绍神经网络的相关内容，并探索它们如何随着分布式计算框架计算能力的提升而发展。神经网络从人脑中得到灵感，帮助人们解决一些非常复杂的问题，这些问题是传统数学模型无法解决的。

第 5 章，深度大数据分析。本章通过探索深度神经网络和深度学习的组件——梯度下降和反向传播，将人们对神经网络的理解提升到一个新的层次。本章将介绍如何构建数据准备管道、实现神经网络体系结构和超参数调优，并通过使用 DL4J 库的示例来探索用于深度神经网络的分布式计算。

第 6 章，自然语言处理。本章介绍**自然语言处理**（Natural Language Processing，NLP）的一些基本原理。当人们构建智能机器时，与机器的接口必须尽可能自然，就像日常的人类交互一样。NLP 是实现这一目标的重要步骤之一。本章介绍文本预处理、从自然语言文本中提取相关特征的技术、自然语言处理技术的应用，以及使用自然语言处理实现情感分析。

第 7 章，模糊系统。本章提到，如果人们想要构建智能机器，一定程度的模糊性是必不可少的。在真实的场景中，虽然模型（如深度神经网络）需要实际的输入，但是它不能依赖精确的数学和定量输入来让系统工作。上下文信息的不完整、特征的随机性和对数据的忽略使得真实场景的许多特性被放大，不确定性更加频繁。人类的推理能力足以处理现实世界的这些属性。类似的模糊性对于构建能够真正补充人类能力的智能机器至关重要。本章还会介绍模糊逻辑的基本原理和它的数学表示，以及一些模糊系统的真实实现。

第 8 章，遗传编程。大数据挖掘工具需要借助高效的计算技术来提高效率。在数据挖掘上使用遗传算法可以创建具有强大健壮性、计算高效的自适应系统。事实上，随着数据呈指数级增长，数据分析将花费更多的时间，并反过来影响吞吐量。此外，由于它们的静态特性，复杂的隐藏模式常常被忽略。本章展示如何使用"基因"高效地挖掘数据，为此还将介绍遗传编程的基础知识和基本算法。

第 9 章，群体智能。本章分析使用群体智能解决大数据分析问题的潜力——结合群体智能和数据挖掘技术，可以更好地理解大数据分析问题，设计更有效的算法来解决现实世界中的这类问题。本章展示如何在大数据应用中使用这些算法，并介绍该领域的基本理论和一些编程框架。

第 10 章，强化学习。本章涵盖了作为机器学习范畴之一的强化学习。通过强化学习，智能代理根据它在特定环境中采取的行动所获得的奖励来学习正确的行为。本章介绍强化学习的基本原理、数学理论以及一些常用的强化学习技术。

第 11 章，网络安全。本章分析维生管线的网络安全问题。数据中心、数据库工厂和信息系统工厂不断受到攻击。在线分析可以检测这些潜在的攻击，以确保基础设施的安全。本章还将阐释**安全信息和事件管理**（Security Information and Event Management，SIEM）的概念，强调管理日志文件的重要性，并解释它们如何带来好处。本章还将介绍 Splunk 和 ArcSight ESM 系统。

第 12 章，认知计算。本章把认知计算作为人工智能发展的下一个层次。通过利用人类的 5 种主要感官和大脑作为第六感，认知系统的新时代开始了。本章展示人工智能的各个阶段，展示它朝着强人工智能发展的自然进程，以及实现它的关键推动者。大数据在分布式计算框架中带来了巨大的数据量和处理能力，本章会介绍认知系统的历史，回顾认知系统是如何随着大数据的出现加速发展的。

使用方法

本书的章节顺序是这样安排的：读者可以从基础知识开始，逐步了解大数据的人工智能，最终走向认知智能。第 1 章"大数据与人工智能系统"到第 5 章"深度大数据分析"，涵盖了机器学习的基本理论，为人工智能的实践方法奠定了基础。从第 6 章"自然语言处理"开始，我们将理论概念化为实际的实现和可能的用例。为了充分利用本书，建议按顺序阅读前 5 章。从第 6 章"自然语言处理"开始，读者可以选择任何感兴趣的话题，按照喜欢的顺序阅读。

排版约定

CodeInText：表示文本中的代码字、数据库表名、文件夹名、文件名、文件扩展名、路径名、虚拟 URL、用户输入和 Twitter 句柄。下面是一个例子：挂载下载的 WebStorm-10*.dmg，将磁盘映像文件作为系统中的另一个磁盘。

代码块设置如下：

```
StopWordsRemover remover = new StopWordsRemover()
  .setInputCol("raw")
  .setOutputCol("filtered");
```

任何命令行输入或输出如下：

```
$ mkdir css
$ cd css
```

黑体加粗：表示新术语、重要的词或在屏幕上看到的词。例如，菜单和对话框中出现的词：从 **Administration** 面板中选择 **System info**。

警告或重要注意事项会以这样的形式出现。

提示和技巧会以这样的形式出现。

资源与支持

本书由异步社区出品，社区（https://www.epubit.com/）将为读者提供后续服务。

提交勘误

作者和编辑尽最大努力来确保书中内容的准确性，但难免会存在疏漏。欢迎读者将发现的问题反馈给我们，帮助我们提升图书的质量。

当读者发现错误时，请登录异步社区，按书名搜索，进入本书页面，单击"提交勘误"，输入勘误信息并单击"提交"按钮即可，如下所示。本书的作者和编辑会对读者提交的勘误进行审核，确认并接受后，将赠予读者异步社区的 100 积分（积分可用于在异步社区兑换优惠券、样书或奖品）。

扫码关注本书

扫描下方二维码，读者将会在异步社区微信服务号中看到本书信息及相关的服务提示。

与我们联系

我们的联系邮箱是 contact@epubit.com.cn。

如果读者对本书有任何疑问或建议，请发送邮件给我们，并请在邮件标题中注明书名，以便我们更高效地做出反馈。

如果读者有兴趣出版图书、录制教学视频，或者参与图书翻译、技术审校等工作，可以发邮件给我们；有意出版图书的作者也可以到异步社区在线提交投稿（直接访问 www.epubit.com/selfpublish/submission 即可）。

如果读者所在的学校、培训机构或企业想批量购买本书或异步社区出版的其他图书，也可以发邮件给我们。

如果读者在网络上发现针对异步社区出品图书的各种形式的盗版行为，包括对图书全部或部分内容的非授权传播，请将怀疑有侵权行为的链接发邮件给我们。这是对作者权益的保护，也是我们持续为广大读者提供有价值的内容的动力之源。

关于异步社区和异步图书

"异步社区"是人民邮电出版社旗下 IT 专业图书社区，致力于出版精品 IT 技术图书和相关学习产品，为作译者提供优质出版服务。异步社区创办于 2015 年 8 月，提供大量精品 IT 技术图书和电子书，以及高品质技术文章和视频课程。更多详情请访问异步社区官网 https://www.epubit.com。

"异步图书"是由异步社区编辑团队策划出版的精品 IT 专业图书的品牌，依托于人民邮电出版社近 30 年的计算机图书出版积累和专业编辑团队，相关图书在封面上印有异步图书的 LOGO。异步图书的出版领域包括软件开发、大数据、AI、测试、前端、网络技术等。

异步社区

微信服务号

目录

第 1 章
大数据与人工智能系统

　　人脑是宇宙中最复杂的"机器"之一，它历经千万年进化到了现在的状态。持续不断的进化使人们能够理解自然的内在进程及其因果关系。基于这些理解，人们能够从自然中学习，去设计相似的机器设备和机制来不断提升生活品质，例如，摄影机的设计灵感就源自对人眼的理解。

　　从根本上讲，人类的智能基于**感知**、**存储**、**处理**和**行为**这一范式工作。人们通过感应器官收集、存储（记忆）、处理周围的信息以形成信念/模式/链接，并利用这些信息来做出基于情境和刺激的行为。

　　目前，人类正处于一个在进化上非常有趣的关键时刻，并且已经找到了一种以电子格式存储信息的方式。我们也正在努力设计能模仿人脑的机器，用于感知、存储和处理信息，从而做出有意义的决策，补充人类的能力。

　　本章旨在介绍数据革命伊始人类智能和机器智能融合的背景。人们有能力去消费和处理前所未有的大量数据。通过阅读本章，读者可以了解那些决定性的力量和行为如何影响了人们的生活质量，以及它们如何转化成了机器世界。在深入了解**人工智能**（Artificial Intelligence，AI）以及它的基本原理前，读者可以先来了解大数据的范式及其核心属性。本章将对大数据框架概念化，并对如何利用这些框架将智能构建到机器中形成观念，最后介绍大数据和人工智能一些令人兴奋的应用。

　　本章主要包括以下内容：结果金字塔、人类大脑和电子大脑的对比，以及大数据概述。

1.1　结果金字塔

人类做决策时需要将生活质量纳为考量因素。根据领导力伙伴顾问（Partners in Leadership）公司的说法，经验形成信念，信念产生行为，行为导致结果（积极的、消极的、好的或坏的）。这可以表示为结果金字塔，如图 1-1 所示。

结果金字塔理论的核心是，相同的行为无法产生更好或不同的结果。以一个组织为例，这个组织无法实现其既定目标，并且已经几个季度都偏离了它的愿景。这是管理层和员工们采取的某些行为的结果。如果这个团队继续持有同样的信念，并转化

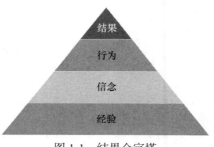

图 1-1　结果金字塔

为相似的行为，这个公司将无法看到其结果发生明显改变。为了达成既定目标，需要对这个团队的日常行为做出根本性的改变，这只能通过一套新的信念来实现。这意味着对该组织进行文化变革。

同样，在计算演化的核心，人造机器无法在传统的操作（行为）、模型（信念）和数据（经验）上进化得更具效用。如果人类的智能和机器的能力开始互补，那么我们可发展得更好。

1.2　人脑最擅长什么

尽管机器的智能成长很快，但人脑的某些能力是机器无法比拟的。

1.2.1　感官输入

人脑具有不可思议的能力，它利用所有感觉并行地收集感官输入。人们能同时看、听、触、尝、嗅，并且实时处理这些输入。在计算机术语中，这些是传输信息的不同数据源，而人脑能够处理这些数据并将其转化为信息和知识。人脑有一定程度的复杂度和智能，可根据情境对输入产生不同的反应。

例如，如果皮肤感觉到外界温度很高，则大脑就会在淋巴系统内产生引发出汗的触发器，从而控制体温。其中许多反应都是实时地被触发而无须有意识的行为。

1.2.2　存储

　　大脑会有意或无意地把从感觉器官收集的信息存储起来，并高效过滤掉那些对生存无关紧要的信息。尽管人脑的存储容量还没有确定值，但人们相信它的存储容量与计算机中的 TB 级别差不多。人脑的信息检索机制也高度复杂且高效。大脑可以根据上下文检索有价值和相关的信息。据了解，大脑以链表的形式存储信息，其中对象通过关系彼此连接，这是数据作为信息和知识可用的原因之一，以便在需要时使用。

1.2.3　处理能力

　　人脑可以读取感官输入，使用先前存储的信息，在不到 1ms 的时间内做出决策。神经元网络和它们之间的连接使这样的决策过程成为可能。人脑有 1000 亿个神经元，这些神经元被千万亿个突触连接在一起。它们协调成数十万种身体内部与外部的处理过程，对环境信息做出反应。

1.2.4　低能耗

　　人脑感知、存储和处理信息需要的能量更少。与等效的电子设备功率要求相比，人脑对能量（或功率）的要求是微不足道的。随着数据量的增长，以及人工机器处理能力的要求不断提高，我们需要考虑对人脑的能量利用进行建模。计算模型需要从根本上转向量子计算，最终转向生物计算。

1.3　电子大脑最擅长什么

　　随着计算机处理能力的提高，计算机在某些方面要比人脑好得多，我们将在下面几节中进行探讨。

1.3.1　速度信息存储

　　"电子大脑"（计算机）能以极快的速度阅读和存储大量的信息。存储容量呈指数级增长。信息很容易从一个地方复制和传输到另一个地方。用于分析、模式提取和建模的信息越多，预测就会越准确，机器也会变得更加智能。当所有因素保持不变时，跨机器的信息存储速度是一致的。然而，就人脑而言，存储和处理能力因个体而异。

1.3.2 蛮力处理

"电子大脑"可以用蛮力处理信息。分布式计算系统可以在几毫秒内扫描/排序/计算，并在非常大的数据量上运行各种类型的运算。人脑无法与"电子大脑"的蛮力相比。

"电子大脑"很容易联网和协作，以增加集体存储和处理能力。集体存储可以实时协作并产生预期的结果。虽然人脑可以协作，但在这方面无法与"电子大脑"相比。

1.4 两全其美

人工智能正在寻找并利用人脑与"电子大脑"这两者的优点来增强人类的能力。将人脑的复杂性和效率与计算机的蛮力结合在一起，可以产生智能机器，解决人类面临的一些最具挑战性的问题。届时，人工智能将补充人类的能力，并通过促进集体智能，向和谐社会迈进一步。人工智能的例子有流行趋势预测、基于 DNA 采样和分析的疾病预防、自动驾驶汽车、在危险环境下工作的机器人，以及为不同能力的人提供的机器助手等。

在机器学习和人工智能领域中，采用统计和算法处理数据已经流行了很长一段时间。然而，直到有了大量的可用数据和海量的处理速度（即大数据），其功能和适用场景才得以拓展。1.4.1 节将介绍一些大数据的基础知识。大数据的可用性加快了人工智能和机器学习应用的发展和演变。人工智能在大数据出现前后的对比如表 1-1 所示。

表 1-1　　　　　　　　　　　　人工智能在大数据出现前后的对比

大数据出现前的人工智能	大数据出现后的人工智能
有限数据集的可用性（MB）	不断增长的数据集的可用性（TB）
样本数量有限	大量样本可提高模型准确性
无法在毫秒内分析大数据	大数据分析（以 ms 为单位）
面向批次	实时
缓慢的学习曲线	加速的学习曲线
有限的数据源	异构和多种数据源
大多数是基于结构化的数据集	基于结构化/非结构化/半结构化的数据集

人工智能的主要目标是在机器中实现类似人类的智能，并创建收集数据的系统，对数据进行处理，创建模型（假设），预测或影响结果，最终改善人类生活。以大数据为金

字塔的核心，可以实时获得来自不同来源的海量数据集。这将为真正增强人类能力的人工智能打下一个坚实的基础，如图 1-2 所示。

图 1-2　以大数据为核心的金字塔

1.4.1　大数据

"我们没有更好的算法，只有更多的数据。"

——皮特·诺维格（Peter Norvig），谷歌研究总监

在字典中，数据被定义为收集在一起以供参考和分析的事实与统计数字。存储机制在人类进化过程中有了很大的发展，如雕刻、在叶子上手写的文字、穿孔卡片、磁带、硬盘、软盘、CD、DVD、SSD、人类 DNA 等。每种新媒介的出现使人们能够在更少的空间中存储更多的数据，这是朝着正确的方式转变。随着互联网和物联网的出现，数据量呈指数级增长。

 数据量呈爆炸式增长，过去两年间创造的数据比人类整个历史上的还要多。

"大数据"一词用来表示不断增长的数据量。除了数据量大，这个词还包括高速、多样和价值这 3 个属性。

（1）**大量**。这代表了呈指数级增长的数据量。现在人们通过越来越多人造物和自然物体之间的接口收集数据。例如，一位病人的日常就诊现在能产生 MB 级别的电子数据，一位普通的智能手机用户每天至少产生几 GB 的数据，一次点到点的飞行能产生半 TB 的数据。

（2）**高速**。这代表了数据产生的速度，以及对某些关键操作进行准实时数据分析的需要。人们用传感器收集来自自然现象的数据，将数据进行处理后用来预测飓风或

地震。医疗保健是关于数据生成速度一个很好的例子，分析和行动是关键，如图 1-3 所示。

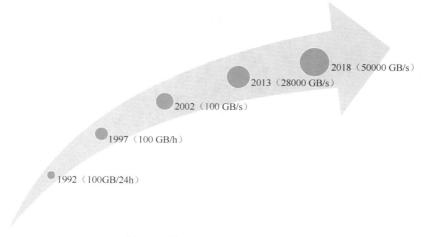

2018（50000 GB/s）

2013（28000 GB/s）

2002（100 GB/s）

1997（100 GB/h）

1992（100GB/24h）

图 1-3　持续增长的数据量与速度

（3）**多样**。这代表了数据格式的多样。在历史上，大多数电子数据集都是结构化的，并且适合数据库表（列和行）。然而，现在我们生成的超过 80%的电子数据集不是结构化的，如图像、视频和语音数据文件。有了大数据，我们就可以分析绝大多数结构化、非结构化和半结构化的数据集。

（4）**价值**。这是大数据最重要的方面。数据只有产生可操作的洞见时才有价值。记住结果金字塔的结论——行为导致结果。毫无疑问，数据是这种可操作的洞见的关键。然而，系统需要快速地发展，以便能够分析数据、理解数据中的模式，并基于情境背景的细节，提供最终能够产生价值的解决方案。

1.4.2　从迟钝机器进化到智能机器

存储和处理这些海量数据的机器与机制随时间发生了巨大的变化。下面简要地看看机器（简单地说就是计算机）的发展。在大部分发展进程中，计算机都是迟钝机器，而不是智能机器。计算机的基本构件是**中央处理单元**（Central Processing Unit，CPU）、**随机存储器**（临时内存）和**磁盘**（持久存储）。CPU 的核心组件之一是**算术逻辑单元**（Arithmetic and Logic Unit，ALU）。这个组件能够执行数学计算的基本步骤和逻辑操作。有了这些基本能力，传统计算机就有了更强大的处理能力。然而，它们仍然是没有任何内在智能的迟钝机器。这些计算机非常擅长使用蛮力执行预定义的指令，并为未定义的场景抛出错误或异常。这些计算机程序只能回答它们要解决的特定问题。

尽管这些机器可以处理大量的数据并执行繁重的计算任务，但总是被限制在它们被设计要做的事情上。例如，自动驾驶汽车就存在很大的局限。如果计算机程序按照预定义的指令工作，那么通过编写程序的方式来让汽车处理所有的情况几乎是不可能的。要想在所有路况下驾驶汽车，就需要花费大量时间去编写程序。

传统计算机对未知或非编程情况的响应能力有限，这导致了一个问题：机器能被开发得像人类一样思考和进化吗？需要记住的是，人们在学习开车的时候，只是在一些特定的情况和特定的道路上驾驶它。人脑能非常快速地学会对新情况做出反应，并触发各种操作（休息、转弯、加速等）。这种好奇心促进了传统计算机向人工智能机器的进化。

传统上，人工智能系统的发展是以创建专家系统为目标的，这些专家系统展示智能行为，并在每一次交互和结果中学习，类似于人脑。

1956 年，"人工智能"这个词被创造出来。尽管在这个过程中有一些大大小小的发展，但 20 世纪的最后 10 年才标志着人工智能技术的显著进步。1990 年，出现了一些机器学习算法，这些算法的原理包括基于案例的推理以及自然语言理解与翻译。1997 年，当计算机"深蓝"击败当时的世界象棋冠军加里·卡斯帕罗夫（Gary Kasparov）时，机器智能的发展来到了一个重要的里程碑。此后，人工智能系统又取得了很大的进步，以至于一些专家预言人工智能最终将在所有方面击败人类。本书将着眼于构建智能系统的细节，并了解核心手段与可用的技术。我们将共同参与人类历史上最伟大的革命之一。

1.4.3 智能

从根本上说，智能，尤其是人类智能，是一个不断进化的现象。当应用于感官输入或数据资产时，智能通过 4 个"P"进行演化：**感知**（Perceive）、**处理**（Process）、**持久化**（Persist）和**执行**（Perform）。为了开发人工智能，需要用同样的循环方法为机器建模，如图 1-4 所示。

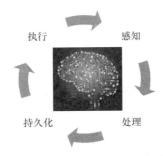

图 1-4　为机器建模的循环方法

1．智能的类型

以下是人类智能的一些大致分类。

（1）**语言智能**。能够将单词与对象联系起来，并使用语言（词汇和语法）来表达意思。

（2）**逻辑智能**。能够计算、量化和执行数学运算，并使用基本和复杂的逻辑进行推理。

（3）**人际关系和情感智能**。能够与他人互动，理解他人的感受和情绪。

2．智能任务的分类

智能任务的分类如下。

（1）基本任务。包括感知、常识、推理和自然语言处理。

（2）中级任务。包括数学和游戏。

（3）专家任务。包括金融分析、工程能力、科学分析和医学分析。

人类智能和机器智能的根本区别在于处理基本任务和专家任务。对人类智能来说，基本任务很容易掌握，这种能力与生俱来；对于机器智能来说，感知、推理和自然语言处理是一些在计算上最具挑战性和最复杂的任务。

1.4.4　大数据框架

为了从大量、在形式和结构上多样、生成速度不断加快的数据中获得价值，并基于对事件发生（数据生成）与数据可供分析和操作的时间差的考虑，出现了两大类框架。

1．批处理框架

传统上，数据仓库系统中的数据处理管道需要提取（Extracting）、转换（Transforming）和加载（Loading）用于分析和操作的数据（ETL）。随着基于文件的分布式计算的新范式出现，ETL 处理顺序发生了变化。现在需要对数据进行多次提取、加载和重复转换以进行分析（ELTTT），如图 1-5 所示。

在批处理中，数据从不同来源收集到暂存区中，并按规定的频率和时间表加载和转换。在大多数使用批处理的用例中，没有必要实时或准实时地处理数据。例如，关于学生出勤数据的月报将在月末通过一个处理（即批处理）生成。这个处理过程从源系统中提取数据，加载数据，并将数据转换为各种视图和报告。**Apache Hadoop** 是最流行的批处理框架之一。它是一个高度可伸缩的分布式/并行处理框架。Hadoop 的主要构建模块是 **Hadoop 分布式文件系统**（Hadoop Distributed File System，HDFS）。

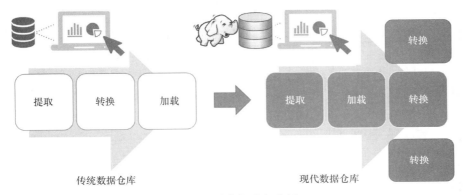

图 1-5　对数据进行分析

顾名思义，这是一个封装的文件系统，以分布式的方式在 Hadoop 中的数据节点上存储数据（结构化/非结构化/半结构化）。对于数据的处理（而不是被处理的数据）被发送到各个节点上。计算由每个单独的节点执行，结果由主进程进行合并。在这种数据计算本地化的范式中，Hadoop 严重依赖于中间的硬盘 I/O 操作。因此，Hadoop 以牺牲处理时间为代价，以可靠的方式处理大量的数据。该框架非常适合于批量模式下从大数据中提取价值。

2．实时处理框架

虽然批处理框架适用于大部分数据仓库用例，但是在数据生成后就立刻对其进行处理并产生可操作的洞见也是十分急切的需求。例如，在信用卡欺诈检测系统中，一旦记录了恶意活动的第一个实例，就应该立即生成告警。如果在月末批处理后才得到可操作的洞见（如拒绝交易），则没有任何价值。实时处理框架的思想是减少**事件时间**和**处理时间**之间的延迟。在理想系统中，事件时间和处理时间之间的期望差为 0。然而，时间差是关于数据源输入、执行引擎、网络带宽和硬件的函数。实时处理框架依赖分布式的内存计算，以最小的 I/O 实现低延迟。一些最流行的实时处理框架如下。

（1）**Apache Spark**。这是一个分布式执行引擎，它依赖于内存处理，这种内存处理由一种称为**弹性分布式数据集**（Resilient Distributed Dataset，RDD）的容错数据抽象实现。

（2）**Apache Storm**。这是一个分布式实时计算框架。Storm 应用程序易于处理无界流，这些流以非常高的速度生成事件数据。

（3）**Apache Flink**。该框架能够高效、分布式地处理大量数据。Flink 的关键特性是程序的自动优化。Flink 为大规模迭代、计算密集型算法提供了原生支持。

随着生态系统的发展，有更多的框架可用来进行批处理和实时处理。回到机器智能的演化周期（感知、处理、持久化、执行），我们将利用这些框架创建处理大数据的程序，采用算法过滤相关数据，根据数据中的模式生成模型，并得出可操作的洞见和预测，最终从数据资产中获得**价值**。

1.4.5　大数据智能应用

技术发展到这一阶段，系统可以收集大量来自异构数据源的数据，并用越来越低的成本进行存储，人们可从数据中获得洞见并创造价值，进而构建智能机器改善人类生活。人们需要使用一种算法来处理手头大量的数据和计算资产。利用人类智能、大量的数据和分布式计算能力，人们可以构建专家系统，这些系统将有利于引导人类走向更美好的未来。

AI 领域

虽然我们还处于人工智能发展的初级阶段，但下面这些基本领域也不乏重要研究和突破。

（1）**自然语言处理**。促进计算机和人类语言之间的交互。

（2）**模糊逻辑系统**。这些系统基于真实的程度，而不是使用 if/else 逻辑为所有情况编写程序。基于可接受的推理，这些系统可以控制机器和消费品。

（3）**智能机器人**。这些机械装置可以执行日常的或危险的重复性任务。

（4）**专家系统**。这些系统或应用程序可以解决特定领域中的复杂问题。它们能够基于知识库和模型提供建议、诊断和预测结果。

1.5　常见问答

让我们简要回顾一下本章的内容。

问：什么是结果金字塔？

答：无论是人还是机器得到的某个结果，都源于经验（数据）、信念（模型）和行为（操作）。如果需要更改结果，就需要不同的（更好的）数据集、模型和操作。

问：**这种范式如何适用于人工智能和大数据？**

答：为了改善生活，人们需要智能系统。随着大数据的出现，由于海量数据的可用性和处理能力的提高，机器学习和人工智能理论得到了极大的发展。机器智能和大数据的融合将为人类带来更好的结果。

问：**大数据框架的基本类别是什么？**

答：基于事件时间与处理时间的差值，大数据框架分为批处理框架和实时处理框架两类。

问：**AI 的基本目标是什么？**

答：AI 的基本目标是改善人类生活。

问：**机器学习和人工智能有什么不同？**

答：机器学习是人工智能不可或缺的核心概念。在机器学习中，概念模型是基于数据进行训练的，模型可以预测新数据集的结果。人工智能系统试图模仿人类的认知能力，并且对上下文环境敏感。根据上下文环境的不同，人工智能系统可以改变它们的行为和结果，以适应人脑所做的决策和行为。

看一下图 1-6，可以获得更好的理解。

图 1-6 人工智能的核心概念

1.6　小结

　　本章介绍了结果金字塔的概念。该模型指导人们不断改善生活，通过数据（经验）建立模型（信念），提高对世界的理解，努力获得更好的结果。将不断进化的人脑和计算机最精粹的部分结合在一起，可以实实在在地改善人们的生活。前文讲述了计算机如何从迟钝机器进化到智能机器，提供了智能和大数据的高层次概述，以及各种处理框架。

　　基于本章的介绍和上下文语境，本书后续章节将深入探讨采用算法处理数据的核心概念，并以一些算法作为例证进行机器学习基础的研究。本书将使用现成的框架实现这些算法，并用代码示例进行演示说明。

第 2 章
大数据本体论

由第 1 章的内容可知，大数据推动了人工智能领域的快速发展。这主要归因于大量可用的外部异构数据源与指数级增长的分布式计算能力。如果没有统一的标准或通用的语言将数据提取为信息并将信息转换成知识，那么从大量数据中获取价值会极其困难。例如，两个语言不通的人无法在没有翻译器帮助的情况下相互交谈。只有产生与关键词相关的语义，同时用语法规则进行连接，才可能进行翻译和解释。以一个英语与西班牙语的句子为例，如图 2-1 所示。

英语	John eats three bananas every day
西班牙语	John come tres plátanos todos los días

图 2-1　一个用英语与西班牙语表述的句子

广义上可以通过宾语、主语、动词与属性来切分句子。此时，**John** 与 **bananas** 分别是主语与宾语。它们通过一个动作——吃——联系起来，同时还有属性与上下文数据（将主语与活动联系在一起的信息）。知识翻译可以通过以下两种方式实现。

（1）**全包含映射**（All-inclusive Mapping）。维护两种语言间所有句子的映射关系。可想而知这是不可能的，因为在一种语言中对某一样东西（客体、事件、属性、上下文）有无数种表达方式。

（2）**语义世界观**（Semantic View of the World）。如果把语义和语言表达中遇到的每一个实体联系起来，一个标准化的语义世界观就可以作为所有语言的集中词典。

如果想要实现能从数据中获取知识，能利用上下文知识进行洞察，能采取有意义的行为以增强人类能力的人工智能，那么语义化和标准化的世界观是必不可少的。这种语义世界观被描述为**本体**（Ontology）。本书将本体定义为：某主题领域中的一组概念和类别，同时包括它们的属性和相互关系。

本章主要包括以下内容：人脑在解释世界是如何将物体联系起来的；本体在大数据世界中所扮演的角色；本体在大数据世界中的目标与挑战；资源描述框架（Resource Description Framework，RDF）；Web 本体语言；SPARQL，RDF 的语义查询语言；构建本体并使用本体构建智能机器；本体学习。

2.1　人脑与本体

虽然目前人们对人脑功能的了解有了一定的进展，但对其储存和处理机制还远远没有了解透彻。人类每天都在接收成千上万的感官输入，如果完全处理和存储这些信息，那人脑将不堪重负，从而无法理解情境并做出有意义的反应。人脑会对连续接收的感官输入进行过滤。据了解，人类的记忆有 3 个部分。

（1）**感官记忆**。这是第一级记忆，大部分信息在毫秒内刷新。例如，当我们开车的时候，一路上会遇到成千上万的物体和听见各种声音，而这些输入信息大部分都被用于驾驶这一功能。在这段时间参照系之外，大多数输入信息被遗忘，且永远不会存储在记忆之中。

（2）**短时记忆**。这种记忆存放满足临时目的所必需的信息。例如，假设你接到同事的电话，提醒你在 D-1482 房间有一个紧急会议。在你从办公桌走到 D-1482 房间这段时间里，该数字很重要，人脑将这一信息保存在短时记忆中。在该场景之外，这些信息可能会（也可能不会）被存储。如果遇到极端情况，短时记忆可能会转化为长时记忆。

（3）**长时记忆**。这段记忆会持续几天甚至一辈子。例如，人们记得自己的名字、出生日期、亲戚、家庭住址，以及很多其他的事情。长时记忆建立在对象间的模式与联系之上。我们在一段时间内学习和掌握的非生存技能，例如演奏一种乐器，需要在长时记忆中存储连接模式和协调反应。

无论在哪个记忆区域，信息都以人脑中的模式和连接进行存储。在一个记忆游戏中，玩家需要花一分钟的时间观察一组 50 多个的物体并写下它们的名字，写下物体名字最多的玩家获胜。玩这个游戏的诀窍之一是在两个物体之间建立联系，并形成一条故事线。尝试独立记忆每个对象的玩家无法战胜在脑海中创建链表的玩家。

大脑一旦接收到来自感官且需要存储在长时记忆中的信息输入，就会以相关对象或实体的模式和连接这种形式来存储它们，从而形成思维导图，如图 2-2 所示。

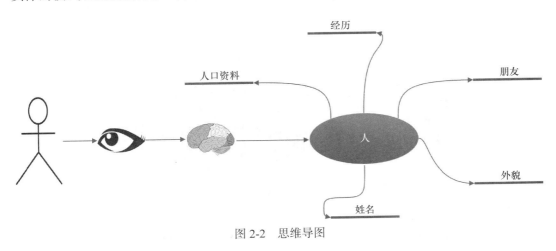

图 2-2　思维导图

当我们看到一个人时，大脑会为该图像创建一个映射，并检索与这个人相关的所有上下文信息。

这形成了信息科学本体论的基础。

2.2　信息科学本体论

信息科学本体论被正式定义为：存在于某一特定领域的类型、属性、实体及实体间相互关系的正式命名和定义。

人类与计算机在处理信息方面有着根本的区别。对计算机而言，信息以**字符串**的形式存在，而对人类而言，信息以**事物**的形式存在。下面说明字符串和事物的区别。当向字符串中添加元数据时，它就变成了一个事物。元数据是关于数据（本例中是字符串）的数据或关于数据的上下文信息。我们想要将数据转化为知识。将数据转化为知识的过程如图 2-3 所示。

文本或数字 **66** 是**数据**，**66** 本身并没有传达任何意义。当表示为 "**66℉**" [1] 时，66 变成了温度的度量方式，此时它表示了某种信息。当说 "2017 年 10 月 3 日，**晚 8 点，**

---

[1] "℉" 为华氏度，66℉ ≈ 18.9℃。——编辑注

纽约，**66℉**"时，它就变成了**知识**。上下文信息被添加到**数据**和**信息**中时，它就变成了**知识**。

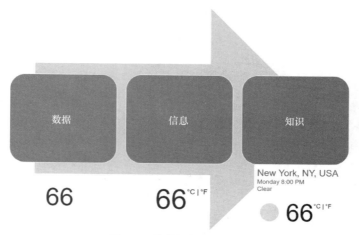

图 2-3 将数据转化为知识

在从数据和信息中获取知识的过程中，本体发挥着重要作用，它通过精确定义可在人与软件应用程序之间进行通信的术语来规范世界观。本体统一了领域内和跨领域的所有对象与对象间的相互关系。由于符号、结构和语义通常存在差异，因此不同知识表示之间会产生冲突。定义与管理良好的本体可以解决这个问题。

2.2.1 本体的属性

总体而言，本体应该具有以下属性，以创建数据、信息和知识资产的一致视图。

（1）本体应该是完整的，以便涵盖实体的所有方面。

（2）本体应该是明确的，以避免被人和软件应用程序误解。

（3）本体应该与它们所适用的领域知识保持一致。例如，医学本体应该遵循医学中正式建立的术语和关系。

（4）本体应该是通用的，以便在不同的上下文中复用。

（5）本体应该是可扩展的，以便添加新概念，并对随着领域知识的增长而出现的新概念保持兼容。

（6）本体应该是机器可读和可互操作的。

图 2-4 可以更好地解释本体的属性。

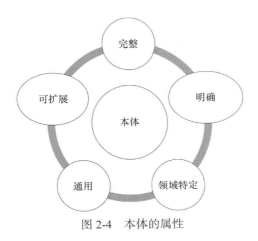

图 2-4　本体的属性

对于真实世界的概念和实体，本体论表示的最重要优势是：它有助于独立于编程语言、平台和通信协议的概念研究。支持松耦合的同时使概念间紧密集成，这使得软件开发过程能够将软件和知识库模块化，并加以复用。

2.2.2　本体的优点

本体的优点如下：

（1）提高了实体分析的质量；

（2）提高了信息系统的可用性、复用性和可维护性；

（3）在独立的软件应用程序之间使用公共词汇表，促进了领域知识的共享。

熟悉面向对象编程范式或数据库设计的人可以很容易地将领域实体的本体表示与类或数据库模式联系起来。类是封装属性和行为的实体的通用表示。一个类可从另一个类继承行为和属性（*is-a* 关系，即"什么是什么"的关系），例如，猫是一种动物。

本例中，动物是猫的抽象超类。猫可继承动物的属性，同时添加或覆盖一些猫特有的属性和行为。这个范式适用于本体。类似地，关系数据库能够用模式（schema）表示一个组织内的领域实体。

数据库和本体之间有一些基本的区别。

（1）表示概念时，本体包含的语义比数据库更丰富。

（2）信息在本体中用半结构化的自然语言文本来表示，而不是结构化表格。

（3）本体表示的基本前提是：在跨领域和组织边界进行信息交换时使用全局一致的术语。

（4）本体不仅定义封闭领域内的数据集，更关注于通用的领域知识表示。

2.2.3 本体的组成

下面是本体的组成部分。

（1）**概念**。通用的事物或实体，与面向对象编程中的类相似，例如人员、职员等。

（2）**槽**。实体的属性或性质，例如性别、出生日期、位置等。

（3）**关系**。概念之间的联系，或 *is-a*（什么是什么）、*has-a*（什么有什么）关系，例如，员工是一个人。

（4）**公理**。关于概念、槽和关系的**始终**正确的陈述，例如，假如某人被雇主聘用，他就是职员。

（5）**实例**。面向对象术语中类的对象，例如，John 是 Employee 类的一个实例。它是一个概念的具体表示。本体和实例完美诠释了知识是什么。

（6）**运算**。控制本体中各种组件的函数和规则。在面向对象上下文中，可以理解为类的方法。

本体的各个组成部分如图 2-5 所示。

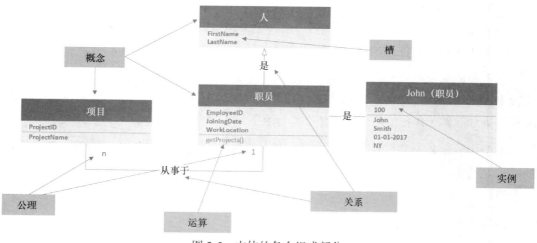

图 2-5 本体的各个组成部分

本体的发展始于在本体中定义类。这些类表示真实世界中的实体。一旦实体被清楚地标识和定义，它们就被安排在一个分类层次结构中。一旦层次结构被定义，槽和关系也就确定了。填充槽和实例的值就完成了领域特定本体的开发。

2.2.4 本体在大数据中扮演的角色

正如本章前文所提到的，数据量正以惊人的速度增长，为了从数据中获得价值，不可能以传统的**提取**、**转换**和**加载**（**ETL**）方式对整个数据建模。传统数据源以结构化和非结构化的方式生成数据集。为了保存这些数据资产，需要基于各种实体对数据进行手动建模。例如，将"人"作为关系数据库中的一个实体，需要在数据库中创建一个表示"人"的表。此表通过外键链接各种实体。但这些实体是预定义的，且具有固定的结构。此外，需要手动对实体建模，并且很难修改它们。

在大数据的世界里，模式是在读取而不是写入时定义的。这为实体构建和数据建模提供了更高的灵活性。然而，即使拥有灵活、可扩展的建模能力，如果实体不能跨域标准化，那么很难管理这些互联网规模的数据资产。

为了方便 Web 搜索，谷歌引入了**知识图谱**的概念，将基于关键字统计的搜索转变为基于知识模型的搜索。

这种搜索基于事物而不是字符串。知识图谱是一个非常大的本体，形式化地描述了现实世界中的对象。随着来自异构数据源资产的增速加快，其复杂性也在不断增加。大数据范式描述了传统应用程序无法管理的大型复杂数据集。目前至少需要一种方法来避免对复杂数据实体的错误解释。语义技术领域的方法可以用来改进数据集成和处理框架。通过将文本替换成事物，我们可以识别它们的上下文，以此改进信息系统及其互操作性。本体提供了领域特定知识的丰富语义及其表示方式。

将大型数据资产规整为信息和知识时，必须减少人工对这一过程的干预。如果能创建一种方法来查找原始实体之间的对应关系，用分类表示派生出通用模式，并将概念映射到具有术语相似性和结构性映射的特定知识域的主题中，那么就有可能实现这一想法。这一实现将有助于大型数据资产的自动管理和不同数据源的集成，能减少错误，加快知识获取速度。

我们需要一个从**术语表**到**本体**的自动化进程，具体方式如图 2-6 所示。

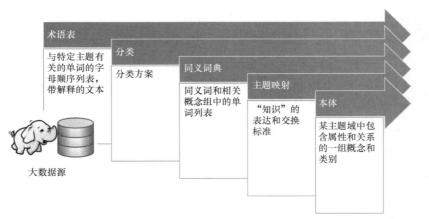

图 2-6　从术语表到本体的自动化

2.2.5　本体对齐

本体对齐或**匹配**是将来自多源异构的数据源中的实体进行一一映射的过程。这一映射能以语义一致的方式推断实体类型，并从原始数据源中获得语义，如图 2-7 所示。

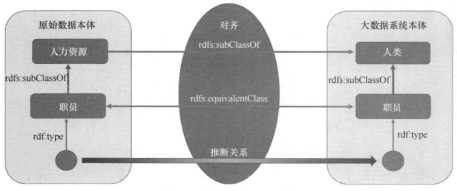

图 2-7　实体间的一一映射

2.2.6　本体在大数据中的目标

本体在大数据中的目标如下。

（1）就信息结构达成跨软件的共识。

（2）使 ETL 更快、更简单、更精确。

（3）消除对定制的、特定于场景的 ETL 管道的需求。

（4）新数据源的自动合并。

（5）增强从文本中提取信息并将其转换为知识资产的能力。

（6）用结构化和语义化的信息丰富现有数据。

（7）将业务知识输入机器可用的软件中。

（8）一次构建，多次使用。

2.2.7　本体在大数据中的挑战

在大数据中使用本体会面临的挑战如下。

（1）生成实体（将字符串转换为事物）。

（2）关系管理。

（3）上下文处理。

（4）查询效率。

（5）数据质量。

2.2.8　资源描述框架——通用数据格式

有了本体论及其在大数据世界中的意义这些知识背景后，让我们学习一种通用的数据格式，它定义了本体的模式表示形式。最常用和最流行的框架之一是**资源描述框架（RDF）**。RDF 自 2004 年以来一直是 W3C 的推荐标准。RDF 提供了一种结构，用于描述可被计算机读取和解释的已标识的事物、实体或概念。这里的核心需求是实体或概念的标识需全局唯一。信息科学领域最流行的方法之一是使用**统一资源标识符（Uniform Resource Identifier，URI）**。我们已熟悉用**统一资源定位符（Uniform Resource Locator，URL）**表示的网站地址。一个 URL 映射到唯一的 IP 地址，因此它是互联网上的一个 Web 域。URI 与 URL 非常相似，不同之处在于 URI 可能表示实际的 Web 域。考虑到这种区别，表示真实对象的 URI 必须是明确的。任何 URI 都应该是 Web 资源或真实对象所独有的，且不能同时表示两者，以避免混淆和歧义，如图 2-8 所示。

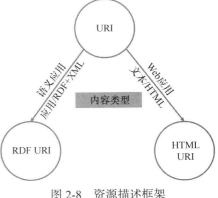

图 2-8　资源描述框架

图 2-9 是一个描述网络资源的基本示例，星号处可为任意资源的 URL。

```
<?xml version="1.0"?>
<RDF>
  <Description about="* * * * * * * * * * * * * * * * * * * *">
    <homepage>* * * * * * * * * * * * * * *</homepage>
  </Description>
</RDF>
```

图 2-9　网络资源

在定义 RDF 时，需要考虑以下因素。

（1）定义一个简单的数据模型。

（2）定义正式的语义。

（3）使用可扩展的基于 URI 的词汇表。

（4）最好使用基于 XML 的语法。

RDF 的基本构建块是一个由**主语**、**谓语**和**宾语**组成的三元组，而三元组的集合就构成了一个 RDF，如图 2-10 所示。

图 2-10　RDF

让我们看一个图书数据库的例子，并用 RDF XML 表示它，如图 2-11 和图 2-12 所示。

Book Name	Author	Company	Year
Hit Refresh	Satya Nadella	Microsoft	2017
Shoe Dog	Phil Knight	Nike	2016

图 2-11　book 表

```
<?xml version="1.0"?>

<rdf:RDF
xmlns:rdf="http://www.w3.org/1999/02/22-rdf-syntax-ns#"
xmlns:book="http://www.artificial-intelligence.big-data/book#">

<rdf:Description
rdf:about="http://www.artificial-intelligence.big-data/book/hit-redmond">
    <book:author>Satya Nadella</book:author>
    <book:company>Microsoft</book:company>
    <book:year>2017</book:year>
</rdf:Description>

<rdf:Description
rdf:about="http://www.artificial-intelligence.big-data/book/shoe-dog">
    <book:author>Phil Knight</book:author>
    <book:company>Nike</book:company>
    <book:year>2016</book:year>
</rdf:Description>
    .
    .
    .
</rdf:RDF>
```

图 2-12 用 RDF XML 表示图书数据库

RDF 文档的第一行是 XML 声明。XML 声明后面是 RDF 文档的根元素<rdf:RDF>。

（1）xmlns:rdf 命名空间指定带有 rdf 前缀的元素。XML 命名空间用于在 XML 文档中提供唯一命名的元素和属性。

（2）xmlns:book 命名空间指定带有 book 前缀的元素。

（3）<rdf:Description>元素描述一个被 rdf:about 属性所标识的资源。

（4）<book:author>、<book:company>、<book:year>等元素都是资源的属性。

W3C 提供了一个在线验证器服务，它根据语法验证合法的 RDF，并生成 RDF 文档的图表视图，如图 2-13 所示。

1. RDF 容器

RDF 容器用于描述一组事物。这里有一个例子，如图 2-14 所示。

（1）<rdf:Bag>元素用于描述无序列表。

（2）<rdf:Seq>与<rdf:Bag>相似，但它表示一个有序列表。

（3）<rdf:Alt>用于表示可选值列表。

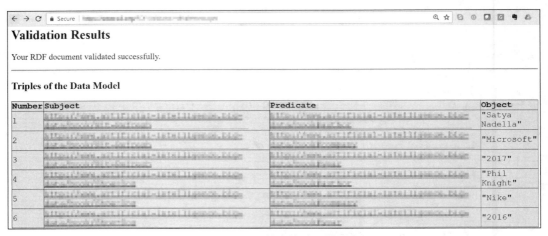

图 2-13　W3C 的在线验证器服务

```
<rdf:Description
rdf:about="http://www.artificial-intelligence.big-data/book/Hit-Refresh">
  <book:author>Satya Nadella</book:author>
  <book:company>Microsoft</book:company>
  <book:year>2017</book:year>
  <book:chapters>
    <rdf:Bag>
        <rdf:li>1. From Hyderabad to Redmond</rdf:li>
        <rdf:li>2. Learning to Lead</rdf:li>
        <rdf:li>3. New Mission, New Momentum</rdf:li>
        ..
        ..
    </rdf:Bag>
  </book:chapters>
</rdf:Description>
```

图 2-14　RDF 容器示例

2. RDF 类

RDF 类如表 2-1 所示。

表 2-1　　　　　　　　　　　　　　　　　RDF 类

元素	类	子类
rdfs:Class	所有类别	—
rdfs:Datatype	数据类型	类
rdfs:Resource	所有资源	类

元素	类	子类
rdfs:Container	容器	资源
rdfs:Literal	字面值（文本和数字）	资源
rdf:List	列表	资源
rdf:Property	属性	资源
rdf:Statement	声明	资源
rdf:Alt	可选的容器	容器
rdf:Bag	无序容器	容器
rdf:Seq	有序容器	容器
rdfs:ContainerMembershipProperty	容器成员的属性	属性
rdf:XMLLiteral	XML 字面值	字面值

3. RDF 性质

RDF 性质如表 2-2 所示。

表 2-2　　　　　　　　　　　　　　　RDF 性质

元素	域	范围	描述
rdfs:domain	Property	Class	资源的域
rdfs:range	Property	Class	资源的范围
rdfs:subPropertyOf	Property	Property	属性是一个属性的子属性
rdfs:subClassOf	Class	Class	资源是一个类的子类
rdfs:comment	Resource	Literal	人类可读的资源描述
rdfs:label	Resource	Literal	人类可读的资源标签（名称）
rdfs:isDefinedBy	Resource	Resource	资源的定义
rdfs:seeAlso	Resource	Resource	关于资源的附加信息
rdfs:member	Resource	Resource	资源的成员
rdf:fiest	List	Resource	
rdf:rest	List	List	

续表

元素	域	范围	描述
rdf:subject	Statement	Resource	RDF 声明中资源的主语
rdf:predicate	Statement	Resource	RDF 声明中资源的谓语
rdf:object	Statement	Resource	RDF 声明中资源的宾语
rdf:value	Resource	Resource	用于值的属性
rdf:type	Resource	Class	资源是类的一个实例

4．RDF 属性

表 2-3 列出了各种 RDF 属性。

表 2-3　　　　　　　　　　　　各种 RDF 属性

属性	描述
rdf:about	定义所描述的资源
rdf:Description	描述资源的容器
rdf:resource	定义资源以标识属性
rdf:datatype	定义元素的数据类型
rdf:ID	定义元素的 ID
rdf:li	定义列表
rdf:_n	定义节点
rdf:nodeID	定义元素节点的 ID
rdf:parseType	定义如何解析元素
rdf:RDF	RDF 文档的根
xml:base	定义 XML 库
xml:lang	定义元素内容的语言

2.2.9　使用 Web 本体语言：OWL

虽然 **RDF** 和相应的**模式定义**（RDFS）为信息资产的语义描述提供了一个框架，但

RDFS 也有一些限制。RDFS 不能详细地描述实体，无法为实体属性定义局部范围，而且无法显式地表达领域特定的约束。相关实体的存在或不存在，以及基数约束（一对一、一对多等）不能用 RDFS 表示。传递关系、逆关系和对称关系也很难用其表示。现实世界实体关系的一个重要方面是能够进行逻辑推理和推论，而不需要显式地提及关系。而 RDFS 不能为相关实体提供推理支持。

Web 本体语言（OWL）扩展和构建在 RDF/RDFS 之上。OWL 是一个用于编写本体的知识表示语言族。

实际上，OWL 并不是一个真正的缩写。这种语言最初叫作 WOL。然而，工作组不喜欢 WOL 这个缩写。根据工作组内部的对话，OWL 只有一种发音，听起来容易被记住，还为商标的诞生提供了巨大的机会：猫头鹰（OWL）代表智慧！

为了构建跨领域通信的智能系统，需要克服 RDFS 的限制，使机器能够访问可用于自动推理的结构化知识资产和推理规则集。OWL 为知识表示提供了形式化的语义，它试图精确描述实体及其关系的含义并做出精确的推理。

有 3 种 OWL，如图 2-15 所示。

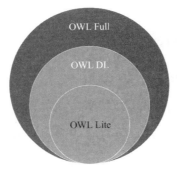

图 2-15　OWL

（1）**OWL DL**。这用于支持描述逻辑，可最大程度支持表达能力和逻辑推理能力。它的特点如下。

◆ 定义良好的语义。
◆ 对实体的形式属性有很好的理解。
◆ 易于实现已知的推理算法。

（2）**OWL Full**。兼容 RDFS 的语义。它补充了 RDF 和 OWL 预定义的词汇表。然而，对于 OWL Full，软件无法进行完全推理。

（3）**OWL Lite**。这用于表示分类法和简单约束，如 0~1 的基数。

OWL 将实体表示为类。例如，让我们用 OWL 定义一个 `PlayGround` 实体：

```
<owl:Class rdf:ID="PlayGround">
```

现在，定义 `FootballGround`，它的类型为 `PlayGround`：

```
<owl:Class rdf:ID="FootballGround">
    <rdf:subClassOf rdf:resource="#PlayGround"/>
</owl:Class>
```

OWL 还提供了另外几种定义类的机制。

（1）`equivalentClass`：表示这两个类（跨本体和域）是同义词。

（2）`disjointWith`：表示一个类的实例不能是另一个类的实例，例如，`Football Ground` 与 `HockyGround` 为不相关的类。

（3）布尔组合，如下所示。

◆ `unionOf` 表示一个类包含来自多个类的内容。

◆ `intersectionOf` 表示一个类同时包含两个类中的内容。

◆ `complementOf` 表示类包含的内容不存在于另一个类中。

2.2.10　SPARQL 查询语言

在本体、RDF 和 OWL 的帮助下，我们能从根本上理解智能系统如何在语义世界观中进行无缝通信。在语义世界观中，实体的生命周期包括将数据资产转换为信息和将信息资产转换为知识。必须有一种通用语言来利用语义世界观，以便异构系统能够彼此通信。SPARQL 是一个 W3C 标准，它试图成为以互操作性为主要目标的通用查询语言。SPARQL 是一个递归缩写，代表 **SPARQL 协议**和 **RDF 查询语言**（SPARQL Protocol and RDF Query Language）。顾名思义，它是用于查询以 RDF 格式存储的知识（以三元组形式）的查询语言。传统上，我们将信息以表格形式存储在关系数据库中。实体的关系数据库视图可以很容易地表示为三元组。例如，再次考虑 `book` 表，如图 2-16 所示。

在这里，行标识符（`Book_ID` 和 `Title`）是主语，列名是谓语，列值是宾语。

Book_ID	Title	Author	Company	Year
1	Hit Refresh	Satya Nadella	Microsoft	2017
2	Shoe Dog	Phil Knight	Nike	2016

图 2-16　book 表

例如，一个三元组：

{1：Hit Refresh}　　　　{Author}　　　　{Satya Nadella}

主语（实体名）　　　谓语（属性名）　　　宾语（属性值）

主语和谓语使用 URI 表示，URI 将特定的主语和谓语标识为资源。

 turtle 语法允许 RDF 图完全以紧凑自然的文本形式编写。它为常见的使用模式和数据类型提供了缩写。这种格式与 SPARQL 的三元组模式语法兼容。

让我们使用 turtle 语法以 RDF 格式表示 book 表：

```
@prefix book: <*****>//星号为 URI

book:1 book:Title "Hit Refresh"
book:1 book:Author "Satya Nadella"
book:1 book:Company "Microsoft"
book:1 book:Year "2017"

book:2 book:Title "Shoe Dog"
book:2 book:Author "Phil Knight"
book:2 book:Company "Nike"
book:2 book:Year "2016"
```

下面使用一个简单的 SPARQL 查询来获取 2017 年已出版图书的列表：

```
PREFIX book: *****//星号为 URI

SELECT ?books
WHERE
{
    ?books book:year "2017" .
}
```

我们得到下面的结果：

```
?books
book:1
```

这是另一个 SELECT 查询，从数据集中获取更多的数据元素：

```
PREFIX book: *****//星号为 URI

SELECT ?books ?bookName ?company
WHERE
{
    ?books book:year "2017" .
    ?books book:title ?bookName .
    ?books book:company ?company .
}
```

结果如下：

```
?books    ?bookName    ?company
book:1    Hit Refresh    Microsoft
```

当讨论本体在大数据人工智能上下文中的作用时，对 OWL 和 SPARQL 的详细介绍超出了本书的范围。下面介绍 SPARQL 相关的通用结构，它利用本体来构建人工智能。

1. SPARQL 的通用结构

SPARQL 的通用结构如下。

（1）PREFIX。类似于 XML 上下文中的命名空间、Java 或任何类似的编程语言环境中的包，PREFIX 是 SPARQL 中的等价概念。它确保实体表示的唯一性，并避免在 SPARQL 代码中输入长 URI。

（2）SELECT/ASK/DESCRIBE/CONSTRUCT。

- SELECT 相当于 SQL 的 SELECT 子句，它定义了需要从满足选择条件的 RDF 三元组中获取的属性。

- ASK 根据 RDF 三元组的可用性和 RDF 知识库中的选择标准，返回 true 或 false 布尔值。

- DESCRIBE 查询结构返回一个图，包含了 RDF 知识库中与选择条件匹配的所有可用三元组。

◆ CONSTRUCT 根据某选择标准和筛选条件从现有 RDF 创建新的 RDF 图时非常方便。这相当于 XML 上下文中的 XSLT。XSLT 以预定义的格式转换 XML。

（3）FROM。定义 RDF 端点的数据源，查询将作用于该数据源上。这与 SQL 语句中 FROM <TABLE_NAME> 子句等效。端点可以是互联网上的资源，也可以是查询引擎可以访问的本地数据源。

（4）WHERE。定义用户感兴趣的一部分 RDF 图。这相当于 SQL 的 WHERE 子句，它定义了从整个数据集中获取特定数据的筛选条件。

2. SPARQL 的其他特性

SPARQL 的其他特性如下。

（1）Optional matching。与传统关系数据存储（其中数据库模式和约束是为数据结构化表示预定义的）不同，大数据处理的是非结构化数据集。两个相同类型的资源，其属性可能不同。在处理实体的异构表示时，Optional matching 非常方便。OPTIONAL 块用于选择可能存在的数据元素。

（2）Alternative matching。同样，考虑到知识资产的非结构化特性，Alternative matching 提供一种返回任何可用属性的机制。

（3）UNION。这与 OPTIONAL 模式相反。在 UNION 的情况下，至少有一个数据集必须与给定的查询条件相匹配。

（4）DISTINCT。相当于 SQL 中的 DISTINCT 子句，该子句剔除结果中重复的三元组。

（5）ORDER BY。将查询按特定变量的升序或降序对结果进行排序。这也相当于 SQL 中的 ORDER BY 子句。

（6）FILTERS 与正则表达式。SPARQL 提供了使用表达式限制结果集三元组的特性。除了数学和逻辑表达式，SPARQL 还允许使用基于正则表达式的筛选器提取文本数据集中的模式。

（7）GROUP BY。这允许基于一个或多个变量对生成的 RDF 三元组进行分组。

（8）HAVING。这有助于在组级别上选择查询结果。

（9）SUM、COUNT、AVG、MIN、MAX 等可用于组级别的函数。

2.2.11　用本体构建智能机器

本章研究了本体作为知识仓库在大数据资产管理中的作用，理解了计算系统将数据视为事物而非字符串的需求。尽管一些大型系统和 Web 搜索引擎使用语义世界观，但却迟迟未将本体作为其系统的基础。数据资产管理者（政府和其他人）需要以一致和标准化的方式对知识资产建模，以便将当前的计算系统发展成智能系统。

现考虑一个基于本体构建知识图谱简化航班登机过程的用例。登机时会经历大量耗时的人工流程。从进入机场到登机，会经历一系列的安全检查和身份验证。在一个连接的世界中，所有知识资产都是标准化的，并被定义为领域特定的本体，因此可以开发一个智能代理，使航班登机过程变得轻松起来。

定义智能代理的一般特征，如图 2-17 所示。

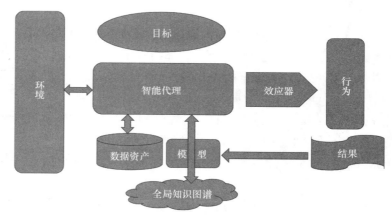

图 2-17　定义智能代理的一般特征

对这些特征的简单解释如下。

（1）**目标**。每个智能系统都应该有一组明确的目标，这些目标控制着智能系统所做的理性决策，并驱动行为和结果。例如，有一个负责航班登机流程的智能代理，它的一个目标是对未通过所有安全检查的人进行访问限制，即使这个人持有的机票是有效的。在定义智能代理的目标时，需提前考虑的是，人工智能代理或系统应该补充和增强人类的能力。

（2）**环境**。智能代理应该在某环境上下文中进行操作，它的决策和行为不能脱离该上下文。在该示例中，环境是机场、乘客通道、航班时间表等。智能代理可通过各种传感器感知环境，例如摄像机。

（3）**数据资产**。智能代理需要根据其操作的领域和上下文访问历史数据。数据资产本地和全局可用（互联网端点）。理想情况下，这些数据资产应该定义为具有标准化表示和协议的 RDF 模式结构。它们还可以通过标准语言和协议（SPARQL）查询，以确保最大限度的互操作性。

（4）**模型**。这里是真正体现智能的地方，它可以是一个算法或学习系统。这些模型基于上下文、历史决策、行为和结果不断进化。一般来说，对于相似的上下文输入，模型的执行效果会越来越好（更准确）。

（5）**效应器**。代理通过效应器促进行为。以航空公司乘客登机智能代理为例，效应器可以是一个自动开门系统，在所有乘客都经过完全验证后（持有有效的机票、身份，安全检查成功），自动开门。外部世界通过效应器感知智能代理。

（6）**行为和结果**。基于环境上下文、数据资产和经过训练的模型，智能代理通过效应器触发行为并做出决策。这些行为提供的结果基于决策的合理性和模型的准确性。得到的结果会再次输入到模型训练中，不断地提高准确性。

总体而言，航班登机流程智能代理的方法如下。

（1）当一名乘客走进机场，摄像机会捕获图像并将其与智能代理可访问的数据资产进行匹配。这些数据资产是松耦合的本体对象，具有灵活的结构和属性。初级匹配会做出一些推论来正确识别进入机场的乘客。

（2）如果无法用视频流识别此乘客，第一个登机口就不会自动打开，并要求乘客进行指纹扫描。指纹扫描会基于数据集进行验证，该数据集是自然人实体在本体中的对象。如果该乘客在这个阶段没有被识别，他们将被送入手动安检流程。

（3）一旦乘客被正确识别，智能代理将扫描当前所有有效票据，以确保该乘客持有在合理时间内离港航班的有效机票。全局机票目录和航班数据库也可作为本体对象供智能代理实时引用。

（4）一旦机票的有效性得到保证，就会以安全的方式引用个人本体获取个人信息生成登机牌，并将其发送到乘客的智能手机，通往登机口的方向信息也会实时发送。

智能代理可以轻松地引导乘客到达相应的登机口。一旦所有异构数据源都标准化并用本体表示，那系统就可以轻松地构建起来。这最大程度地促进了互操作性，并消除了对不同知识表示的编码需求。该系统全面降低了代理软件的复杂性，同时提高了效率。

2.2.12 本体学习

本章介绍了本体的基本概念，以及它们在构建智能系统中的重要性。因此，对于无缝连接的世界，知识资产有必要一致地表示为领域本体。然而，手动创建领域特定的本体这一过程需要大量的人工操作、验证和审批。本体学习是一种自动生成本体的过程，它基于一种在互联网上应用于自然语言文本的通用算法。本体学习的方法有以下几种。

（1）**基于文本的本体学习**。这种方法以自动化的方式从多种来源提取文本数据，关键字根据其出现的频率、顺序与模式被提取和分类。

（2）**关联数据挖掘**。这一过程将链接定义为 RDF 图，目的是基于隐式推理推导出本体。

（3）**基于 OWL 的概念学习**。这一过程使用算法从现有领域特定的本体中扩展出新的本体域。

（4）**众包**。该方法结合了基于文本分析的自动本体提取和发现，并与领域专家协作来定义新的本体。这种方法非常有效，因为它结合了机器的处理能力和算法，以及人类的专业知识。它有效提升了学习速度和准确性。

下面是本体学习面临的一些挑战。

（1）**处理异构数据源**。互联网上的数据源和应用程序中存储的数据源在形式和表示上是不同的。由于数据源的异构性，本体学习面临着知识提取和语义一致性提取的挑战。

（2）**不确定性和缺乏准确性**。由于数据源不一致，当本体学习试图定义本体结构时，实体和属性的含义与表示会存在一定程度的不确定性。这导致了较低的精度，并需要领域专家的人为干预进行调整。

（3）**可扩展性**。本体学习的主要来源之一是互联网。互联网是一个不断增长的知识仓库，在很大程度上也是一个非结构化的数据源，这使得提高本体学习在大文本提取领域的覆盖度会非常困难。解决可扩展性问题的方法之一是利用新的开源分布式计算框架（如 Hadoop）。

（4）**后期处理的需要**。虽然本体学习旨在成为一个自动化的过程，但是还需要一定程度的后期处理来克服质量问题。为了优化新本体定义的速度和准确性，需要详细地规划和管理这个过程。

本体学习过程

本体学习过程由 6 个步骤（6 个 "R"）组成，如图 2-18 所示。

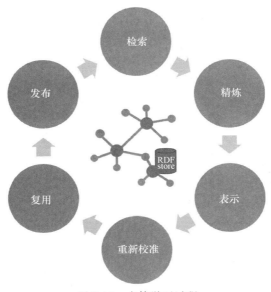

图 2-18　本体学习过程

对 6 个 "R" 的解释如下。

（1）**检索（Retrieve）**。用 Web 爬虫和基于协议的应用程序访问，从 Web 和领域特定的存储中检索知识资产。通过计算 TF/IDF 值，应用 C-Value / NC Value 方法，提取出领域特定的术语和公理。利用常用的聚类技术，对提取出的文本知识资产进行相似性度量。

（2）**精炼（Refine）**。对数据资产进行清理和修剪，以提高信噪比。这里会采用一种算法对其进行改进。在精炼这一步中，术语会按知识资产中的概念分组。

（3）**表示（Represent）**。在此步骤中，本体学习系统使用无监督聚类方法将概念组织成层次结构（请将其理解为一种用于数据分割的机器学习算法，第 3 章将讨论无监督学习算法的细节）。

（4）**重新校准（Re-align）**。这是一种后期处理步骤，涉及与领域专家的协作。此时，层次结构将会为了保证准确性而重新调整。本体与概念的实例、相应的属性以及基数约束（一对一、一对多等）保持一致。这一步确定了定义语法结构的规则。

（5）**复用（Reuse）**。在此步骤中，相似的领域特定本体将被复用，定义同义词可以避免相同概念的多种表示，从而统一跨本体的概念定义。

（6）**发布（Release）**。在此步骤中，本体被发布以供使用与进一步迭代。

2.3　常见问答

让我们简要回顾一下本章的内容。

问：本体是什么？它们在智能系统中的意义是什么？

答：本体作为一个通用术语，表示宇宙中存在的一切事物的知识。本体适用于信息系统，它们代表了知识资产的标准语义世界观，表示那些与现实世界中实体相关的领域特定知识和模型。为了互操作和理解上下文事件从而做出推断和决策，连接异构知识领域的智能系统所访问的知识表示必须是一致的。该系统最终触发行为并产生结果，从而补充人类的能力。

问：本体的一般属性是什么？

答：本体应该是完整的、明确的、领域特定的、通用的和可扩展的。

问：本体的各个组成部分是什么？

答：各种本体组件包括概念、槽、关系、公理、实例和运算。

问：通用数据格式在知识管理系统中的意义是什么？

答：**通用数据格式**旨在成为通用的知识表示格式，它允许异构系统以一致和可靠的方式进行交互和集成。这构成了语义世界观的基础。

问：如何用本体来构建世界观？考虑到宇宙中不断增长的知识，定义本体的过程能否自动化？

答：随着时间的推移，知识资产的规模呈指数级增长，因此必须找到一种自动化的方法将这些资产用本体表示，否则很难跟上知识的增长量。本体学习采用一种算法，并利用分布式计算框架创建世界观的基线模型。本体学习这个过程从异构源检索非结构化的文本数据，将其精炼后以分层的方式表示。通过复用已有的领域特定的知识资产，在后期将其重新调整后通过智能代理发布，以供外部使用。

2.4　小结

本章探讨了在智能系统的发展过程中，对这个世界的知识进行标准化和一致性表达的必要性，以及这些系统是如何模拟人脑的。本体是一种 W3C 标准，用于定义知识表示的通用规则。

本章介绍了 RDF、OWL 的基本概念，以及如何通过 SPARQL 这一查询语言提取本体实例中的知识表示。

本章通过研究智能代理的一般特征，探索了如何使用本体来构建智能代理，最后探讨了本体学习如何用统一的知识资产和表示方式，促进了语义世界观的构建。

第 3 章将介绍机器学习的基本概念以及大数据如何促进学习过程。

第 3 章
从大数据中学习

前两章介绍了大数据革命下智能机器的背景，并概述了大数据是如何推动人工智能快速发展的，同时还强调了为通用知识表示构建统一词汇表的必要性，以及本体如何满足这一需求并构建语义世界观。

人类追求的知识源于信息，而信息又来源于我们产生的海量数据。知识帮助补充和增强人类能力的机器进行合理决策。前面已经介绍了 RDF 如何为知识资产提供语义骨架，顺带介绍了 OWL 的基础和 RDFS 的查询语言 SPARQL。

本章将基于 Spark 的机器学习库介绍部分机器学习的基本概念，并深入研究一些算法。作为一种通用的大数据计算引擎与算法框架，**Spark** 是目前最流行的用于算法实现的计算框架之一。Spark 非常适合大数据生态系统，具有简单的编程接口，并且非常有效地利用了分布式和弹性计算框架的强大功能。虽然本章不假设读者具有任何统计学和数学背景，但假如读者具有一定的编程背景，那将有助于理解代码片段，并可尝试使用示例进行试验。

本章将介绍机器学习中各种监督和无监督学习算法，在深入研究之前，将介绍以下内容：回归分析、数据聚类、K 均值、数据降维、奇异值分解和主成分分析（PCA）。

最后将概述 Spark 编程模型和其**机器学习库——Spark MLlib**。有了这些背景知识后，本章最后将实现一个推荐系统。

3.1　监督学习和无监督学习

机器学习广义上可分为两类：监督学习和无监督学习。顾名思义，这种分类基于历史数据的可用性及其完整性。简单地说，监督算法依赖于趋势数据，或者真实数据。真实数据用于对模型进行泛化，对新的数据点进行预测。

现在让我们通过图 3-1 所示的例子来理解这个概念。

考虑变量 y 的值依赖于 x 的值，y 随 x 的变化而成比例变化（想象一个因子的增减成比例地改变另一个因子）。

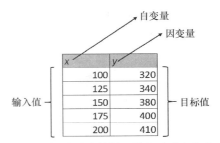

根据图 3-1 中的表数据可知，y 随着 x 的增加而增加。这意味着 x 和 y 之间有直接关系。在这种情况下，x 称为自变量或输入变量，y 称为因变量或目标变量。在这个例子中，$x = 220$ 时 y 的值是多少？为了回答这个问题，需要理解传统计算机编程和机器学习两者在预测 $x = 220$，y 的值是多少时的根本区别。传统计算机编程过程如图 3-2 所示。

图 3-1 简单训练数据：输入（独立）和目标（依赖）变量

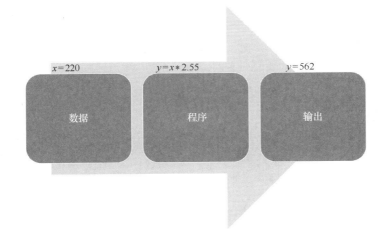

图 3-2 传统计算机编程过程

传统的计算机程序有一个预定义的函数，该函数应用于输入数据以产生输出。在这个例子中，传统的计算机程序将输出变量（y）的值计算为 **562**。

机器学习过程如图 3-3 所示。

在监督学习中，输入和输出数据（训练数据）用于创建程序或函数。这个函数也被称为预测函数。一个预测函数用于预测因变量的结果。在最简单的形式中，定义预测函数的过程称为**模型训练**。定义广义预测函数后，可以预测输入值（x）对应目标变量（y）的值。监督机器学习的目标是开发一个名为**假设**的预测函数 $h(x)$。假设是一个与真正的目标函数相似的函数。现添加更多的数据点，并将它们绘制在二维图表上，如图 3-4 所示。

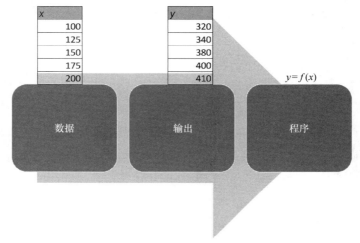

图 3-3 机器学习过程

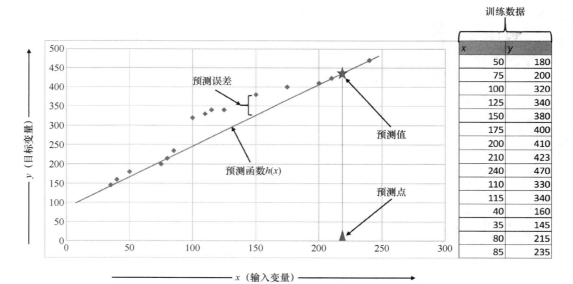

图 3-4 监督学习（线性回归）

在图 3-4 中，输入变量在 x 轴上，目标变量在 y 轴上。这是一个通用的约定，因此输入变量被称为 x，输出变量被称为 y。一旦从训练数据中绘制出数据点，就可以观察数据点之间的相关性。上例的 x 和 y 似乎成正比。为了预测 $x = 220$ 时 y 的值，可以画一条直线对真实数据（训练数据）进行描述或建模。直线表示预测函数，也称为假设。

根据假设可得 $x = 220$ 时 y 为 430。虽然这个假设预测了 x 对应的某个 y 值，但是定义预测函数的直线并没有覆盖所有输入变量。例如，训练数据 $y = 380$，$x = 150$。但根据假设，当 $x = 150$ 时 y 是 325。这种差异称为预测误差（在本例中为 55 个单位）。任何不落在预测函数上的输入变量（x），在推导假设的基础上都存在一定的预测误差。所有训练数据的误差之和可以很好地衡量模型的准确性。任何监督学习算法的主要目标都是基于训练数据集定义一个假设，并最小化其误差。

线性假设函数是一个很好的例子。然而现实中总会有多个输入变量影响输出变量，一个具有最小误差的良好预测函数永远不会是直线。基于输入变量预测输出变量的值，该方法称为**回归**。某些情况下的历史数据或真实数据也可将数据划分到离散集合中（类、类型和类别）。这就是**分类**。例如，可以根据训练数据将电子邮件标记为垃圾邮件或非垃圾邮件。在分类的情况下，类是已知和预定义的。图 3-5 显示了带**决策边界**的分类。

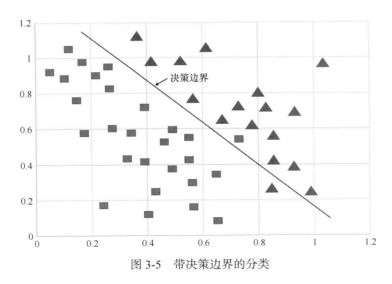

图 3-5　带决策边界的分类

这是一个二维训练数据集，输出变量被决策边界分开。分类是一种监督学习技术，它定义了决策边界，使输出变量能明确地分开。

如本节所讨论的，回归和分类需要历史数据来预测新的数据。它们代表了监督学习技术。监督机器学习的一般过程如图 3-6 所示。

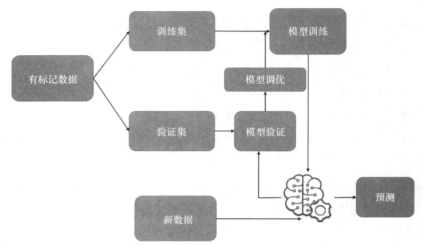

图 3-6 监督机器学习的一般过程

有标记数据，即真实数据，通过随机抽样被分成训练集和验证集。通常，训练集和验证集的分割遵循二八原则。利用训练集对模型进行训练（曲线拟合），降低预测的总体误差。使用验证集检查模型的准确性。随后进一步调整模型的精度，并利用该模型对新数据的输入变量进行预测。

在机器学习的背景下，接下来深入研究各种监督机器学习和无监督机器学习的技术。

3.2　Spark 编程模型

在深入研究 Spark 编程模型之前，首先应该对 Spark 有一个定义。理解 Spark 是什么非常重要，对 Spark 有一个清晰的定义有助于特定场景的技术选型。

没有一种"灵丹妙药"可以解决企业的所有问题。我们必须从众多选项中选择正确的技术。由此，Spark 有如下定义。

Spark 是一个分布式内存处理引擎和框架，它提供了抽象 API，可以使用称为**弹性分布式数据集**（Resilient Distributed Dataset，RDD）的不可变分布式对象集合处理大量数据。它还提供了丰富的库、组件和工具集，允许用户以高效和容错的方式编写基于内存计算的分布式代码。

现在已经清楚了 Spark 是什么，接下来我们将了解 Spark 编程模型是如何工作的。图 3-7 从总体层面展示了 Spark 编程模型。

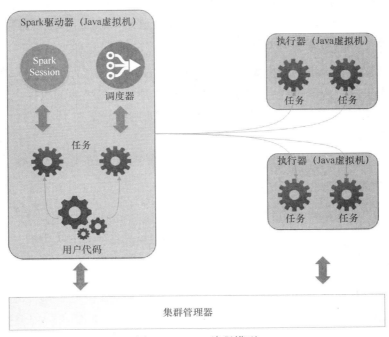

图 3-7　Spark 编程模型

如图 3-7 所示，所有 Spark 应用程序都是基于 **Java 虚拟机**（Java Virtual Machine，JVM）的组件，包括 3 个进程：**驱动器**（Driver）、**执行器**（Executor）和**集群管理器**（Cluster Manager）。驱动程序在逻辑或物理隔离的节点上作为单独的进程运行，并负责启动 Spark 应用程序，维护已启动的 Spark 应用程序的所有相关信息和配置，根据用户代码和调度执行应用程序 DAG，并将任务分发到不同的执行器。通过编程，Spark 代码的 `main()` 方法作为驱动器运行。驱动程序使用用户代码创建的 SparkContext 或 SparkSession 对象来协调所有 Spark 集群活动。SparkContext 或 SparkSession 是使用 Spark 分布式引擎执行任何代码的入口。为了调度任何任务，驱动程序将逻辑 DAG 转换为物理计划，并将用户代码划分为多组任务。然后，每组任务都由运行在 Spark 驱动器中的调度器调度，并由执行器运行。驱动器是任何 Spark 应用程序的核心，贯穿于 Spark 应用的整个生命周期。

如果驱动器失败，整个应用程序将失败。因此，驱动器可能导致 Spark 应用程序出现单点故障。

Spark 执行器负责运行驱动器分配给它的任务，将数据存储在称为 RDD 的内存数据结构中，并将其代码执行状态报告给驱动器。这里需要记住的关键点是，默认情况下，即使执行器没有被使用或执行任何任务，它也不会被驱动器终止。这种行为可以用 RDD 遵循惰性计算这一设计模式来解释。然而，即使意外地"杀死"了执行器，Spark 应用程序也不会停止，因为驱动器可以重新启动这些执行器。

集群管理器是负责将物理机器和资源分配给 Spark 应用程序的进程。甚至驱动程序的代码也是由集群管理器进程启动的。集群管理器是一个可插拔的组件，对于负责数据处理的 Spark 用户代码来说很不友好。Spark 处理引擎支持 3 种类型的集群管理器：standalone、YARN 和 Mesos。

 有关 Spark RDD 和集群管理器的参考可以在 Spark 官网找到。

3.3　Spark MLlib 库

Spark MLlib 是一个机器学习算法和应用程序库，旨在使分布式机器学习变得简单起来。它包括回归、协同过滤、分类和聚类。Spark MLlib 提供了两种类型的 API，即 `spark.mllib` 和 `spark.ml`，其中 `spark.mllib` 基于 RDD，`spark.ml` 基于 DataFrame。Spark 现在主要的机器学习 API 是基于 DataFrame 的 `spark.ml`。基于 DataFrame 的 `spark.ml` 更加通用与灵活，不仅如此，它还能从 DataFrame 中获得更多的好处，如 catalyst 优化器。而基于 RDD 的 `spark.mllib` 将在后续版本被移除。

机器学习适用于各种数据类型，包括文本、图像、结构化数据和向量。为了在统一的数据集概念下支持这些数据类型，Spark MLlib 引入了 Spark SQL DataFrame，它能够在单个工作流或管道中很容易地组合各种算法。

下面几节将详细介绍 Spark MLlib API 中的几个关键概念。

3.3.1　转换器函数

这是一种可以将一个 DataFrame 转换为另一个 DataFrame 的函数，例如，ML 模型可以将带有特征的 DataFrame 转换为带有预测结果的 DataFrame。一个转换器（Transformer）包含特征转换器和学习模型。它使用 transform() 方法将一个 DataFrame 转换为另一个 DataFrame。下面代码可供参考：

```
import org.apache.spark.ml.feature.Tokenizer

val df = spark.createDataFrame(Seq( ("This is the Transformer", 1.0),
("Transformer is pipeline component", 0.0))).toDF( "text", "label")
val tokenizer = new Tokenizer().setInputCol("text").setOutputCol("words")
val tokenizedDF = tokenizer.transform(df)
```

3.3.2 估计器算法

估计器（Estimator）是一种通过拟合一个 DataFrame，从而生成一个转换器的算法。例如，一种学习算法可以在数据集上训练并生成模型。它通过学习一种算法生成一个转换器，该过程通过 fit() 方法实现。例如，**朴素贝叶斯**（Naïve Bayes，NB）学习算法就是一个估计器，可以通过调用 fit() 方法训练一个朴素贝叶斯模型（转换器）。可以使用下面的代码来训练模型：

```
import org.apache.spark.ml.classification.NaiveBayes

val nb = new NaiveBayes().setModelType("multinomial")

val model = nb.fit(Training_DataDF)
```

3.3.3 管道

管道（Pipeline）表示一系列阶段，其中每个阶段都是一个转换器或估计器。所有阶段都是按顺序运行的，输入数据集在经过每个阶段时都会被更改。各个转换器阶段都会调用 transform() 函数，对于估计器阶段，使用 fit() 方法创建一个转换器。

一个阶段输出的每个 DataFrame 都是下一个阶段的输入。管道也是一个估计器。因此，一旦运行 fit() 方法，它将生成一个 PipelineModel。PipelineModel 是一个转换器。PipelineModel 包含与原始管道中相同数量的阶段。PipelineModel 和管道确保测试和训练数据通过类似的特征处理步骤。例如，考虑具有 3 个阶段的管道：（1）分词器（Tokenizer），使用 Tokenizer.transform() 拆分句子并把它变成单词；（2）HashingTF，用于以向量形式表示字符串，因为所有 ML 算法都只理解向量而不理解字符串，这就要使用 `HashingTF.transform()` 方法；（3）NaiveBayes，一种用于预测的估计器。

这里可以使用 `save()` 方法将模型保存在 HDFSlocation 上，以后可以使用 `load()` 方法加载模型，并使用它对新的数据集进行预测。由此加载的模型将作用于 newDataset 的特征列，newDataset 会通过管道的所有阶段返回预测列：

```
import org.apache.spark.ml.{Pipeline, PipelineModel}
import org.apache.spark.ml.feature.{HashingTF, Tokenizer}
import org.apache.spark.ml.classification.NaiveBayes

val df = spark.createDataFrame(Seq(
("This is the Transformer", 1.0),
("Transformer is pipeline component", 0.0)
)).toDF( "text", "label")

val tokenizer = new Tokenizer().setInputCol("text").setOutputCol("words")

val HashingTF=newHashingTF().setNumFeatures(1000).setInputCol(tokenizer.getOutp
utCol).setOutputCol("features")

val nb = new NaiveBayes().setModelType("multinomial")

val pipeline = new Pipeline().setStages(Array(tokenizer, hashingTF, nb))
val model = pipeline.fit(df)
model.save("/HDFSlocation/Path/")
val loadModel = PipelineModel.load(("/HDFSlocation/Path/")

val PredictedData = loadModel.transform(newDataset)
```

3.4　回归分析

回归分析（Regression Analysis）是一种统计建模技术，基于一个或多个自变量，预测事件的发生或连续（离散）变量的值。例如，当我们从一个地方开车到另一个地方，有很多因素会影响到达目的地所需的时间，如启动时间、距离、实时交通状况、道路施工活动、天气状况等。所有这些因素都会影响到达目的地的实际时间。可以想象到，有些因素比其他因素对因变量的影响更大。回归分析用数学方法找出影响结果的变量，明确哪些因素最重要、哪些因素不重要、这些因素是如何相互影响的，以及明确从数学角度而言变量对结果的影响。

使用哪种回归技术取决于自变量的数值与分布。这些变量还可派生出预测函数的曲线形状。下面几节将详细介绍多种回归技术。

3.4.1 线性回归

线性回归建立了因变量 y 与解释变量或自变量 x 之间的关系模型。当有一个自变量时称为**简单线性回归**（Simple Linear Regression），有多个自变量时称为**多元线性回归**（Multiple Linear Regression）。线性回归的预测函数为直线（见图 3-4）。回归线定义了 x 和 y 之间的关系。当 y 值随着 x 值增大而增大时，x 和 y 之间存在正相关。同样地，当 x 和 y 成反比时，x 和 y 之间存在负相关。这条线应该绘制在 x 和 y 轴上，以最小化预测值和实际值之间的差异，这种差异称为预测误差。

线性回归方程的最简形式如下：

$$y = a + bx$$

这是直线方程，y 是因变量的值，a 是 y 的截距（回归线与 y 轴相交处的 y 值），b 是直线的斜率。通过最小二乘法可以得到使预测误差最小的回归直线。

最小二乘法

考虑先前章节提到的训练数据。现有自变量 x 与因变量 y，这些值分布在二维散点图上。目标是通过训练数据画一条回归线，从而使预测误差最小化。误差最小的线性回归线总会通过 x 和 y 值的平均截距。

图 3-8 展示的是最小二乘法。

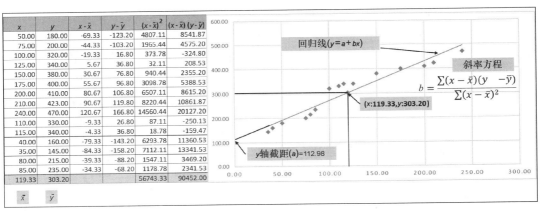

图 3-8　最小二乘法

计算直线斜率的公式如下：

$$b = \frac{\sum (x - \overline{x})(y - \overline{y})}{\sum (x - \overline{x})^2}$$

最小二乘法通过以下步骤计算直线的 y 轴截距和斜率。

（1）计算所有 x 值的平均值（119.33）。

（2）计算所有 y 值的平均值（303.20）。

（3）计算所有 x 值和 y 值与其对应平均值的差值。

（4）计算所有 x 值与其平均值的差值的平方。

（5）将 x 值与其平均值的差乘以 y 值与其平均值的差。

（6）计算所有 x 值与其平均值的差值的平方之和（56743.33）。

（7）计算所有 x 值和 y 值与其对应平均值的差值的乘积之和（90452.00）。

（8）回归线的斜率是所有 x 值和 y 值与其对应平均值的差值的乘积之和除以所有 x 值与平均值的差值的平方之和得到的（90452.00 / 56743.33 = 1.594）。在这个训练数据中，由于 x 和 y 值成正比，因此斜率为正。这是 b 在方程中的值。

（9）通过解方程 $y = a + 1.594x$ 来计算 y 轴截距（a）的值。

 记住，回归线总会通过 x 值和 y 值的平均截距。

（10）因此，303.20 = a + （1.594 × 119.33）。

（11）解这个方程可得 a = 112.98 作为回归线的 y 轴截距。

此时已经创建了回归线，可以用它来预测因变量 x 对应的 y 值。现在需要看看回归曲线在数学上离实际数据点有多近。为此将使用最流行的统计技术 R 平方（R-squared）来描述数据对模型拟合程度的好坏。它也被称为决定系数。R 平方计算线性回归模型的响应变量变化的百分比。R 平方的取值范围为 0%～100%。较高的 R 平方值表明该模型与训练数据吻合越好，一般可称为拟合优度。图 3-9 展示了用一些样本数据点计算 R 平方的过程。

使用先前的训练数据来计算基于前一张图片公式的 R 平方。在这种情况下，请参考刚才的图表，R 平方 = 144175.50 / 156350.40 = 0.9221。该值表明该模型与训练数据拟合良好。还可以从估计值中得到另一个被称为标准误差的参数，计算如下：

$$\sqrt{\frac{\sum(\hat{y}-y)^2}{n-2}}$$

式中，n 为样本量或观测次数。使用这个数据集，估计的标准误差为30.59。

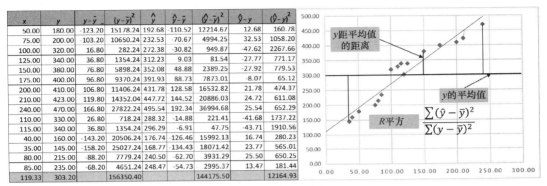

x	y	$y-\bar{y}$	$(y-\bar{y})^2$	$\hat{y}$	$\hat{y}-\bar{y}$	$(\hat{y}-\bar{y})^2$	$\hat{y}-y$	$(\hat{y}-y)^2$
50.00	180.00	-123.20	15178.24	192.68	-110.52	12214.67	12.68	160.78
75.00	200.00	-103.20	10650.24	232.53	-70.67	4994.25	32.53	1058.20
100.00	320.00	16.80	282.24	272.38	-30.82	949.87	-47.62	2267.66
125.00	340.00	36.80	1354.24	312.23	9.03	81.54	-27.77	771.17
150.00	380.00	76.80	5898.24	352.08	48.88	2389.25	-27.92	779.53
175.00	400.00	96.80	9370.24	391.93	88.73	7873.01	-8.07	65.12
200.00	410.00	106.80	11406.24	431.78	128.58	16532.82	21.78	474.37
210.00	423.00	119.80	14352.04	447.72	144.52	20886.03	24.72	611.08
240.00	470.00	166.80	27822.24	495.54	192.34	36994.68	25.54	652.29
110.00	330.00	26.80	718.24	288.32	-14.88	221.41	-41.68	1737.22
115.00	340.00	36.80	1354.24	296.29	-6.91	47.75	-43.71	1910.56
40.00	160.00	-143.20	20506.24	176.74	-126.46	15992.13	16.74	280.23
35.00	145.00	-158.20	25027.24	168.77	-134.43	18071.42	23.77	565.01
80.00	215.00	-88.20	7779.24	240.50	-62.70	3931.29	25.50	650.25
85.00	235.00	-68.20	4651.24	248.47	-54.73	2995.37	13.47	181.44
119.33	303.20		156350.40			144175.50		12164.93

图 3-9　计算 R 平方

现使用 Spark 机器学习库计算训练数据集的 R 平方：

```
import org.apache.spark.ml.feature.LabeledPoint
import org.apache.spark.ml.linalg.Vectors
import org.apache.spark.ml.regression.LinearRegression

val linearRegrsssionSampleData =
sc.textFile("aibd/linear_regression_sample.txt")

val labeledData = linearRegrsssionSampleData.map { line =>
  val parts = line.split(',')
  LabeledPoint(parts(0).toDouble, Vectors.dense(parts(1).toDouble))
}.cache().toDF

val lr = new LinearRegression()
val model = lr.fit(labeledData)
val summary = model.summary
println("R-squared = "+ summary.r2)
```

上述代码生成的输出如图 3-10 所示。注意，这计算所得 R 平方的值相同。

```
scala> println("R-squared = " + summary.r2
R-squared = 0.9221944560356226
```

图 3-10　输出结果

3.4.2　广义线性模型

目前虽然已经理解了具有一个因变量和一个自变量的简单线性回归，但在现实世界中总会有多个自变量影响输出变量，这称为多元线性回归。在这种情况下，$y = a + bx$ 线性方程的形式如下：

$$y = a_0 + b_1x_1 + b_2x_2 + \cdots + b_kx_k$$

同样，a_0 是 y 轴截距，$x_1, x_2, \cdots, x_k$ 是自变量或因子，$b_1, b_2, \cdots, b_k$ 是变量的权重。它们定义了特定变量对结果的影响程度。通过多元线性回归可以建立一个预测单因变量的模型。这种限制被广义线性模型所克服。它处理多个依赖/响应变量，同时预测变量间的相关性。

3.4.3　对数几率回归分类技术

对数几率回归（Logistic Regression）是一种分析输入变量的方法，它可用于二分类问题。尽管这个名称暗示着回归，但它是解决分类问题的一种流行方法，例如，检测电子邮件是否为垃圾邮件，或交易是否为欺诈等。对数几率回归的目标是找到一个将输出变量的类定义为 0（负类）或 1（正类）的最佳拟合模型。对数几率回归作为线性回归的一个特例，会生成公式的系数来预测因变量发生的概率。根据事件发生的概率，选择使相关事件发生或不发生概率最大的参数。事件发生的概率为 0~1。然而，线性回归模型不能保证概率的范围为 0~1。

图 3-11 展示了线性回归模型与对数几率回归模型之间的差异。

为了使自变量的期望概率位于合理区间，需要满足以下两个条件。

（1）**概率为正**（$P \geqslant 0$）。可以用指数函数来保证结果为正，如下：

$$P = \exp(\beta_0 + \beta_1x) = e^{(\beta_0 + \beta_1x)}$$

（2）**概率必须小于 1**（$P \leqslant 1$）。可将除数加 1，以确保结果概率满足要求，如下：

$$P = \frac{\exp(\beta_0 + \beta_1x)}{\exp(\beta_0 + \beta_1x) + 1} = \frac{e^{(\beta_0 + \beta_1x)}}{e^{(\beta_0 + \beta_1x) + 1}}$$

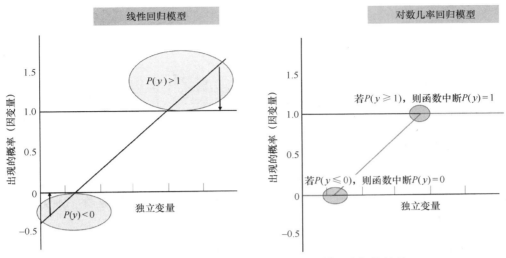

图 3-11　线性回归模型与对数几率回归模型之间的差异

Spark 的对数几率回归

现使用 Spark 进行对数几率回归：

```
import org.apache.spark.ml.classification.LogisticRegression

// 加载训练数据
val training =
spark.read.format("libsvm").load("data/mllib/sample_libsvm_data.txt")

val lr = new LogisticRegression()
    .setMaxIter(10)
    .setRegParam(0.3)
    .setElasticNetParam(0.8)

// 模型拟合
val lrModel = lr.fit(training)

// 输出对数几率回归的系数和截距
println(s"Coefficients: ${lrModel.coefficients} Intercept:
${lrModel.intercept}")

// 还可以使用多项式族（multinomial family）进行二分类
val mlr = new LogisticRegression()
    .setMaxIter(10)
    .setRegParam(0.3)
    .setElasticNetParam(0.8)
```

```
        .setFamily("multinomial")

val mlrModel = mlr.fit(training)

// 输出多项式族对数几率回归的系数和截距
println(s"Multinomial coefficients: ${mlrModel.coefficientMatrix}")
println(s"Multinomial intercepts: ${mlrModel.interceptVector}")
```

3.4.4　多项式回归

在线性回归中，自变量和因变量间的相关性用直线表示，而现实生活中的数据集更加复杂，并且因果之间并非全是线性关系。如果直线方程与数据点不匹配，则无法建立有效的预测模型。

这种情况可以考虑对预测函数使用高阶二次方程。给定 x 为自变量，y 为因变量，多项式函数的形式如图 3-12 所示。

$y = \beta_0 + \beta_1 x + \beta_2 x^2$	二阶多项式
$y = \beta_0 + \beta_1 x + \beta_2 x^2 + \beta_3 x^3$	三阶多项式

图 3-12　多项式函数的形式

这些可通过图 3-13 所示的一小组示例数据可视化。

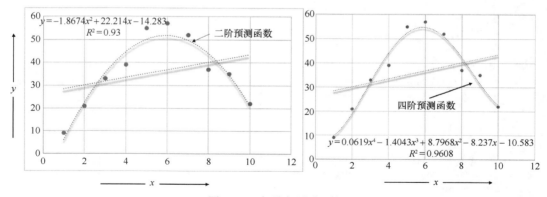

图 3-13　多项式预测函数

注意，直线不能准确地表示 x 和 y 之间的关系。当用高阶函数对预测函数建模时，R^2 得到了改善。这意味着模型能够更加精确。

为了得到最佳拟合模型，有人可能会认为对预测函数采用尽可能高阶的方程是最好的。但这是不对的，因为创建回归线时会遍历所有的数据点，模型可能无法准确预测训练数据（测试数据）之外的任何数据结果。这个问题叫作过拟合。但是，也可能会遇到欠拟合的问题。即当模型不能很好地匹配训练数据时，导致其在测试数据上的表现很差。

3.4.5 逐步回归

目前为止看到的例子都有一个自变量和一个因变量。这是用来说明回归分析的基本概念。然而，现实世界的情况更为复杂，影响结果的因素有很多。例如，员工的工资取决于多个因素，如技能集、学习新工具和技术的能力、多年的经验、过去从事的项目、扮演多个角色的能力和位置。可以想象到，在定义结果（在本例中是工资）时，一些因素的作用要大于其他因素。

当对包含很多因素的数据集进行回归分析时，如果选择比其他因素更重要的因素，就可以准确地建立模型。逐步回归（Stepwise Regression）是一种自动选择自变量的方法。

考虑以下回归函数：

$$y = \beta_0 + \beta_1 x_1 + \beta_2 x_2 + \beta_3 x_3 + \cdots + \beta_n x_n$$

这里有 n 个输入变量，以及它们的权重或系数。逐步回归的目标是找出建立模型最重要的变量。逐步回归可以用两种方法来完成，下面将介绍这两种方法。

1. 正向选择

正向选择在模型中从 0 或无变量开始。根据所选的阈值或标准，每次添加一个变量。当添加一个新的变量时，应该能显著改善模型的拟合度。当包含一个新变量不能改进模型时，这个过程就完成了。

2. 后向消元

后向消元从所有变量开始。需要迭代测试消除每个变量带来的影响。再次使用预定义的阈值或标准删除变量。该方法可将对模型精度影响最小的变量逐一剔除。

也可以同时使用这两种方法来更快地进行参数调优。

3.4.6 岭回归

通过逐步回归得到了一组自变量，它们对因变量的值有很好的贡献。如果两个或多个预测因子以近似线性的关系相互关联，此时就遇到了一个叫作**多重共线性**的问题。例如，如果对气象数据建模，其中输入数据包含海拔和平均降雨量。这两个变量是线性相关的。降雨量随海拔的增加而增加。这种多重共线性导致对回归系数的估计不准确，导致标准误差增加，从而降低了模型的可预测性。

通过对相关因素收集更多的数据点，以保证扩展后的数据点之间不存在线性关系，这可以校正多重共线性。通过消除影响较低的因素，从而达到修正结果的目的。如果这两种方法都不能解决多重共线性问题，我们可以使用岭回归（Ridge Regression）。

3.4.7　套索回归

术语 **LASSO** 代表**最小绝对收缩选择算子**（Least Absolute Shrinkage Selection Operator）。在岭回归中趋于 0 的系数在套索回归（LASSO Regression）中设置为 0，因此这些因素可以很容易地从预测函数方程中剔除。套索回归一般用于变量数量非常大的情况，因为套索会自动选择变量。

3.5　数据聚类

目前主要探索了用历史数据训练机器学习模型的监督学习方法。然而，这里有一种非常常见的场景，机器需要根据预定义的或运行时的类别将对象或实体分类到各个组中。例如，在包含员工信息的数据集中，需要根据组合的一个或多个属性对员工进行分类。这样做的目的是根据相似度将相似的对象分到同一组，将不相似的对象分到不同组。

一般的想法是同组中有一致的属性映射，跨组则有不同的行为。与监督学习方法不同，在数据聚类的情况下没有因变量。簇表示各个实体的分组，簇内具有属性相似性。在更广泛的层次上，有两种类型的聚类方法。

（1）**固定聚类**。在这种类型的聚类中，每个数据点都只属于一个组或簇。边界被清晰地定义，并且清晰地分隔了数据点。

（2）**概率聚类**。在这种情况下，对于每个数据点，对象（实体的实例）以一定的概率属于特定簇。一般来说，具有最高概率的对象所属的簇优先于其他簇。

与监督学习算法不同，聚类的过程和方法不能完全标准化。聚类的结果根据数据集和特定的场景而不同。数据聚类考虑了多种模型，在此基础上，开发了多种算法。下面是一些最常用的模型。

（1）**连通性模型**。这些模型基于不同对象之间的数据距离。这些模型采用两种方法进行泛化。在第一种方法中，所有独立的数据点都被视为独立的簇，并根据相对距离创建新簇。在第二种方法中，数据点分布在同一个簇中，随着数据点之间相对距离的减小，数据点移到其他簇。层次聚类算法实现了连通性模型。

（2）**质心模型**。在这些模型中，簇是围绕一个焦点形成的。预定义焦点的数量，并将与焦点相似的数据点分到同一个簇。在这个方法中，簇的数量是预先定义的。*K* 均值聚类是质心模型最流行的实现之一。

（3）**分布模型**。在这些模型中，根据统计数据分布的适用性对数据点进行分类，例如正态分布或高斯分布。这些迭代模型计算实体参数成为标准分布一部分的最大可能性。

（4）**密度模型**。这些迭代模型基于多个维度对数据点进行扫描，并根据数据空间中的数据点密度创建边界。这些区域根据数据点的密度进行隔离，每个隔离区域形成簇。

3.6 *K* 均值算法

K 均值是用于数据聚类的最流行的无监督学习算法之一，当没有定义类别或组的未标记数据时，就可使用 *K* 均值。簇的数量由 *k* 变量确定。这是一个迭代算法，它根据与任意质心的距离将数据点分配到特定的簇。在第一次迭代中，对质心进行随机定义，并根据离质心最近的距离将数据点分配给簇。在随后的迭代中，一旦分配了数据点，质心被重新配置为数据点的平均值，并且根据与质心最近的距离再次将数据点添加到不同的簇。这些步骤一直迭代，直到质心的变化不超过设置的阈值。让我们用一个数据集中样本（*x*1, *x*2）的 3 次迭代来介绍 *K* 均值算法，如图 3-14 所示。

迭代 1

（1）在第一次迭代中，为两个簇选择两个质心，分别为（C1 - 150:120）和（C2 - 110:100）；

（2）计算每个数据点（*x*1, *x*2）到 C1 与 C2 的距离；

（3）根据上一步的计算结果将数据点放到 C1 与 C2 的某个簇；

（4）根据 C1 中的每个数据点重新计算 C1 的质心（162.50:151.67）；

（5）根据 C2 中的每个数据点重新计算 C2 的质心（110:93.33）。

#	x1	x2		Distance from C1	Distance from C2	Cluster	C1s			C2s	
1	150	120	C1	0.00	44.72	C1	150	120		0	0
2	165	180		61.85	97.08	C1	165	180		0	0
3	140	100		22.36	30.00	C1	140	100		0	0
4	200	200		94.34	134.54	C1	200	200		0	0
5	120	90		42.43	14.14	C2	0	0		120	90
6	110	100	C2	44.72	0.00	C2	0	0		110	100
7	180	200		85.44	122.07	C1	180	200		0	0
8	100	90		58.31	14.14	C2	0	0		100	90
9	140	110		14.14	31.62	C1	140	110		0	0
						new C1	162.50	151.67	new C2	110	93.33

C1	150	120
C2	110	100

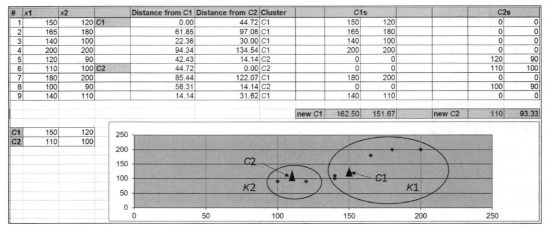

图 3-14　聚类点的数学平均过程

迭代 2

对于迭代 1 中计算的新质心，根据数据点与新质心的最小距离，将其重新调整到 $K1$ 和 $K2$ 中，重复这个过程来计算新的质心，如图 3-15 所示。

#	x1	x2	Distance from C1	Distance from C2	Cluster	C1s			C2s	
1	150	120	34.04	48.07	C1	150	120		0	0
2	165	180	28.44	102.65	C1	165	180		0	0
3	140	100	56.35	30.73	C2	0	0		140	100
4	200	200	61.17	139.56	C1	200	200		0	0
5	120	90	74.89	10.54	C2	0	0		120	90
6	110	100	73.66	6.67	C2	0	0		110	100
7	180	200	51.40	127.58	C1	180	200		0	0
8	100	90	87.80	10.54	C2	0	0		100	90
9	140	110	47.35	34.32	C2	0	0		140	110
					new C1	173.75	175.00	new C2	122	98.00

C1	162.5	151.67
C2	110	93.33

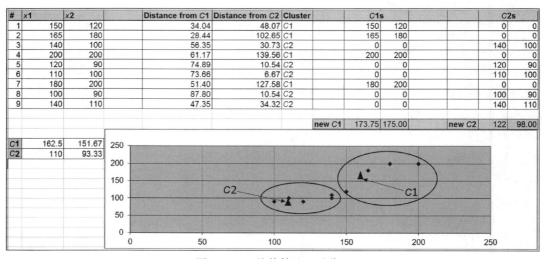

图 3-15　K 均值算法：迭代 2

迭代 3

迭代 3 的质心如图 3-16 所示。

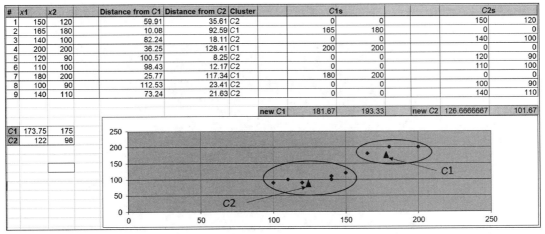

图 3-16　K 均值算法：迭代 3

Spark ML 实现 *K* 均值

下面我们将用 Spark ML 来实现 *K* 均值：

```
import org.apache.spark.ml.feature.LabeledPoint
import org.apache.spark.ml.linalg.Vectors
import org.apache.spark.ml.clustering.Kmeans

val kmeansSampleData = sc.textFile("aibd/k-means-sample.txt")

val labeledData = kmeansSampleData.map { line =>
  val parts = line.split(',')
  LabeledPoint(parts(0).toDouble, Vectors.dense(parts(1).toDouble,
parts(2).toDouble))
}.cache().toDF

val kmeans = new KMeans()
.setK(2) // 设置簇的个数
.setFeaturesCol("features")
.setMaxIter(3) // 默认最多迭代 20 次
.setPredictionCol("prediction")
.setSeed(1L)
val model = kmeans.fit(labeledData)

summary.predictions.show
model.clusterCenters.foreach(println)
```

上述代码的输出结果如图 3-17 所示。

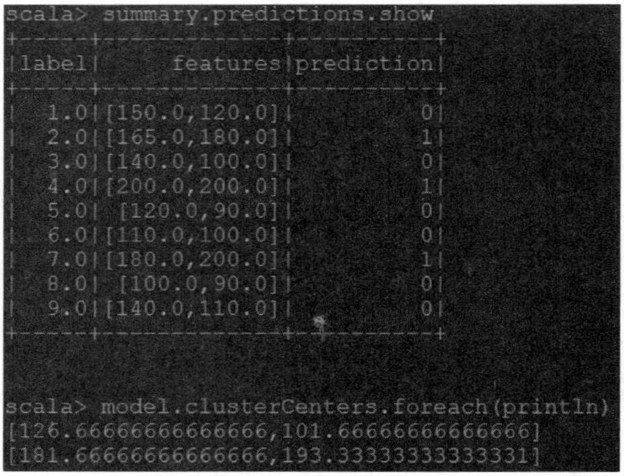

```
scala> summary.predictions.show
+-----+-----------+----------+
|label|   features|prediction|
+-----+-----------+----------+
|  1.0|[150.0,120.0]|        0|
|  2.0|[165.0,180.0]|        1|
|  3.0|[140.0,100.0]|        0|
|  4.0|[200.0,200.0]|        1|
|  5.0| [120.0,90.0]|        0|
|  6.0|[110.0,120.0]|        0|
|  7.0|[180.0,200.0]|        1|
|  8.0| [100.0,90.0]|        0|
|  9.0|[140.0,110.0]|        0|
+-----+-----------+----------+

scala> model.clusterCenters.foreach(println)
[126.66666666666666,101.66666666666666]
[181.66666666666666,193.33333333333331]
```

图 3-17　输出结果

3.7　数据降维

到目前为止，本章已经用最简单的例子研究了监督学习和无监督学习的基本概念。在这些例子中，我们考虑了影响结果的有限因素。然而，在现实世界中有大量的数据点可用来分析和训练模型。每一个额外的因素都会在空间内增加一个维度，因此有效地可视化数据将变得很困难。每个新维度都会对模型训练产生性能影响。

对大数据而言，现在有能力从异构数据源中引入数据，这在之前是不可能的。我们不断地向数据集添加更多的维度。虽然拥有额外的数据点和属性可以更好地理解问题，但是如果考虑到数据集中额外维度带来的计算开销，那么更多并不一定意味着更好。

如果将数据集视为行和列，其中一行表示实体的一个实例，列表示维度，那么大多数机器学习算法都是按列实现的。随着列数的增加，这些算法的执行速度越来越慢。再次参考曾经在第 1 章中考虑过的人脑类比，在开车时，人脑不断地接收大量输入（数据维度）。人脑可以有效地考虑最重要的维度，忽略一些输入，并将其他输入合并成一个单一的感知点。

这里需要基于数据集中较少的因素，应用类似的技术来考虑能够精确刻画场景的重要维度。这种因子减少的过程称为**数据降维**（Data Dimensionality Reduction，DDR）。在考虑降维时，其中一个必要条件是模型应该传递相同的信息，而不丧失任何洞见或智能。在深入研究**奇异值分解**（Singular Value Decomposition，SVD）和**主成分分析**（Principal Component Analysis，PCA）等高级技术之前，先看一些可用于 DDR 的基本技术。

（1）**缺失值维度**。从各种传感器和数据源收集到的数据，可能由于某些因素，有大量观测数据缺失。在这种情况下，需要使用默认值或其他观察值的平均值来替换缺失的值。然而，如果缺失值的数量超过阈值（缺失值占总观察值的百分比），那么将该维度从模型中删除是有意义的，因为它并不影响模型的准确性。

（2）**低方差维度**。如果在数据集中有一些维度的观测值没有变化，或者变化幅度很小，那么可以排除观测值之间方差较小的因素，因为这些维度不会影响模型的有效性。

（3）**高相关维度**。如果数据集中有两个或多个相互关联的维度，或者它们在不同的度量单元中表示相同的信息，那么可以忽略这些因素，而不会影响模型的准确性。

现在让我们看一下图 3-18 所示的数据集。

y	x_1	x_2	x_3	x_4	x_5	x_6
100	2	1	75	18	1	2
110		1	21	28	2	4
120	缺失值	1	32	61	5	10
115		低方差 1	56	39	2	4
125	1	1	73	81	3	6
121	0	1	97	59	7	14

图 3-18　样本数据集

在这个示例数据集中，x_1 有很多缺失值，x_2 的值之间没有方差，x_5 和 x_6 是高度相关的，因此可以在不影响模型精度的情况下剔除其中一个因素。

3.8　奇异值分解

正如我们在前一节中所见，减少数据维度可以提高模型生成的效率，而不会牺牲数据中包含的信息量。因此，数据被压缩，并且易于在更少的维度中可视化。**SVD** 是一种基本的数学工具，可以很容易地用于降维。

3.8.1　矩阵理论和线性代数概述

在尝试理解 SVD 之前，先来看看关于矩阵理论和线性代数的概念。虽然对这些主题的全面讨论超出了本书的范围，但简短的讨论绝对是有益的。

（1）**标量**。一个数字被称为标量。标量表示一个实体的大小。例如，汽车的速度是每小时 60 英里[1]。这里，数字 60 是一个标量。

（2）**矢量**。按顺序排列的多个标量组成的数组称为矢量。矢量通常定义大小和方向，并被认为是空间中的点。

（3）**矩阵**。这是一个二维标量数组。矩阵的每个元素都由一个坐标索引表示。矩阵用大写字母表示，例如 A，单个元素用下标表示，如 A_{mn}。矩阵的定义如下：

$$A = \begin{bmatrix} A_{11} & A_{12} \\ A_{21} & A_{22} \end{bmatrix}$$

这里，A_i 是 A 的第 i 行，A_j 是 A 的第 j 列。矩阵 A 高为 m，宽为 n。

（4）**矩阵的转置**。当转置一个矩阵时，它得到一个矩阵结构的镜像，其中新矩阵的行就是原矩阵的列。

$$A = \begin{bmatrix} A_{11} & A_{12} & A_{13} \\ A_{21} & A_{22} & A_{23} \\ A_{31} & A_{32} & A_{33} \end{bmatrix} \Rightarrow A^{\top} = \begin{bmatrix} A_{11} & A_{22} & A_{31} \\ A_{12} & A_{22} & A_{32} \\ A_{13} & A_{23} & A_{33} \end{bmatrix} \quad A = \begin{bmatrix} 1 & 2 & 3 \\ 4 & 5 & 6 \\ 7 & 8 & 9 \end{bmatrix} \Rightarrow A^{\top} = \begin{bmatrix} 1 & 4 & 7 \\ 2 & 5 & 8 \\ 3 & 6 & 9 \end{bmatrix}$$

向量是具有一列的矩阵，通常表示为行矩阵的转置：

$$X = [x_1, x_2, x_3, \cdots, x_n]$$

（5）**矩阵加法**。如果矩阵 A 和 B 具有相同的形状（维数），高 m，宽 n，则它们可以相加形成一个 C 矩阵。例如：

$$C = A + B \Rightarrow C_{ij} = A_{ij} + B_{ij}$$

标量可以与矩阵相加或相乘，如下所示：

$$D = aB + c \Rightarrow D_{ij} = aB_{ij} + c$$

（6）**矩阵乘法**。为了将矩阵 A_{mn} 与矩阵 B 相乘，矩阵 B 需要有 n 行。此时，如果 A 的形状是 $m \times n$，B 的形状是 $n \times p$，那么 C 的形状就是 $m \times p$：

---

[1] 1 英里（mi）=1.609344 千米（km）。因单位换算后并非整数，故本书不用公制单位。——编辑注

$$C = AB \Rightarrow C_{ij} = \sum A_{ik} B_{kj}$$

$$\begin{bmatrix} A & B \\ C & D \end{bmatrix} \times \begin{bmatrix} E & F \\ G & H \end{bmatrix} = \begin{bmatrix} AE + BG & AF + BH \\ CE + DG & CF + DH \end{bmatrix}$$

 两个矩阵的标准乘积不仅仅是具有位置对应关系的单个元素的乘积。

矩阵乘法的性质如下。

- 分配律：$A(B + C) = AB + AC$。
- 结合律：$A(BC) = (AB)C$。
- 非交换律：AB 不等于 BA。
- $(AB)^\top = B^\top A^\top$

（7）**恒等矩阵与逆矩阵**。单位矩阵是一个方阵，所有对角元素为1，非对角元素为0。单位矩阵与单位矩阵相乘时，其值不变。一个 n 维单位矩阵表示为 I_n。方阵的逆矩阵是一个矩阵，当与原矩阵相乘时，得到一个单位矩阵：

$$A^{-1}A = I_n$$

（8）**对角矩阵**。这类似于单位矩阵。所有的对角元素都是非零的，非对角元素也是零。

（9）**对称矩阵**。该方阵等于其自身矩阵的转置。

（10）**矩阵形式的线性回归**。现考虑一个简单的线性回归模型方程。

$$Y_i = \beta_0 + \beta_i X_i + \varepsilon_i \quad \{i = 1, \cdots, n\} \Rightarrow \begin{bmatrix} Y_1 = \beta_0 + \beta_1 X_1 + \varepsilon_1 \\ Y_2 = \beta_0 + \beta_1 X_2 + \varepsilon_2 \\ \vdots \\ Y_n = \beta_0 + \beta_1 X_n + \varepsilon_n \end{bmatrix}$$

用矩阵形式表示这些方程：

$$Y = \begin{bmatrix} Y_1 \\ Y_2 \\ \vdots \\ Y_n \end{bmatrix} \quad X = \begin{bmatrix} 1 & X_1 \\ 1 & X_2 \\ \vdots & \vdots \\ \vdots & X_n \end{bmatrix} \quad \beta = \begin{bmatrix} \beta_0 \\ \beta_1 \end{bmatrix} \quad \varepsilon = \begin{bmatrix} \varepsilon_1 \\ \varepsilon_2 \\ \vdots \\ \varepsilon_n \end{bmatrix}$$

利用这些矩阵的定义，线性回归可以表示为：

$$Y = X\beta + \varepsilon$$

注意，当以矩阵形式表示时，方程的计算很简单。

有了矩阵理论的背景知识，现在就很容易理解 SVD 是如何应用于降维的。首先了解现实世界中的实体是如何以矩阵形式表示的。矩阵的列表示单个实例的各种维数，一行表示一个实例。SVD 定理是，对于任意 $m \times n$ 矩阵 A，存在一个 $m \times r$ 正交矩阵 U，一个 $r \times r$ 对角矩阵 Σ（对角线上的值为非负），一个 $n \times r$ 正交矩阵 V，从而使 $A = U\Sigma V^{\top}$，如图 3-19 所示。

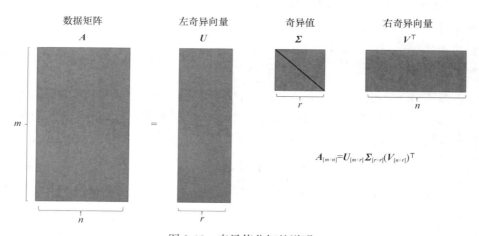

图 3-19　奇异值分解的说明

3.8.2　奇异值分解的重要性质

现在看看 SVD 的一些重要性质。

（1）将一个实矩阵 A 分解成 $A = U\sum V^{\top}$ 总是可能的。

（2）U、Σ 与 V 是独立的。

（3）U 和 V 是标准正交矩阵：

$U^{\top}U = I, V^{\top}V = I$（$I$ 表示单位矩阵）

（4）Σ 是一个对角矩阵，其中非零对角元素为正，并按降序排列（$\sigma_1 \geqslant \sigma_2 \geqslant \sigma_3 \geqslant \cdots \geqslant \sigma_n \cdots > 0$）。

3.8.3 Spark ML 实现 SVD

让我们用 Spark ML 库实现 SVD：

```
import org.apache.spark.mllib.linalg.Matrix
import org.apache.spark.mllib.linalg.Vectors
import org.apache.spark.mllib.linalg.Vector
import org.apache.spark.mllib.linalg.distributed.RowMatrix
import org.apache.spark.mllib.linalg.SingularValueDecomposition

val data = Array(Vectors.dense(2.0, 1.0, 75.0, 18.0, 1.0,2),
Vectors.dense(0.0, 1.0, 21.0, 28.0, 2.0,4),
Vectors.dense(0.0, 1.0, 32.0, 61.0, 5.0,10),
Vectors.dense(0.0, 1.0, 56.0, 39.0, 2.0,4),
Vectors.dense(1.0, 1.0, 73.0, 81.0, 3.0,6),
Vectors.dense(0.0, 1.0, 97.0, 59.0, 7.0,14))

val rows = sc.parallelize(data)

val mat: RowMatrix = new RowMatrix(rows)

val svd: SingularValueDecomposition[RowMatrix, Matrix] = mat.computeSVD(3,
computeU = true)

val U: RowMatrix = svd.U // 因子 U 被保存为行矩阵
val s: Vector = svd.s // 因子 sigma 被保存为单个向量
val V: Matrix = svd.V // 因子 V 被保存为本地稠密矩阵
```

上述代码的输出结果如图 3-20 所示。

```
scala> U.rows.foreach(println)
[-0.35299651876635013,0.6546455627747847,0.2661494440454151]
[-0.17208815312983178,-0.18242538935362893,-0.05603906415291393]
[-0.344327509886016,0.08352969161065013,0.20707206515001908]
[-0.32130452719252234,-0.5716937426453584,-0.32950542635545377]
[-0.543065403233052,-0.3646759753170278,0.5942645854003921]
[-0.5736941599830103,0.26713414743272607,-0.6491694948924345]

scala> s
res26: org.apache.spark.mllib.linalg.Vector = [198.18757465263172,49.70483326656433,8.7
26504121398136]

scala> V.transpose.rowIter.foreach(println)
[-0.006302108394258266,-0.0116425937061155,-0.7817870862010436,-0.6157411234725576,-0.
043581083340924147,-0.08716216681848293]
[0.01900449288636702,-0.0022831925597502443,0.6225071299227736,-0.778954235597452,-0.03
2707150050004394,-0.06541430010000879]
[0.1290967674820466,0.0037554682538526113,0.028433343688626128,0.11826121137689534,-0.
44011947285577685,-0.8802389457115537]
```

图 3-20   输出结果

3.9　主成分分析

主成分分析（PCA）是降维最常用的方法之一。真实场景中有数千个维度来解释数据点。然而，可以在不丢失重要信息的情况下减少维数。例如，摄像机捕捉三维空间中的场景并将其投射到二维空间（电视屏幕）上，尽管消除了一维，仍然能够毫无问题地感知场景。多维空间中的数据点具有较小的维数收敛性。PCA 作为一种降维技术，侧重于获得数据点间方差最大的方向，同时获得数据集的最佳重构。我们用一个二维数据集来说明这一点，如图 3-21 所示。

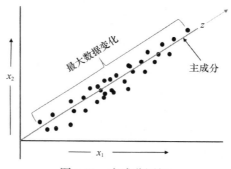

图 3-21　主成分图解

图 3-21 中有一个二维数据集，其中数据点由 x_1 和 x_2 唯一定义。可以看到数据以 x_1 和 x_2 的函数线性分布。回归直线包含所有数据点，是一条捕捉最大数据变化的线。如果考虑一个用 z 表示的新轴，就可以用一个维度来表示数据集。在新的 z 轴上得到了从二维到一维的最小误差。线性回归与 PCA 有本质区别。线性回归试图最小化数据点与回归直线上的点之间的垂直距离。然而，PCA 试图使数据点与回归直线之间的距离在正交方向上最小化，同时 PCA 不关心因变量。

3.9.1　用 SVD 实现 PCA 算法

现在看一下使用 SVD 实现 PCA 算法的步骤。考虑拥有 m 个数据的训练集 $x(1), x(2), \cdots, x(m)$。对于该数据集采取以下步骤。

（1）**均值归一化**。取每个数据点与平均值的差。通过这种方式提高模型训练的效率，从而获得较好的误差曲面形状 $\mu_j = \dfrac{1}{m} \sum_{i=1}^{m} x_i^j$。用 $(x_{(j)} - \mu_{(j)})$ 替换每个 $x_{(j)}$。

（2）**特征缩放**。不同的特征有不同的尺度。假设 x_1 表示房子的尺寸，x_2 表示卧室的数量，它们就有不同的量纲。这种情况下 x_2 不会起任何作用，因为它的数量级小于 x_1。归一化将减少不同尺度下提取某些特征的影响，并允许小值特征贡献到方程。

（3）计算协方差矩阵，$\Sigma = \dfrac{1}{m}\sum\limits_{i=1}^{m}(x^{(i)})(x^{(i)})^{\top}$。

（4）将 SVD 应用于 Σ，计算 U、Σ 和 V。

（5）根据想要为数据建模的维数，利用 U 得到归约矩阵（***UReduce***）。在这个例子中，它从二维到一维。这可以很简单地通过先获得 U 矩阵的 k 列（预期维数）来做到。

（6）获得 $z = UReduce'(x)$。

3.9.2　用 Spark ML 实现 SVD

用 Spark ML 实现前面介绍的 SVD 算法非常容易。参考以下代码：

```
import org.apache.spark.mllib.linalg.Matrix
import org.apache.spark.mllib.linalg.Vectors
import org.apache.spark.mllib.linalg.distributed.RowMatrix

val data = Array(Vectors.dense(2.0, 1.0, 75.0, 18.0, 1.0,2),
Vectors.dense(0.0, 1.0, 21.0, 28.0, 2.0,4),
Vectors.dense(0.0, 1.0, 32.0, 61.0, 5.0,10),
Vectors.dense(0.0, 1.0, 56.0, 39.0, 2.0,4),
Vectors.dense(1.0, 1.0, 73.0, 81.0, 3.0,6),
Vectors.dense(0.0, 1.0, 97.0, 59.0, 7.0,14))

> val rows = sc.parallelize(data)

val mat: RowMatrix = new RowMatrix(rows)

// 主成分被存储在本地稠密矩阵中
val pc: Matrix = mat.computePrincipalComponents(2)

// 将行投影到由前两个主成分形成的线性空间中
val projected: RowMatrix = mat.multiply(pc)

projected.rows.foreach(println)
```

一个六维数据集中包含两个主成分的程序输出结果如图 3-22 所示。

```
scala> projected.rows.foreach(println)
[-56.495425863653956,40.882009271582056]
[-101.57575183305222,39.81402203522891]
[-67.62682650712414,9.936050017628904]
[-31.51177269452176,15.871131302479899]
[-75.12738096710979,-17.497251982139915]
[-114.025693428513336,10.349201004364776]
```

图 3-22　输出结果

3.10　基于内容的推荐系统

随着丰富的、高性能的技术的进步和对数据驱动分析的更多关注，推荐系统越来越受欢迎。推荐系统是根据终端用户过去的行为向他们提供最相关信息的系统。行为可以定义为用户的浏览历史、购买历史、最近的搜索等。有许多不同类型的推荐系统。本节将继续关注两类推荐引擎：协同过滤和基于内容的推荐。

基于内容的推荐系统是一种推荐引擎，它推荐与用户过去喜好类似的物品。物品的相似性是通过与物品相关的特性来度量的。相似性基本上是一个可以用多种算法来定义的数学函数。这类推荐系统将用户概述属性（如用户偏好、喜欢和购买）与使用算法函数的物品属性相匹配。最佳匹配最终会呈现给用户。

图 3-23 描述了基于内容的推荐引擎的高级方法。

图 3-23　基于内容的推荐

现在来看一个基于内容的过滤示例。这个例子用到了电影数据。我们最终也会使用用户评分数据。图 3-24 展示了数据集的分布。

电影数据集中有代表电影名称的 **Movie** 列和代表电影所属类型的 **Genres** 列。在用户评分数据集中，可分为用户喜欢（用数字 1 表示）和不喜欢（用数字 2 表示）。没有任何评级具有 NULL 或空白值。

Movie Data			Users Data		
Movie	Genres		User	Movie	Ratings
Movie 1	Action,Romance		User1	Movie1	1
Movie 2	Adventure		User2	Movie1	1
Movie 3	Action,Adventure,Thriller		User1	Movie4	2
Movie 4	Romance		User1	Movie5	2
Movie 5	Romance,Thriller		User1	Movie6	2
Movie 6	Action,Romance,Thriller		User2	Movie6	2

图 3-24　数据集的分布

可以使用下面的 Spark 代码加载数据：

```
import org.apache.spark.ml.feature.{CountVectorizer,HashingTF, IDF,
Tokenizer}

val movieData = spark.createDataFrame(Seq(
  ("Movie1", Array("Action","Romance")),
  ("Movie2", Array("Adventure")),
  ("Movie3", Array("Action","Adventure","Thriller")),
  ("Movie4", Array("Romance")),
  ("Movie5", Array("Romance","Thriller")),
  ("Movie6", Array("Action","Romance","Thriller"))
)).toDF("Movie", "Genres")

val usersData = spark.createDataFrame(Seq(
  ("User1","Movie1",1),
  ("User2","Movie1",1),
  ("User1","Movie4",2),
  ("User2","Movie5",2),
  ("User1","Movie6",2),
  ("User2","Movie6",2)
)).toDF("User","Movie", "Ratings")
```

现在需要计算每个电影记录的 TF-IDF 分数。**TF**（词频）表示单词在数据行或文档中出现的频率是多少。在该示例中，单词是电影所属的类型。举个例子，属于 Movie1 行的动作（Action）类型 TF 为 1。现选择一个简单的原始计数来计算 TF。图 3-25 所示的例子说明 TF 计算在数据表中是什么样子的。

 TF 计算有很多变体，必须根据多种因素（如数据类型和记录数量）选择要在应用程序中使用的 TF 变体。有关它的详细信息可以在斯坦福自然语言处理小组的网站和相关的维基百科页面中找到。

Movie Matrix (TF) Simple Count				
Movie	Action	Adventure	Romance	Thriller
Movie 1	1		1	
Movie 2		1		
Movie 3	1	1		1
Movie 4			1	
Movie 5			1	1
Movie 6	1	0	1	1

图 3-25　在数据表中的 TF 计算

下面的 Spark 代码可以用来计算 TF。我们已经将 `hashingTF` 库用于这一过程：

```
val hashingTF = new
HashingTF().setInputCol("Genres").setOutputCol("rawFeatures")
val featurizedData = hashingTF.transform(movieData)
featurizedData.show(truncate=false)
```

上述代码的输出结果如图 3-26 所示。

```
+------+----------------------------+---------------------------------------------+
|Movie |Genres                      |rawFeatures                                  |
+------+----------------------------+---------------------------------------------+
|Movie1|[Action, Romance]           |(262144,[162807,188610],[1.0,1.0])           |
|Movie2|[Adventure]                 |(262144,[86025],[1.0])                       |
|Movie3|[Action, Adventure, Thriller]|(262144,[1158,86025,162807],[1.0,1.0,1.0])  |
|Movie4|[Romance]                   |(262144,[188610],[1.0])                      |
|Movie5|[Romance, Thriller]         |(262144,[1158,188610],[1.0,1.0])             |
|Movie6|[Action, Romance, Thriller] |(262144,[1158,162807,188610],[1.0,1.0,1.0])  |
+------+----------------------------+---------------------------------------------+
```

图 3-26　输出结果

接下来，计算逆文档频率（Inverse Document Frequency，IDF）。IDF 用于查明一个术语在给定语料库所有文档中是常见的还是罕见的。它是一个基于对数的数学函数，用文档总数，除以该术语出现过的文档数。因此，IDF 可以使用图 3-27 所示的公式计算（摘自维基百科）。

$$\mathrm{idf}(t, D) = \log \frac{N}{|\{d \in D : t \in d\}|}$$

with

- N: total number of documents in the corpus $N = |D|$
- $|\{d \in D : t \in d\}|$: number of documents where the term t appears (i.e., $tf(t, d) \neq 0$). If the term is not in the corpus, this will lead to a division-by-zero. It is therefore common to adjust the denominator to $1 + |\{d \in D : t \in d\}|$.

图 3-27　计算 IDF 的公式

根据之前的公式在 Excel 表格中计算 IDF。查看图 3-28，可以了解它在这一示例中是什么样子的。

B26 | =LN((B27+1)/(B25+1))

	A	B	C	D	E
13					
14					
15	Movie Matrix (TF) Simple Count				
16	Movie	Action	Adventure	Romance	Thriller
17					
18	Movie 1	1		1	
19	Movie 2		1		
20	Movie 3	1	1		1
21	Movie 4			1	
22	Movie 5			1	1
23	Movie 6	1		1	1
24					
25	TF	3	2	4	3
26	IDF	0.559615788	0.8472979	0.336472237	0.559615788
27	N=	6	6	6	6

图 3-28　计算 IDF

在计算 IDF 之后，为了得到完整的引用，需将 TF 乘以 IDF。图 3-29 是 TF*IDF 输出在工作表中的样子。

Movie Matrix (TF*IDF)				
Movie	Action	Adventure	Romance	Thriller
Movie 1	0.559615788		0.336472237	
Movie 2		0.8472979		
Movie 3	0.559615788	0.8472979		0.559615788
Movie 4			0.336472237	
Movie 5			0.336472237	0.559615788
Movie 6	0.559615788		0.336472237	0.559615788

图 3-29　TF*IDF 输出在工作表中的样子

下面的 Spark 代码将计算 TF*IDF：

```
val idf = new IDF().setInputCol("rawFeatures").setOutputCol("features")
val idfModel = idf.fit(featurizedData)

val rescaledData = idfModel.transform(featurizedData)
rescaledData.select("Movie", "rawFeatures", "features").show()
```

上述代码的输出结果如图 3-30 所示。

```
+------+------------------------------+-----------------------------------------------------------------------+
|Movie |rawFeatures                   |features                                                               |
+------+------------------------------+-----------------------------------------------------------------------+
|Movie1|(20,[3,10],[1.0,1.0])         |(20,[3,10],[0.5596157879354227,0.3364722366212129])                    |
|Movie2|(20,[13],[1.0])               |(20,[13],[0.8472978603872037])                                         |
|Movie3|(20,[3,13,14],[1.0,1.0,1.0])|(20,[3,13,14],[0.5596157879354227,0.8472978603872037,0.5596157879354227])|
|Movie4|(20,[10],[1.0])               |(20,[10],[0.3364722366212129])                                         |
|Movie5|(20,[10,14],[1.0,1.0])        |(20,[10,14],[0.3364722366212129,0.5596157879354227])                   |
|Movie6|(20,[3,10,14],[1.0,1.0,1.0])|(20,[3,10,14],[0.5596157879354227,0.3364722366212129,0.5596157879354227])|
+------+------------------------------+-----------------------------------------------------------------------+
```

图 3-30　输出结果

现在需要从用户评级确定用户向量。根据每个电影类型计算用户概述向量。它是给定类型的所有用户评分和所有电影的用户评分的向量点积。

3.11　常见问答

问：机器学习的两个基本类别是什么？它们之间有什么不同？

答：机器学习可以大致分为监督学习和无监督学习。在监督学习的情况下，模型是基于历史数据进行训练的，历史数据就是真实数据，称为训练数据。无监督学习的算法根据输入数据进行推理，不需要标注训练数据。数据集中的隐藏模式是动态派生的。

问：为什么 Spark 编程模型适合大数据集的机器学习？

答：Spark 是一个基于分布式弹性计算基础的通用计算引擎。它可以更快地生成和执行模型，使大型数据集无缝地分布在集群节点之间。由于大多数底层细节对数据科学工程师都是隐藏的，因此在使用 Spark 实现机器学习时，学习曲线非常陡峭。Spark 具有容错能力，并且非常有效地利用了集群管理器（YARN、Mesos 等）。它是最受欢迎的 Apache 项目之一，并引起了很多社区的兴趣。

问：回归和分类有什么区别？

答：回归是一种技术，它基于一个或多个自变量的值预测一个连续变量（因变量）的值或一个事件的发生；分类是一种分组机制，其中数据点被分在离散类别或簇中。

问：什么是降维？降维的基本目的是什么？

答：随着大数据技术的发展，异构数据源会生成大量数据。虽然数据越多越好，但是对所有可用的自变量建模需要强大的计算能力。有些维度是冗余的，有些维度对结果没有显著影响。降维技术通过消除无关紧要和冗余的变量，帮助我们在不损失任何信息的情况下减少维数。这将降低计算需求，并在有限的维度内方便地可视化数据。

3.12　小结

本章介绍了机器学习算法的基本概念，阐明了 Spark 编程模型是利用大数据进行机器学习的有效工具。

本章深入研究了一些监督学习算法和无监督学习算法，并使用 Spark 机器学习库实现了这些算法。后续章节将在这些基础上讲述神经网络是如何作为创建智能机器的基本构件的。

第 4 章
大数据神经网络

第 3 章为智能系统的构建奠定了基础。该章将机器学习算法分为监督学习算法和无监督学习算法两大类，探讨了 Spark 编程模型如何通过简单的编程接口方便地实现它们，并对 Spark 提供的机器学习库进行了简要概述，还列举了一个使用 Spark ML 代码的例子来介绍回归分析的基本原理。该章展示了如何使用 K 均值算法对数据进行聚类，并在降维这一话题上进行了深入的探讨。(降维主要是帮助我们用更少的维度无损地表示相同的信息。) 通过对主成分分析、基于内容的推荐和协同过滤技术的理解，我们已经为推荐引擎的实现奠定了基础，同时还了解了矩阵代数的一些基本知识。

本章将探讨神经网络，以及它们是如何随着分布式计算框架的计算能力增强而发展的。神经网络从人脑中获得灵感，并帮助人们解决一些传统数学模型无法解决的复杂问题。本章主要包括以下内容：神经网络和人工神经网络的基础，感知器和线性模型，非线性模型，前馈神经网络，梯度下降、反向传播和过拟合，以及循环神经网络。

我们将用一些容易理解的场景并结合 Spark ML 的相应代码示例来解释这些概念。

4.1　神经网络和人工神经网络的基础

第 3 章介绍的基本算法和数学模型在解决一些结构化的简单问题时非常奏效。相对于人脑易于做到的事，这些问题要简单得多。例如，当婴儿开始通过各种感觉（视觉、听觉、触觉等）识别物体时，他会基于人脑中的一些基本组成部分来学习这些物体。在所有生物中都有类似的机制，只是进化周期不同，其复杂程度也不同。

　　一项对各种动物和人脑的神经学研究表明，大脑的基本构造单元是神经元。这些生物神经元相互连接，能够同时向数千个相连的神经元发送信号。据观察，复杂物种（如人类）脑中包含的神经元比简单物种更多。例如，人们相信人脑中有 1000 亿个相互连接的神经元。研究人员发现，不同物种的智力水平与其神经元之间的互连数量、层级存在直接关系。这促进了**人工神经网络**（Artificial Neural Network，ANN）的发展，它可以解决如图像识别等更复杂的问题。

　　ANN 为计算和理解人脑提供了另一种方法。虽然我们对人脑确切功能的了解很有限，但迄今为止，ANN 在解决复杂问题方面已经取得了令人鼓舞的成果。与传统算法不同，它主要是开发了一种基于上下文输入进行自主学习的机器。

　　在为机器开发认知智能的过程中需要记住，神经网络和算法计算不是相互竞争而是相辅相成的关系。有些任务更适合用算法来计算，而不是神经网络。我们需要谨慎地利用这两者来解决具体的问题。许多系统都需要两种方法的组合。

　　与生物神经元类似，ANN 也有输入单元和输出单元。简单 ANN 的结构如图 4-1 所示。

　　简单 ANN 由一个输入层（向网络提供输入数据）、一个输出层（表示 ANN 的计算结果）和一个或多个（取决于复杂度）隐藏层组成，隐藏层是实际计算和逻辑实现的地方。

　　神经网络理论并不新鲜。然而，在理论诞生之初，计算资源和数据集都十分有限，无法发挥 ANN 的全部潜力。随着大数据技术和大规模并行分布式计算框架的出现，我们能够探索 ANN 在一些创新用

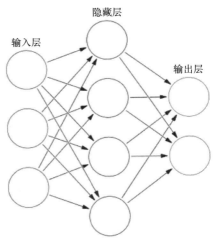

图 4-1　简单 ANN 的结构

例中的强大功能，并解决一些最具挑战性的问题，如图像识别和自然语言处理。

　　本章的后续部分将通过一些简单易懂的示例深入研究 ANN。

4.2　感知器和线性模型

　　下面我们以一个回归问题为例。有两个输入变量和一个输出变量（或因变量），用

ANN 来创建一个模型，可以根据一组输入变量来预测输出变量的值，如图 4-2 所示。

x_1	x_2	y
5	7	10
3	1	7
8	9	12
4	6	9
2	3	5
6	10	?

图 4-2　样本训练数据

在这个例子中，x_1 和 x_2 是输入变量，y 是输出变量。训练数据由 5 组数据点和对应的 y 值组成，目的是预测当 $x_1 = 6$，$x_2 = 10$ 时的 y 值。任何给定的连续函数都能由一个 3 层神经网络精确实现，该神经网络的输入层有 n 个神经元，隐藏层有 $2n + 1$ 个神经元，输出层有 m 个神经元。我们可用一个简单的神经网络来表示，如图 4-3 所示。

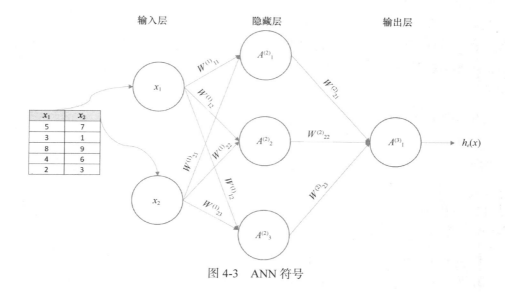

图 4-3　ANN 符号

4.2.1　神经网络的组成符号

神经网络有一套标准化的表示方法。

（1）x_1 和 x_2 是输入（输入层也可以调用激活函数）。

（2）这个网络有 3 层：输入层、隐藏层和输出层。

（3）输入层中有两个神经元对应于输入变量。这里的两个神经元仅用于展示说明，在现实中会有成千上万的维度，对应的输入变量也是同等量级。理论上，这些 ANN 的核心概念适用于任意数量的输入变量。

（4）隐藏层（第二层）有 3 个神经元：$(A_1^{(2)}, A_2^{(2)}, A_3^{(2)})$。

（5）最后一层的神经元产生输出 $A_1^{(3)}$。

（6）$A_i^{(j)}$ 代表第 j 层中第 i 个单元的激活输出（节点经计算输出的值）。激活函数定义了节点对于一组输入而得到的输出。最简单、最常见的激活函数是一个二元函数，表示一个神经元输出的两种状态，即该神经元是否被激活（激发）。例如，A_1^2 表示第二层中第一个单元的激活输出。

（7）$W_{ij}^{(l)}$ 代表连接的权重，l 表示信号来自哪层，i 表示信号来自这一层哪个神经元，j 表示信号传递到下一层的哪个神经元。权重用于减少 ANN 的实际输出和期望输出之间的差值。例如，$W_{12}^{(1)}$ 表示第一层第一个神经元与第二层第二个神经元之间连接的权重。

4.2.2 简单感知器模型的数学表示

神经网络的输出取决于输入值、每个神经元的激活函数和连接的权重。目标是在每个连接上找到合适的权重，以便准确地预测输出。输入、权重、传递函数、激活函数和激活输出之间的关联如图 4-4 所示。

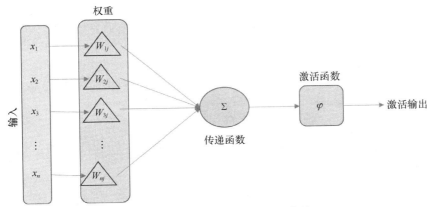

图 4-4　ANN 组成部分之间的关联

综上所述，在 ANN 中对输入（x）与权重（W）的乘积求和，并应用激活函数 $f(x)$ 得到输出，该输出又会作为输入传递给下一层。如果没有激活函数，输入值和输出值之间的相关性将是一个线性函数。

感知器是 ANN 一种最简单的形式，它用于线性可分数据集的分类。它由一个具有不同权重和偏置单位的神经元组成。

简单感知器模型可表示为点积：

$$\varphi(\sum_{i}^{n} x \cdot W)$$

由于我们的例子中有多个 x_1 和 x_2 的值，因此最好使用矩阵乘法来计算，这样所有传递函数和激活函数都可以并行计算。为了执行矩阵乘法，数学模型的 API 进行了极大的优化，从而能够利用分布式并行计算框架的强大功能。现在用矩阵符号来表示这个例子。输入数据集可以表示为 X，本例中这是一个 5×2 矩阵。权重可以表示为 $W^{(1)}_{(2 \times 3)}$。生成的矩阵 $Z^{(2)}$ 是一个 5×3 矩阵，它是第二层（即隐藏层）的激活输出。每一行对应一组输入值，每一列表示隐藏层中每个节点上的传递函数或激活输出，如图 4-5 所示。

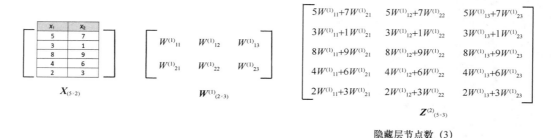

隐藏层节点数（3）

图 4-5　每行对应一组输入值

这样，我们就得到了神经网络的第一个公式。矩阵表示法在这种情况下非常方便，因为它允许我们在一个步骤中执行复杂的计算：

$$Z^{(2)} = XW^{(1)}$$

利用这个公式，我们将输入与其对应突触权重的乘积累加。每一层的输出是通过将激活函数作用在节点上的每个值得到的。

激活函数的主要目的是将节点的输入信号转换为输出信号。与生物神经元类似，激活函数作用后的输出表示神经元是否被激活。在继续讨论线性感知器模型之前，让我们快速了解一下神经网络中最常用的激活函数。

4.2.3 激活函数

如果没有激活函数，输出将是输入值的线性函数。线性函数是直线方程或一阶多项式方程。线性方程是数学模型最简单的表达形式，并不能代表真实世界的情况，也无法映射复杂数据集中的相关性。如果没有激活函数，神经网络对非结构化数据集（如图像和视频）学习和建模的能力将非常有限。线性函数与非线性函数如图4-6所示。

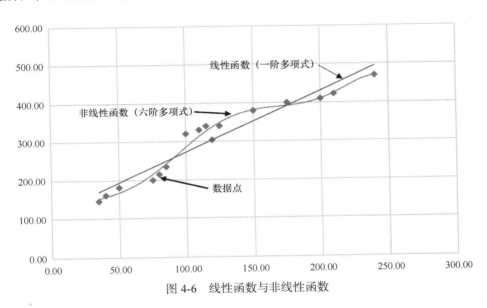

图 4-6　线性函数与非线性函数

可以看出，不使用激活函数得到的线性模型不能准确地对训练数据进行建模，而高阶多项式方程则可以准确地对训练数据进行建模。

利用非线性激活函数，我们可以在输入和输出变量之间生成非线性映射，并对复杂的现实场景进行建模。在神经网络中，神经元有 3 个主要的激活函数：sigmoid 函数、tanh 函数和 ReLu 函数。

1. sigmoid 函数

sigmoid 函数是最常用的非线性函数之一，它为 $(-\infty, +\infty)$ 的任意输入值 x 输出 0 或 1。该函数的数学表示和图形表示如图 4-7 所示。

函数曲线呈 S 形，因此命名为 **sigmoid**。正如我们在这个例子中看到的，对于 $-2 \sim 2$ 的 x 值，输出值非常"陡峭"。这个区域中 x 的一个小变化对输出值都有很大的影响。这被称为激活梯度区。为了简单起见，我们把它理解为曲线上斜率最大的区域。当 x 趋近于$-\infty$或$+\infty$，曲线进入递减梯度区。在这个区域，x 值的显著变化对输出值的影响不大，这就导致了模型试图收敛时的梯度消失问题。在这一点上，网络不会进一步学习，或者学习会变得非常缓慢，在计算上不可能收敛。sigmoid 激活函数最好的地方在于，它总是输出 0 或 1，而不考虑输入值 x。这使得它作为二分类问题的激活函数是一个理想的选择。例如，它可以很好地识别交易是否存在欺诈。sigmoid 函数的另一个问题是，它不是以 0 为中心的（0＜输出值＜1），这使得优化神经网络的计算十分困难。这个缺点被 tanh 函数克服了。

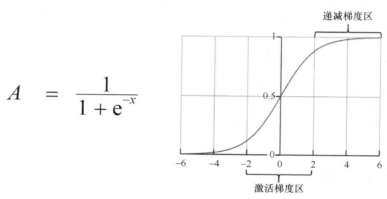

$$A \quad = \quad \frac{1}{1+\mathrm{e}^{-x}}$$

图 4-7　sigmoid 函数

2．tanh 函数

对一个以 0 为中心的 sigmoid 函数做微小改动，就得到了双曲正切（tanh）函数。该函数的数学表示和图形表示如图 4-8 所示。

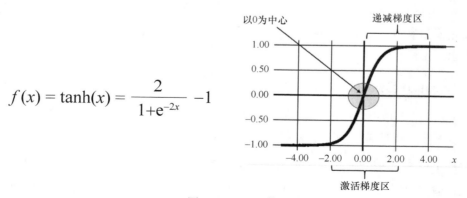

$$f(x)=\tanh(x)=\frac{2}{1+\mathrm{e}^{-2x}}-1$$

图 4-8　tanh 函数

tanh 函数的范围为–1～1，以 0 为中心，–1 < 输出值 < 1。在这种情况下，优化是容易的，这个激活函数优于 sigmoid 函数。然而，tanh 函数也遇到了类似于 sigmoid 函数的梯度消失问题。要克服这一局限性，可采用**修正线性单元激活函数**（Rectified Linear units activation function）——**ReLu** 函数。

3．ReLu 函数

ReLu 函数的数学表示和图形表示如图 4-9 所示。

$$R(x) = \max(0, x)$$

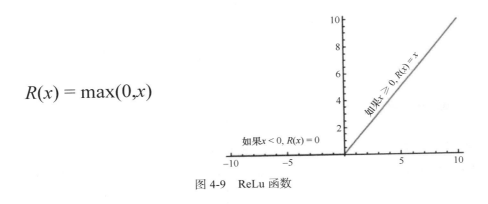

图 4-9　ReLu 函数

与 sigmoid 函数或 tanh 函数相比，这个激活函数的数学形式非常简单，它看起来像一个线性函数。但其实这是一个计算简单而高效的非线性函数，因此它被应用在深度神经网络（Deep Neural Network，DNN）（具有多层隐藏层的神经网络）中。这个激活函数消除了梯度消失问题。ReLu 的局限性是，我们只能对隐藏层使用它。输出层需要使用不同的函数来处理回归和分类问题。与 sigmoid 函数和 tanh 函数相比，ReLu 函数简化和优化了神经网络的计算和收敛性。在 sigmoid 函数和 tanh 函数的情况下，隐藏单元内的所有神经元在模型收敛过程中都处于激发状态。然而，在 ReLu 函数的情况下，一些神经元将处于非激发状态（对于负输入值），因此激活输出是稀疏和有效的。虽然水平激活线的效率是理想的，但它也带来了 ReLu "死亡" 的问题。由于 x 值为负而进入非激活状态的神经元不会对误差的变化或输入值的变化做出反应，这使得神经网络的主要部分变得十分被动。ReLu 的这种不良副作用可以通过 ReLu 的轻微变化消除，称为带泄漏 ReLu。在带泄漏 ReLu 的情况下，水平线被转换成略微倾斜的非水平线（对于 $x < 0$，为 $0.1x$），确保对频谱负端输入值的更新是有反应的。带泄漏 ReLu 的图形表示如图 4-10 所示。

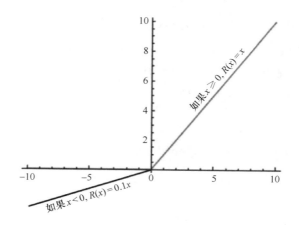

图 4-10　带泄漏 ReLu

4.3　非线性模型

有了激活函数的背景知识，我们现在理解了为什么需要神经网络中的非线性。非线性对于复杂数据模式的建模必不可少，这些模式能够准确地解决回归和分类问题。再次回到最初的例子，其中已经建立了隐藏层的激活输出。将 sigmoid 函数应用于隐藏层每个节点的激活输出。这给出了感知器模型中的第二个方程：

$$Z^{(2)} = XW^{(1)}$$

$$A^{(2)} = f(Z^{(2)})$$

一旦我们应用激活函数 f，得到的矩阵就会和 $Z^{(2)}$ 一样大，也就是 5×3。下一步是将隐藏层的激活输出与输出层突触上的权重相乘。参考 ANN 符号的图表。请注意，我们有 3 个权重，每个权重对应从隐藏层节点到输出层的连接。我们称这些权重为 $W^{(2)}$。这样，输出层的输出可以用我们的第三个方程表示为：

$$Z^{(3)} = A^{(2)}W^{(2)}$$

$A^{(2)}$ 是一个 5×3 矩阵，$W^{(2)}$ 是一个 3×1 矩阵。因此，$Z^{(3)}$ 将是一个 5×1 矩阵，表示输出值的每一行对应于训练数据集的每个单独的输入。

最后，将 sigmoid 激活函数应用于 $Z^{(3)}$，得到基于训练数据集的预估输出。

$$\hat{y} = f(Z^{(3)})$$

激活函数在隐藏层和输出层的应用保证了模型的非线性，可以在 ANN 中给非线性训练数据集建模。

4.4　前馈神经网络

到目前为止，我们提到的 ANN 被称为**前馈神经网络**，因为单元和层之间的连接不形成一个循环，只在一个方向上移动（从输入层到输出层）。

让我们用简单的 Spark ML 代码实现前馈神经网络：

```
object FeedForwardNetworkWithSpark {
def main(args:Array[String]): Unit ={
val recordReader:RecordReader = new CSVRecordReader(0,",")
val conf = new SparkConf()
.setMaster("spark://master:7077")
.setAppName("FeedForwardNetwork-Iris")
val sc = new SparkContext(conf)
val numInputs:Int = 4
val outputNum = 3
val iterations =1
val multiLayerConfig:MultiLayerConfiguration = new
 NeuralNetConfiguration.Builder()
 .seed(12345)
 .iterations(iterations)
.optimizationAlgo(OptimizationAlgorithm
                    .STOCHASTIC_GRADIENT_DESCENT)
.learningRate(1e-1)
.l1(0.01).regularization(true).l2(1e-3)
.list(3)
.layer(0, new DenseLayer.Builder().nIn(numInputs).nOut(3)
.activation("tanh")
.weightInit(WeightInit.XAVIER)
.build())
.layer(1, new DenseLayer.Builder().nIn(3).nOut(2)
.activation("tanh")
.weightInit(WeightInit.XAVIER)
.build())
.layer(2, new
OutputLayer.Builder(LossFunctions.LossFunction.MCXENT)
 .weightInit(WeightInit.XAVIER)
 .activation("softmax")
 .nIn(2).nOut(outputNum).build())
 .backprop(true).pretrain(false)
 .build
```

```
val network:MultiLayerNetwork = new
MultiLayerNetwork(multiLayerConfig)
network.init
network.setUpdater(null)
val sparkNetwork:SparkDl4jMultiLayer = new
SparkDl4jMultiLayer(sc,network)
val nEpochs:Int = 6
val listBuffer = new ListBuffer[Array[Float]]()
(0 until nEpochs).foreach{i =>
val net:MultiLayerNetwork =
sparkNetwork.fit("file:///<path>/
iris_shuffled_normalized_csv.txt",4,recordReader)
listBuffer +=(net.params.data.asFloat().clone())
}
println("Parameters vs. iteration Output: ")
(0 until listBuffer.size).foreach{i =>
println(i+"\t"+listBuffer(i).mkString)}
 }
}
```

如上所示，模型预测的输出值是不准确的。这是因为我们随机初始化了权重，并且只向前传播了一次。我们需要我们的神经网络来优化从输入层到隐藏层再到最终输出层之间每个环节的权重。这是通过一种名为反向传播的技术实现的，我们将在 4.5 节中讨论这种技术。

4.5　梯度下降和反向传播

考虑下面的线性回归例子，其中有一组训练数据。根据训练数据，利用正向传播对直线预测函数 $h(x)$ 进行建模，如图 4-11 所示。

单个训练样本的实际值与预测值的差异汇总成了预测函数的总体误差。利用代价函数定义了神经网络的拟合优度。它测量了在对训练数据进行建模时神经网络关于这个训练数据集的表现。

可以想象，神经网络的代价函数值依赖于每个神经元的权重和每个节点的偏置。代价函数是一个单一值，它代表了整个神经网络。在神经网络中，代价函数的形式如下：

$$C(W, X^r, Y^r)$$

其中，W 为神经网络的权重，X^r 表示单个训练样本的输入值，Y^r 表示对应 X^r 的输出。

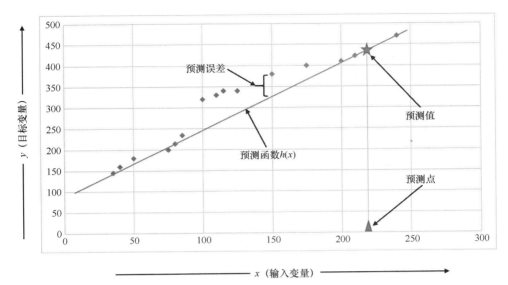

图 4-11 直线预测函数的正向传播模型

正如我们在第 3 章中看到的，所有训练数据点的代价可以表示为误差平方和。这样，我们就得到了神经网络的第 5 个方程，它用如下方式表示代价函数：

$$C(W, X^r, Y^r) = J = \sum \frac{1}{2}(y - \hat{y})^2$$

由于输入的训练数据是有上下文的，且无法把控，因此神经网络的目标是推导出权重和偏置，从而使代价函数的值最小化。随着代价函数值越来越小，模型对于未知数据输入的预测值也越来越准确。有一个权重 W 的组合，可以得到最小的代价。参考图 4-3，神经网络中有 9 个单独的权重。本质上，这 9 个权重会有一种组合使得神经网络的代价最小。进一步简化本例，假设只有一个权重，我们想做一些优化使得神经网络假设的代价最小。我们可以将权重初始化为一个随机值，测试大量的任意值，并将相应的代价绘制在一个简单的二维图上，如图 4-12 所示。

对于随机选取的大量输入权重，计算其最小代价是简单可行的。然而，随着权重的数量（在本例中是 9 个）和输入维度的数量（在本例中是 2 个）的增加，在合理时间内达到最小代价在计算上是不可能的。在现实场景中，将有成百上千个维度和高

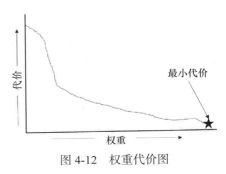

图 4-12 权重代价图

度复杂的神经网络，它们具有大量的隐藏层，因此具有大量独立的权重值。

可以看到，用于优化权重的蛮力优化方法不适用于大量的维度。相反，可以通过一种简单且广泛使用的**梯度下降**算法来显著地降低神经网络训练的计算量。为了理解梯度下降，可将 5 个方程合并成一个方程，如下：

$$J = \sum \frac{1}{2}(y - f(f(XW^{(1)})W^{(2)}))^2$$

这时，我们想求的是 J 相对于 W 的变化率，它可以用偏导数表示，如下所示：

$$J = \frac{\partial J}{\partial W}$$

如果导数方程的值是正的，表示是在上升，而不是朝着最小代价的方向移动；如果导数方程的值是负的，表示是在正确的方向下降，如图 4-13 所示。

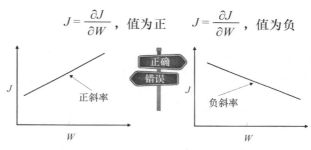

图 4-13   正斜率与负斜率

由于负斜率的方向（或者说神经网络代价减少的方向）已知，我们可以节省走错方向时的计算成本。不断地往下走，停在代价最小的点上，该点的代价不会随着权重的变化而发生显著变化。

在得到使代价函数取最小值的权重组合的过程中，神经网络得到训练。随着维数和隐藏层的增加，梯度下降法的应用使得优化水平提高，也使得神经网络的训练成为可能。然而，梯度下降法只在权重与代价之间为凸函数关系时适用。如果关系不是凸函数，梯度下降法就会陷入局部最小而不是全局最小，如图 4-14 所示。

代价函数是否为凸函数取决于我们如何将输入数据与权重矩阵结合使用。如果为了在负斜率方向或梯度下降方向测试多个值，一次使用一个训练样本及其相应的权重，那么代价函数的图像是否具有非凸性就并不重要。这种方法叫作随机梯度下降法。随着特征个数的增加，对于非常复杂的问题和神经网络，梯度下降法就变得计算密集且不合理。

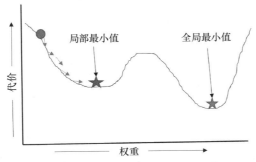

图 4-14　局部最小值和全局最小值

随机梯度下降法是一种迭代法，它能分布工作单元并以一种计算最优的方式得到全局最小值。为了理解梯度下降法和随机梯度下降法之间的区别，我们来看看图 4-15 所示的它们各自的伪代码。

```
Gradient Descent
for ( i in all_training_examples)
  gradient_descent_params = evaluate_gradient(loss_function, data, parameters)
  parameters = parameters – learning_rate * gradient_descent_params
Stochastic Gradient Descent
for (i in all training_examples)
    random_shuffle(training_data)
        for (single_example in training_data)
            gradient_descent_params = evaluate_gradient(loss_function, single_example, parameters)
            parameters = parameters – learning_rate * gradient_descent_parameters
```

图 4-15　梯度下降法与随机梯度下降法的区别

4.5.1　梯度下降伪代码

梯度下降伪代码如下。

（1）设 W 是某个可以随机选取的初值。

（2）计算梯度 $\partial J / \partial W$。

（3）如果 $\partial J / \partial W < t$，结束。这里的 t 是提前定义的阈值。这样就得到了使预测输出误差最小的权重向量。

（4）更新 W，$W = W - s(\partial J / \partial W)$。其中，$s$ 是学习率，需要仔细选择。如果 s 太大，梯度改变就会过大，导致错过最小值；如果它太小，将需要太多的迭代来收敛。

到目前为止，我们已经在一个方向上遍历了 ANN，这个方向称为正向传播。ANN 训练的最终目标是求出各节点间连接的权重，从而使预测误差最小化。最流行的技术之一是反向传播。其基本思想是，一旦我们根据训练示例知道预测变量的值与实际值之间的差异，就可以计算误差。

最终输出层中的误差是上一隐藏层节点激活输出的函数。隐藏层中的每个节点对输出误差的贡献程度不同。其思想是，对连接的权重进行微调，以最小化最终的输出误差。这将从本质上帮助我们定义基于输入的隐藏单元和输出。这是一个在线算法，每次接收一个训练输入。然后将权重与激活函数相乘，前馈得到类别的预测，再根据真实标签得到预测误差，最后将误差反向推入网络。

4.5.2　反向传播模型

反向传播（Backpropagation）模型概念上的表示如图 4-16 所示。

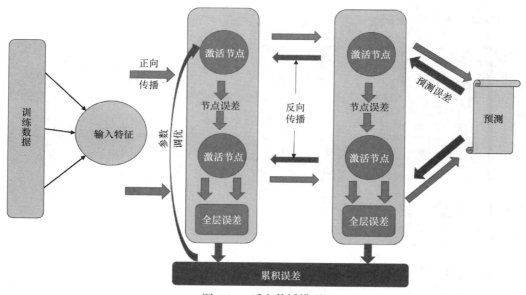

图 4-16　反向传播模型

反向传播算法可以很容易地分阶段实现，这在计算上比梯度下降要求低。

（1）**初始化模型**。在这一步中，模型用数学近似和随机性来随机选择初始权重。这是前馈网络的第一步。

（2）**正向传播**。在这一步中，从带有训练数据集的输入单元开始，累加神经元单位和权重乘积的和，所有的输入单元、隐藏单元和输出单元渐次被激活。输出是将激活函数作用在最终输出单元上计算得来的。可以预见，现阶段的输出与理想的预期输出差距很大。

（3）**代价计算**。此时已有预期的输出（基于训练数据集）和未训练的神经网络的实际输出。代价函数通常是每个训练数据点的误差平方和。这是一个性能矩阵，表示神经网络在多大程度上适合训练数据集，并表明它在训练后能在多大程度上泛化到未知输入。一旦建立了损失函数，模型训练的目标就是减少后续运行中以及模型在实际场景中可能遇到的大多数输入时所产生的误差。

（4）**损失函数的数学推导**。利用误差对神经网络中每个连接的权重的导数来优化损失函数。对于此时神经网络中的每个连接，计算整个网络中单个权重的变化对损失函数的影响。在计算代价关于权重的导数时可能遇到下列情况：

◆ 在某一特定的权重下，损失为 0，模型准确地拟合了输入的训练数据集；

◆ 可以对损失函数取正值但是导数为负，在这种情况下，权重的增加会降低损失函数；

◆ 可以让损失函数的值为正且导数也为正，在这种情况下，权重的减少会降低损失函数。

（5）**反向传播**。在这一步中，输出层中的错误将被反向传播到上一个隐藏层，然后再返回到输入层。这个过程计算了导数，并按照与前一步类似的方式调整了权重。这种技术称为正向传播的反向自微分法，即在每个节点上计算损失的导数并调整前一个连接上的权重。

（6）**更新权重**。在上一步中，我们通过向后传播整个误差来计算每层每个节点上的导数。简单地说，新权重 = 旧权重 −（导数率 × 学习率）。学习率需要通过多次实验仔细选择。如果数值过高，可能会错过最小值；如果数值过低，模型会收敛得非常缓慢。每个连接的权重根据以下原则进行更新。

◆ 当误差对权重的导数为正时，权重的增加将成比例地增加误差，新的权重应该更小。

◆ 当误差对权重的导数为负时，权重的增加将成比例地减小误差，新的权重应该更大。

◆ 如果误差对权重的导数为 0，则不需要对权重进行进一步的更新，神经网络模型已经收敛。

4.6　过拟合

正如前几节所示，梯度下降和反向传播是迭代算法。一次向前和向后遍历所有训练数据的过程称为一个时期（epoch）。对每个时期进行训练，调整权重，使误差最小。为了检验模型的准确性，通常将训练数据分为训练集和验证集。

训练集用于生成假设模型，它所使用的历史数据为带有目标值的独立变量（或称输入变量）。验证集用于检验假设函数或训练模型对新的训练样本是否有效。

跨越多个时期，我们通常会观察到图 4-17 所示的模式。

当训练神经网络经过多个时期时，损失函数误差在每个时期渐渐得到优化，累积模型误差趋于 0。此时，模型已经根据训练数据对自己进行了训练。当用验证集对假设进行验证时，损失函数的误差减小到峰值。在峰值之后，误差再次开始增加，如图 4-17 所示。

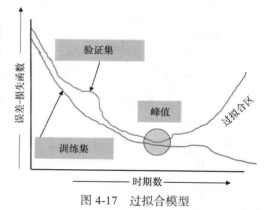

图 4-17　过拟合模型

此时，模型已经记住了训练数据，无法再对一组新的数据进行泛化。这一点之后的每一个时期都在过拟合区之下。模型在这一点之后停止了学习，会产生不正确的结果。

为了防止过拟合并构建泛化性良好的模型，增加训练数据的数量是最简单的方法之一。随着训练数据的增加，神经网络适应了越来越多的现实场景，因此具有良好的泛化效果。然而，随着训练数据集的增加，每个时期的计算成本也成比例增加。

机器对数据建模的能力是有限的。ANN 的建模能力可以通过改变隐藏单元的数量、修改和优化训练迭代次数，或者改变激活函数的非线性程度来控制。过拟合可以通过减少特征数量来控制。一些特性对整个模型的行为和结果影响不大。这些特性需要通过多次实验和迭代进行算法识别，并从最终的模型生成中消除。还可以使用正则化技术，此技术用到了所有特征，但是根据特征对总体结果的影响加以不同程度的权重。

另一种常用的防止过拟合的正则化技术是剔除（Dropout）。当用到这种技术时，ANN 中的一些节点在训练阶段会被忽略（删除）。被忽略的神经元是随机选择的。

4.7 循环神经网络

到目前为止，我们已了解到，在 ANN 中输入信号以向前传递的方式传播到输出层，并且以递归的方式对权重进行优化，以便基于训练集来训练模型以泛化到新的输入数据。

现实生活中的一个特殊问题是为一个序列数据优化 ANN，例如文本、语音或任何其他形式的音频输入。简单地说，当一个正向传播的输出作为下一个训练迭代的输入时，这个网络拓扑结构称为循环神经网络（Recurrent Neural Network，RNN）。

4.7.1 RNN 的需求

前馈网络处理的是独立的输入集。在图像识别问题中，输入图像相互独立。此时，处理的对象是输入图像的像素矩阵。一个图像的输入数据不会影响到神经网络要识别的下一个图像的输入。但是，如果图像是视频输入中序列或帧的一部分，则在一帧到下一帧之间存在相关性或依赖性。

对于 ANN 的音频或语音输入也是如此。ANN 的另一个限制是输入层的长度必须为常量。例如，将 27 像素 × 27 像素的图像作为输入的网络将始终只能接收相同大小的输入进行训练和泛化。RNN 能适应可变长度的输入，因此更容易受到输入信号变化的影响。

综上所述，RNN 擅长处理相互依赖以及可变长度的输入。

4.7.2 RNN 的结构

将一个迭代的输出作为下一个正向传播迭代的输入即是 RNN 的一个简单展现，如图 4-18 所示。

线性单元接收输入 x_t，施加一个权重 W_I，通过引入循环连接将一个权重矩阵 W_R 反馈到假设函数，生成一个带有激活函数的假设形成 RNN。

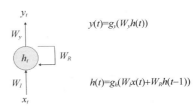

图 4-18　一个迭代的输出作为下一个正向传播迭代的输入

在前面的例子中，t 表示在 t 时间的激活输出。现在，网络中的激活输出不仅取决于输入信号、权重和激活函数，而且还取决于前一个时间戳的激活输出。在方程形式中，除了引入了一个额外的参数来表示上一段时间（$t-1$）的激活输出，其他一切都是相同的。

4.7.3   训练 RNN

RNN 可以通过将循环单元在时间上展开成一系列前馈网络进行训练，如图 4-19 所示。

最左边的单元是网络在时间 t 上的激活输出，它是一个典型的前馈网络，在时间 t 上以 x_t 为输入，并乘以权重矩阵 W_I。通过激活函数的作用，我们得到时间 t 的输出 y_t。在上下文中，这个输出被作为下一个单元在时间 $t+1$ 的输入。注意，前馈网络和 RNN 有一个基本的区别。

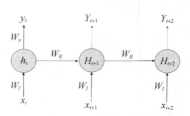

图 4-19   将循环单元在时间上展开成一系列前馈网络

前馈网络中各输入层、隐藏层和输出层的权重各不相同，代表了一个因变量的重要性和各层之间的关系。在 RNN 的情况下，在时间上展开的单元的权重（W_R）是相同的。因为每个单元都有输出，每个单元都产生相应的代价。假设第一个单元在时间戳 t 处的代价为 C_t，后续单元为 C_{t+1} 和 C_{t+2}。RNN 训练可以用数学表达式表示，如图 4-20 所示。

$$\frac{\partial C}{\partial W_R} = \sum_t \frac{\partial C_t}{\partial W_R} \implies \frac{\partial C_2}{\partial W_R} = \frac{\partial C_2}{\partial y_2} \frac{\partial y_2}{\partial h_2} \frac{\partial h_2}{\partial g} \frac{\partial g}{\partial a} \frac{\partial a}{\partial W_R}$$

图 4-20   RNN 训练数学表达式

在这种情况下，结合单元间的梯度来计算网络的总体代价。由于权重是在单元间共享的，代价函数是对权重的导数，因此我们可以用同样的反向传播和梯度下降法推导出这个结论。

RNN 一旦经过训练，就可以普遍用于输入相互依赖的场景。在语言翻译中，我们可以利用两个关键字之间的联系来预测序列中的下一个单词，从而提高语言翻译模型的准确性。

4.8   常见问答

问：ANN 在信息存储和处理方面是否与生物神经元完全相同？

答： 虽然不能百分之百地肯定 ANN 在记忆和逻辑处理方面完全复刻了生物神经元，但医学上有证据表明，神经元是大脑的基本组成部分，它们之间相互连接。当被外界给予或非自发产生刺激时，神经元传递神经信号来相互交流并做出反应。虽然大脑的功能非常复杂，而且远未得到充分的理解，但 ANN 的理论一直在发展，并且它在复杂问题建模方面取得了很大的成功，而这些问题是传统编程模型无法解决的。为了使现代机器拥有人脑的认知能力，需要对生物神经网络进行更多研究以获得更充分的理解。

问：ANN 的基本组成部分是什么？

答： ANN 由不同的层组成。接收环境输入（自变量）的层称为输入层。最后一层基于训练数据的泛化，产生模型的输出，这一层称为输出层。在输入层和输出层之间可以有一个或多个层对信号进行处理，这些层称为隐藏层。每个层中的节点都由突触或连接进行相连。每个连接都有一个最优的权重，以减少代价函数的值，该值代表神经网络的准确性。

问：为什么在 ANN 中需要引入非线性？

答： 神经网络是一种数学模型，它用输入乘以权重，然后将所有节点连接乘积求和构成一个节点上的值。然而，如果不将非线性引入激活函数，就不会有多层神经网络。在线性情况下，模型可以用单个隐藏层来表示。线性模型可以模拟非常简单的问题。为了对更复杂的现实问题建模，需要引入多层模型，因此激活函数中需要引入非线性。

问：在构建 ANN 时，最常用的激活函数是什么？

答： ANN 中常用的激活函数有以下 3 种。

- **sigmoid 函数**。输出值为 0～1，这个函数采用 S 的几何形状，因此命名为 sigmoid。

- **tanh 函数**。双曲正切（tanh）函数是一个以 0 为中心的 sigmoid 函数的微小变型。

- **ReLu**。这是 ANN 中最简单的模型，计算上得到了优化，因此也最常用。所有负输入的输出均为 0，正输入的输出与输入值相同。

问：什么是前馈神经网络？权重的初始值是如何选取的？

答： 网络中从输入层通过隐藏层到输出层的单向传递称为正向传播。在此过程中节点被激活，激活输出为节点值与连接权重的乘积和。权重的初始值是随机选取的，因此第一次的输出可能会偏离训练数据的期望输出。这个差值称为网络代价，用代价函数表示。ANN 的目标是将代价降到最低。这是通过网络中多个向前和向后传播实现的。一次往返称为一个时期（epoch）。

　　问：模型过拟合是什么意思？

　　答： 当模型在学习输入时不能对新的输入数据进行泛化时，就发生了模型过拟合。一旦发生这种情况，模型实际上就不能用于实际问题。通过将模型运行在训练数据集和验证数据集之上，观察准确度的差别，就能识别过拟合是否存在。

　　问：什么是 RNN？在哪里使用？

　　答： RNN 是一种循环神经网络，它利用一个前向遍历网络的输出作为下一个迭代的输入。当输入不是彼此独立时，就会使用 RNN。例如，语言翻译模型需要根据前面的单词序列预测下一个可能出现的单词。RNN 在自然语言处理和音视频处理系统领域具有重要意义。

4.9　小结

　　本章介绍了实现智能机器过程中最重要的概念——人工神经网络。人工神经网络以生物大脑为模型。虽然 ANN 理论已经存在了几十年，但是分布式计算能力的出现以及对前所未有的海量数据的获取才使得这一激动人心的研究领域得以发展。

　　本章还介绍了 ANN 的基本组成部分和训练模型的简单技术，以便对模型进行泛化，从而为新数据集产生结果。

　　本章的内容是第 5 章的基础，第 5 章将深入探讨神经网络的实现。

第 5 章
深度大数据分析

第 4 章建立了**人工神经网络**的基本理论，介绍了它们如何模拟人脑结构，在相互连接的节点帮助下基于一组输入产生输出。节点分布在 3 种类型的层：输入层、隐藏层和输出层。该章介绍了输入信号如何传递到输出层的基本概念和数学原理，以及 ANN 对神经元连接权重进行训练的迭代方法。具有一个或两个隐藏层的简单神经网络可以解决非常基本的问题。然而，为了利用 ANN 来解决有意义的实际问题——这些问题涉及成百上千的输入变量，涉及更复杂的模型，并且要求模型存储更多的信息，我们需要使用大量隐藏层来实现更复杂的结构。这类网络称为深度神经网络，利用这些深度神经网络对真实数据进行建模的过程称为深度学习。通过添加节点并将它们互连，深度神经网络可以对音频、视频和图像等非结构化输入进行建模。

本章将探讨如何利用深度学习来解决大数据分析中的一些重要问题，包括从海量数据中提取复杂模式、语义索引、数据标注、快速信息检索以及简化判别任务（如分类）。本章主要包括以下内容：深度学习的基石——梯度下降法、反向传播、非线性和剔除，结构化数据的专用神经网络架构，构建数据准备管道，超参数调优，以及利用分布式计算进行深度学习。

示例将使用 **deeplearning4j**（DL4J）Java 框架实现。

5.1　深度学习基础知识和构建模块

在前几章中，我们建立了这样一个事实，即机器学习算法将输入数据泛化为一个与数据相符的假设，模型以此预测新值的输出。模型的精度是输入数据量以及自变量值变化的函数。数据和种类越多，生成和执行模型所需的计算能力就越强。分布式计算框架

（Hadoop、Spark 等）可以很好地处理各种各样的大量数据。同样的原则也适用于 ANN。

不同的输入数据越多，生成的模型就越精确，这就需要更多的存储和计算能力。大数据分析平台（无论是在本地还是在云端）的发展提供了可用的计算能力和存储能力，因此，我们可以在含有成百上千个节点的输入层和隐藏层的大型神经网络中进行实验。这些类型的 ANN 被称为深度神经网络。

尽管这些模型的计算量很大，但它们能产生准确的结果，并能通过更多数据获得更好的结果。这与传统算法不同，传统算法的性能在某一点后趋于稳定，在平稳点之后，即使增加再多数据，模型精度也不会大幅提高。随着数据量的增加，深度神经网络在准确性和可靠性方面表现得更好。使用这些多层神经网络进行假设生成的过程通常被称为深度学习。**简单神经网络**与**深度神经网络**如图 5-1 所示。

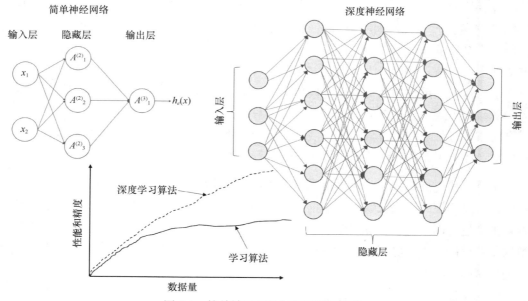

图 5-1 简单神经网络与深度神经网络

对于监督学习问题，特别是在映射一些高度复杂的函数时，深度神经网络有着令人振奋的结果。因为有了足够大的数据集（包含带标签的训练样本），所以深度神经网络有能力训练连接的权重，不会有智能上的损失。而且模型准确地表达了数据的历史情况，同时有着适合大多数任务关键型应用程序的泛化能力。需要记住的是，所有学习方法的通用目标都是最小化代价函数。代价函数值与模型的精度成反比。

下面从数学上定义深度神经网络的代价函数。这也被称为均方误差函数。这个函数总是正的，因为它取差的平方，如图 5-2 所示。

$C(w,b) = \frac{1}{2}n\sum_{x} \|y(x) - a\|^2$	w: 网络中所有权重的集合 b: 所有的偏置 n: 训练数据大小（样本个数） a: 以 x 为输入值的网络输出向量

图 5-2　深度神经网络的代价函数

接下来看看深度神经网络学习的一些方法。

5.1.1　基于梯度的学习

我们在第 4 章中主要讨论了单隐藏层感知器模型或者简单神经网络，还引入了梯度下降的概念。梯度下降法适用于深度神经网络，其本质是定义神经元连接的权重和偏置，从而降低代价函数的值。将网络初始化为随机状态（随机权重和偏置值），计算初始代价。利用深度神经网络中代价对权重的导数来对权重进行调整。

　在数学中，导数是一种表示变化率的方式，即函数在给定点的变化量。

对于作用于实数的函数，它是曲线上某一点切线的斜率，如图 5-3 所示。

图 5-3　作用于实数的函数

在一个典型的分类问题中，当试图基于训练数据预测输出分类时，我们应该能够基于正确的预测个数来定义模型的准确性。在这种情况下，各种权重对分类输出的影响是不能被理解的。相反，深度神经网络被训练生成一个代价函数值，这是一个关于输入变量的二次函数。因此，调整不同的权重和偏置值对特定类的预测置信度有较小的梯度影响。

　　基于梯度的学习过程可以用一个朝着山谷最低点向下滚动的物体来可视化。重力是使物体向最低点移动的驱动力。梯度下降法的工作原理与此类似。斜率从一个随机点开始计算，如果斜率为负，权重和偏置也会朝相同的方向修正。把 $\Delta(w_1,b_1)$ 看作代价函数值在 (w_1,b_1) 方向上的一个小移动，$\Delta(w_2,b_2)$ 是在 (w_2,b_2) 方向上的一个小移动。将代价函数值的变化定义为：

$$\Delta C \approx \frac{\mathrm{d}C}{\mathrm{d}(w_1,b_1)}\Delta(w_1,b_1) + \frac{\mathrm{d}C}{\mathrm{d}(w_2,b_2)}\Delta(w_2,b_2)$$

　　我们的目标是选择 (w_1,b_1) 的值，使得 ΔC 为负。为了达到目标，我们定义向量 ΔV 表示 (w_1,b_1) 的变化：

$$\Delta V = (\Delta(w_1,b_1),\Delta(w_2,b_2))^{\top}$$

　　现在定义一个代价函数的梯度向量 ∇C 为偏导向量：

$$\nabla C = (\frac{\mathrm{d}C}{\mathrm{d}(w_1,b_1)},\frac{\mathrm{d}C}{\mathrm{d}(w_2,b_2)})^{\top}$$

　　现在可以把代价函数值的变化表示为：

$$\Delta C \approx \nabla C \cdot \Delta V$$

　　梯度向量 ∇C 建立了权重和偏置值 (w_i,b_i) 的变化与代价函数 C 值变化之间的关系。这个方程允许选择所有的权重和偏置值 ΔV，所以 ΔC 可以取到负值。作为一个特例，选择 $\Delta V = -\eta\nabla C$（η 为学习率，即定义梯度下降步骤大小的一个较小值）。这样，代价函数值的变化就变成：

$$\Delta C \approx -\eta\nabla C \cdot \nabla C = -\eta \parallel \nabla C \parallel^2$$

　　由于 ∇C 的平方总是大于 0，ΔC 的值将永远小于 0。这意味着代价 C 永远下降，这也是梯度下降的预期行为。改变权重和偏置值，$(w_i,b_i) = (w_i,b_i) - \eta\nabla C$。利用梯度下降法，采用迭代法求出最小代价函数值。在梯度下降法中，需要仔细地选择 η 的值，以便函数的近似是正确的。如果值太大，下降会错过最小值；如果值太小，步长会很小，收敛会花费很多时间和计算。将梯度下降法应用于深度神经网络，需要反复应用以下更新，在每次迭代中计算代价，使代价函数值最小。权重和偏置在最小代价函数值时，深度神经网络达到最优，提供了符合需求的泛化能力：

$$w_i = w_i' = w_i - \eta \frac{\mathrm{d}C}{\mathrm{d}w_i}$$

$$b_i = b_i' = b_i - \eta \frac{\mathrm{d}C}{\mathrm{d}b_i}$$

虽然这种迭代技术在数学上是可行的，但随着训练输入的数量不断增加，它的计算要求也越来越高。这就导致了学习时间的增加。在大多数实际情况下，一般采用随机梯度下降法。这是梯度下降的一种变体，只随机选取少量的输入。梯度是在这些少量输入上的平均值。这将加速梯度到达最小代价函数值。

5.1.2 反向传播

可以使用反向传播有效地计算代价函数 C 的梯度。简单地说，其目标是计算代价 C 相对于权重的变化率 $(\frac{\mathrm{d}C}{\mathrm{d}w})$，以及相对于偏置的变化率 $(\frac{\mathrm{d}C}{\mathrm{d}b})$。

为了阐释反向传播背后的思想，考虑图 5-4 所示的深度神经网络。

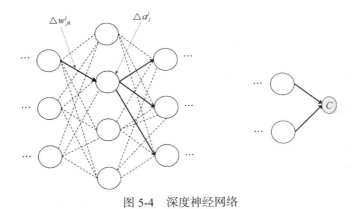

图 5-4　深度神经网络

想象在网络中某个权重 w_{jk}^l 做了微小的变化 Δw_{jk}^l。由于这个变化，相连节点的激活输出也发生了微小的变化 Δa_j^l。此改变将传播到输出层，并最终影响代价函数的值，如图中的实线所示。这个代价的变化 ΔC 与权重的变化 Δw_{jk}^l 可用下面的等式来表示：

$$\Delta C \approx \frac{\mathrm{d}C}{\mathrm{d}w_{jk}^l} \Delta w_{jk}^l$$

这个等式建立了一个 Δw_{jk}^l 与总代价 C 的关系，同时计算了 $\dfrac{\mathrm{d}C}{\mathrm{d}w_{jk}^l}$。相连神经元激活输出的变化 Δa_j^l（第 l 层第 j 个神经元）由权重值的变化导致。这个变化可表示为：

$$\Delta a_j^l \approx \frac{\mathrm{d}a_j^l}{\mathrm{d}w_{jk}^l}\Delta w_k^l$$

这种激活输出的变化改变了下一层和随后连接层中所有神经元的激活输出，如前面公式中的实箭头所示。变化可表示为：

$$\Delta a_q^{l+1} \approx \frac{\mathrm{d}a_q^{l+1}}{\mathrm{d}a_j^l}\Delta a_j^l$$

根据前面计算的激活输出的变化 Δa_j^l，等式可改写为：

$$\Delta a_q^{l+1} \approx \frac{\mathrm{d}a_q^{l+1}}{\mathrm{d}a_j^l}\frac{\mathrm{d}a_j^l}{\mathrm{d}w_{jk}^l}\Delta w_k^l$$

一个连接权重的变化引发链式反应并传播到末端影响代价 C，可表示为：

$$\frac{\mathrm{d}C}{\mathrm{d}w_{jk}^l} = \sum \frac{\mathrm{d}C}{\mathrm{d}a_m^L}\frac{\mathrm{d}a_m^L}{\mathrm{d}a_n^{L-1}}\frac{\mathrm{d}a_m^{L-1}}{\mathrm{d}a_p^{L-2}}\cdots\frac{\mathrm{d}a_q^{l+1}}{\mathrm{d}a_j^l}\frac{\mathrm{d}a_j^l}{\mathrm{d}w_{jk}^l}$$

这是反向传播的方程，它给出了代价 C 相对于网络中权重的变化率。

5.1.3　非线性

下面考虑两种类型的特征空间，其中 x_1 和 x_2 是自变量，y 是因变量，它基于 x_1 和 x_2 取一个值，如图 5-5 所示。

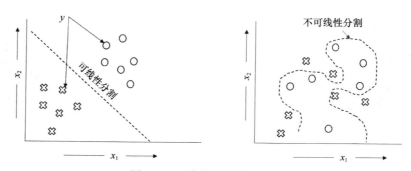

图 5-5　两种类型的特征空间

在第一个实例中，输入特征是线性可分的，用一条直线表示分离边界。换句话说，特征空间是线性可分的。然而第二个实例中的特征空间有所不同，它不能用一条线来分隔。这里需要一些非线性或二次方程来得到决策边界。大多数真实场景都用第二种类型的特征空间表示。

深度神经网络在输入层接收数据并进行处理，在隐藏层中进行数学映射，在最后一层生成输出。为了使深度神经网络能够准确地理解特征空间，并对其进行建模以达成预测，需要用到某种类型的非线性激活函数。如果所有神经元的激活函数都是线性的，那么深度神经网络就没有意义。所有层间的线性关系可以聚合成单个线性函数，从而消除对多个隐藏单元的需要。为了对复杂的特征空间进行建模，要求在节点的激活函数中存在非线性。对于图像和音频信号等复杂数据的输入，深度神经网络利用连接上的权重和偏置对特征空间进行建模。

非线性激活输出根据输入信号和对其应用的激活函数来定义神经元是否被激发。这在深度神经网络的各个层中引入了足够的非线性来给成百上千的训练数据样本建模。下面是深度神经网络中常用的非线性函数。

（1）**sigmoid** 函数。这是一个数学函数，它的形状是 S，取值范围为 0~1，其数学形式为 $f(x) = \dfrac{1}{1 + e^{-x}}$。

（2）**tanh** 函数。这是 sigmoid 函数的一个变体，取值范围为−1~1，其数学形式为 $\tanh(x) = \dfrac{e^x - e^{-x}}{e^x + e^{-x}}$。

（3）**ReLu**。这个函数对任意负值 x 输出 0，对任意正值 x 输出 x，其数学形式为 $f(x) = \max(0, x)$。

5.1.4　剔除

剔除（Dropout）是一种常用的正则化技术，用于防止过拟合。当深度神经网络由于样本的大小有限而对所有的训练数据进行记忆，并使用一个深度合适的网络进行训练时，它的泛化程度较差，无法对新的测试数据生成准确的结果。这叫作过拟合。剔除主要用于防止过拟合。这是一种易于实现的技术。在训练阶段，算法从深度神经网络中选取待丢弃节点（激活输出设置为 0），每个时期根据预先设定的概率选择一组不同的节点。例如，如果选择的剔除率为 0.2，那么在每个时期，节点不参与学习过程的概率为 20%。

含有剔除的网络如图 5-6 所示。

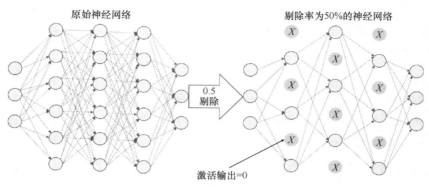

图 5-6　含有剔除的网络

通过删除节点，损失函数将受到"惩罚"。因此，通过学习神经元之间在激活输出和相应连接权重上的相互依赖关系，防止了该模型的记忆。由于剔除使单元的激活输出置为 0，网络的后续节点中会有一个减少值，这时需要添加一个乘法因子 $1 - drop\_out\_rate$（本例中是 $1 - 0.5$）到参与训练过程的节点。这个过程叫反向剔除。这样，参与其中的节点激活输出为 $a = a/(1 - drop\_out\_rate) = a/(1 - 0.5) = a/0.5 = 2a$。为了进一步优化剔除过程，在同一个训练实例中，可以对剔除进行多次迭代，每次随机剔除不同的节点。该技术也有助于消除深度神经网络的记忆效应，进一步增强训练模型的泛化能力。由于神经网络中的单元数减少了，网络的每个时期在迭代上（包括反向传播）所花费的时间都得到了优化。

然而，通过对多个数据集和神经网络大小的测试可以发现，有剔除时收敛所需的迭代次数增加了一倍（剔除率为 50%），而且过拟合区域消失了，如图 5-7 所示。

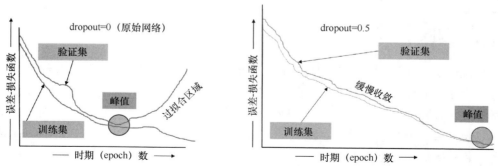

图 5-7　有 Dropout 和无 Dropout 时收敛所需的迭代次数

5.2　构建数据准备管道

深度神经网络最适合用在能够获取历史数据集的监督学习问题上。这些数据集用于神经网络的训练。如图 5-1 所示，可以使用的训练数据越多，深度神经网络通过泛化训练数据集的方式预测新数据值和未知数据值的输出就会越准确。为了使深度神经网络的性能达到最佳，需要仔细地获取、转换、缩放、归一化、连接和分割数据。这与在数据仓库或数据湖中使用 **ETL**（使用传统数据仓库**提取**、**转换**和**加载**）管道和 **ELTTT**（在现代数据湖中**提取**、**加载**和多次**转换**）管道构建数据管道非常相似。

我们将以结构化和非结构化的格式处理来自各种数据源的数据。为了在深度神经网络中使用这些数据，需要将其转换成数值形式，并使其在多维数组中可用。DataVec 是一个流行的 Apache 2.0 库，用于实现前面提到的通用机器学习操作。DataVec 支持许多开箱即用的数据源，这些数据源涵盖了数据科学社区中通用的大多数类型。

DataVec 支持的数据源和类型如表 5-1 所示。

表 5-1　　　　　　　　　　　　　　　DataVec 支持的数据源和类型

数据类型	描述
CSV	逗号分隔的文件。数据字段（属性）被逗号分隔
Raw Test Data	推文、文本文档等
Image Data	图像被保存成二维像素数组。像素由不同的色标整数值表示。例如，灰度图像包含 256 个 0～255 的数字表示的独特分集
LibSVM Data	LibSVM 是一个开源的机器学习库，数据由指定的结构模式表示
Matlab (MAT) format	这是一个二进制文件结构，被 Matlab 内部使用，包括数组、变量函数
JSON、XML、YAML	这些文本格式由语义规则决定，支持数据的分层表示

一个通用机器学习管道由标准步骤组成，例如，从数据源中提取数据、摄入数据、准备数据、模型训练和再训练、模型部署和预测（分类预测或回归值）。这一管道如图 5-8 所示。

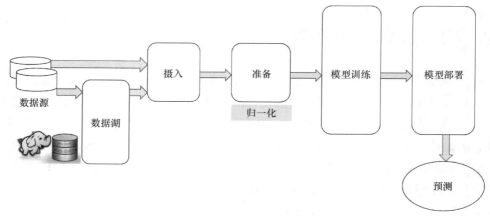

图 5-8　一个通用机器学习管道

　　现在越来越多的设备和系统以数字格式生成数据。这些数据资产通常被推送到基于分布式计算框架的数据湖结构。许多组织也在采用云优先的策略。大多数数据负载计算都转移到了云基础设施和平台。对于机器学习，特别是基于深度神经网络的用例，需要仔细定义数据摄取和处理管道。

　　DataVec API 有一些库，可以方便地以神经网络能够理解的格式获取数据。基本组件的作用是向量化，因此 API 称为 DataVec。这是一个将数据属性转换为数字格式并针对特定用例需求进行正则化的过程。DataVec 在处理输入和输出数据方面具有相似性。这些结构适合并行处理，并与分布式文件系统（如 HDFS）无缝协作。

　　Hadoop 分布式文件系统（**HDFS**）是一种分布式文件系统，被设计用在普通硬件上运行。它与现有的分布式文件系统有许多相似之处，但与其他分布式文件系统也有着显著区别。HDFS 具有很高的容错性，被设计用于部署在低成本硬件上。HDFS 对应用程序的数据提供高吞吐量访问，适用于具有大型数据集的应用程序。

　　HDFS 和 DataVec 中有 3 个主要实体用于存储和加载数据。

　　（1）**InputFormat**。这定义了数据的结构语义，且仅限于预定义的模式。验证器是为基于 InputFormat 的验证而实现的。这样定义的输入格式可以方便地对其进行分割，以便进行分布式处理。下面是最常用的输入格式。

　　◆　**FileInputFormat**。这是一种基于文件的格式，将文件视为独立且唯一的对象。

这种格式与数据文件所在的输入目录相关联。还可以读取和处理目录中的所有文件。加载所有文件后，根据底层分布式文件系统规则创建分片。

◆ **TextInputFormat**。Hadoop MapReduce 框架使用这种格式作为默认格式。最合适的默认格式是逗号分隔的数据结构，它通常包含一个换行字符作为记录（Record）分隔符。

◆ **SequenceFileInputFormat**。这种格式用于读取序列文件。

（2）**InputSplit**。该对象是从 InputFormat 创建的，是数据的逻辑表示形式。分片被分割成记录。Hadoop 能够以分布式的方式独立处理记录。

（3）**RecordReader**。这个对象读取 InputSplit 定义的记录。它根据数据集的索引生成键值对。这使得 Mapper 很容易读取可用数据块的序列进行处理。

DataVec API 也实现了这些概念以方便分布式并行处理。DataVec 还支持很大程度上可互操作的输出格式。DataVec 最常用的向量格式是 ARFF 和 SVMLight。该框架还提供了可扩展性，将自定义的输入格式纳入。一旦使用 DataVec 接口定义了格式，框架将用与预定义格式相同的方式处理这些格式。数据集的向量化是 DataVec 库的重点。

数值向量是深度神经网络中唯一合适的输入与处理格式。该 API 还支持转换库（Transformation Library）来处理数据，并过滤不重要的记录和属性。一旦数据被接收，就可以用于训练和测试模型。归一化是优化学习过程的重要准备步骤之一。

当神经网络有多个隐藏层，且数据输入特征在尺度上不同时，归一化的步骤非常重要。这种不同会导致收敛速度慢，深度神经网络学习的时间长。最常见的归一化技术是 0～1 范围的归一化。此时输入值被归一化为 0～1，不会影响数据质量或造成任何数据丢失。

接下来我们用 Weka 框架来演示归一化。

（1）打开 Weka explorer 并选择 iris.arff 文件，如图 5-9 所示。这是一个简单的数据集，数据中含有 4 个特征和一个输出变量，输出变量有 3 个可取值。

（2）查看属性及其原始值分布，如图 5-10 所示。

（3）应用归一化过滤器。在 filters|unsupervised|attribute|Normalize 下选择过滤器，并将其应用于所选数据集，如图 5-11 所示。

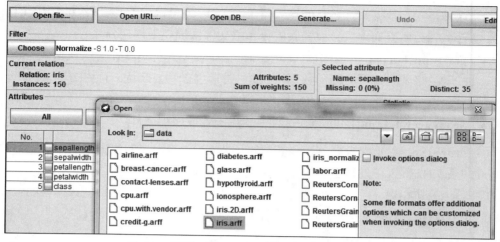

图 5-9　打开 Weka explorer 并选择 iris.arff 文件

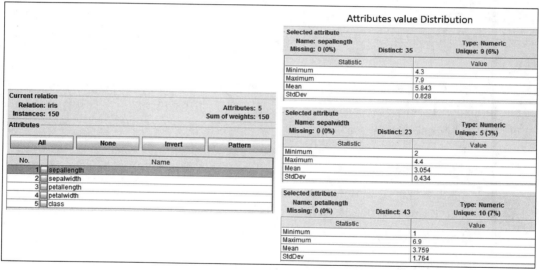

图 5-10　查看属性及其原始值分布

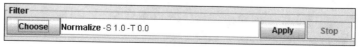

图 5-11　应用归一化过滤器

（4）归一化后检查属性值，取值范围均为 0～1，如图 5-12 所示。

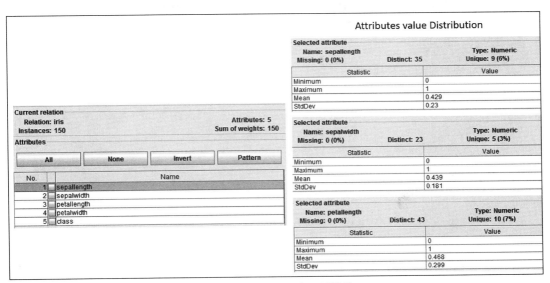

图 5-12　归一化后检查属性值

0～1 的归一化值会产生相同的训练模型，从而产生相同的输出。然而，通过归一化，深度神经网络的学习性能得到了优化。下面是使用 `deeplearning4j` 库在数据准备管道中应用归一化的 Java 代码：

```java
package com.aibd.dnn;

import org.datavec.api.records.reader.RecordReader;
import org.datavec.api.records.reader.impl.csv.CSVRecordReader;
import org.datavec.api.split.FileSplit;
import org.datavec.api.util.ClassPathResource;
import org.deeplearning4j.datasets.datavec.RecordReaderDataSetIterator;
import org.nd4j.linalg.dataset.DataSet;
import org.nd4j.linalg.dataset.api.iterator.DataSetIterator;
import org.nd4j.linalg.dataset.api.preprocessor.NormalizerMinMaxScaler;


public class Normalizer {

    public static void main(String[] args) throws Exception {
        int numLinesToSkip = 0;
        char delimiter = ',';
        System.out.println("Starting the normalization process");
        RecordReader recordReader = new
CSVRecordReader(numLinesToSkip,delimiter);
```

```
        recordReader.initialize(new FileSplit(new
ClassPathResource("iris.txt").getFile()));
            int labelIndex = 4;
            int numClasses = 3;

        DataSetIterator fulliterator = new
RecordReaderDataSetIterator(recordReader,150,labelIndex,numClasses);

        DataSet dataset = fulliterator.next();

        // 原始数据集
        System.out.println("\n{}\n" + dataset.getRange(0,9));

        NormalizerMinMaxScaler preProcessor = new NormalizerMinMaxScaler();
        System.out.println("Fitting with a dataset...............");
        preProcessor.fit(dataset);
        System.out.println("Calculated metrics");
        System.out.println("Min: {} - " + preProcessor.getMin());
        System.out.println("Max: {} - " + preProcessor.getMax());

        preProcessor.transform(dataset);
        // 归一化数据集
        System.out.println("\n{}\n" + dataset.getRange(0,9));
    }
}
```

下面是上述代码的输出：

```
===========Original Values =======
[[5.10, 3.50, 1.40, 0.20],
 [4.90, 3.00, 1.40, 0.20],
 [4.70, 3.20, 1.30, 0.20],
 [4.60, 3.10, 1.50, 0.20],
 [5.00, 3.60, 1.40, 0.20],
 [5.40, 3.90, 1.70, 0.40],
 [4.60, 3.40, 1.40, 0.30],
 [5.00, 3.40, 1.50, 0.20],
 [4.40, 2.90, 1.40, 0.20]]

===========Normalized Values =======
[[0.22, 0.62, 0.07, 0.04],
 [0.17, 0.42, 0.07, 0.04],
 [0.11, 0.50, 0.05, 0.04],
 [0.08, 0.46, 0.08, 0.04],
 [0.19, 0.67, 0.07, 0.04],
```

```
[0.31, 0.79, 0.12, 0.12],
[0.08, 0.58, 0.07, 0.08],
[0.19, 0.58, 0.08, 0.04],
[0.03, 0.38, 0.07, 0.04]]
```

5.3 实现神经网络架构的实用方法

虽然深度神经网络善于用多层迭代生成模型来对训练数据进行泛化，但这些算法和理论在实际应用时需要仔细地考虑各种方法。本节介绍在实际场景中使用深度神经网络的基本原则。总体上，我们可以遵循一个循环的过程来部署和使用深度神经网络，如图 5-13 所示。

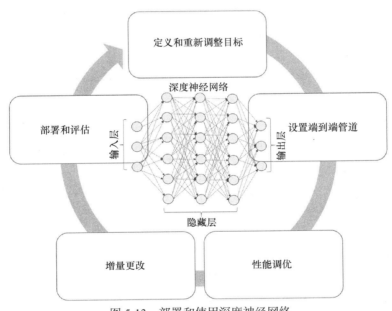

图 5-13　部署和使用深度神经网络

对图 5-13 解释如下。

（1）**定义和重新调整目标**。这不仅适用于深度神经网络，也适用于机器学习算法的一般应用。第一步需要设置针对于用例的训练目标，即选择误差度量以及该度量的目标阈值。围绕误差度量的目标定义各种架构设计选择及其后续阶段中的操作。为大多数实际用例设置零误差的目标是不现实的。由于大多数真实场景具有随机性，在这些场景中训练数据往往不足，无法对环境准确建模。

（2）**设置端到端管道**。确定目标并设置预期阈值度量之后，下一步是设置端到端管道。尽管管道会根据用例和可用数据资产的不同而有所不同，但本节介绍的是通用的指导原则。当用例以向量形式实现输入参数固定且数量较少的监督学习时（例如，从前馈网络开始，根据各种因素定义房价，如面积、房间数量、位置）。使用完全连通的节点对网络进行初始化。对于矩阵结构的数据，如图像像素，使用卷积神经网络架构。当输入是依赖于前一数值链的数据序列时，使用循环网络拓扑。当训练集包含大量的实例和输入特征时，可以采用早停法（Early Stopping）和剔除策略。

（3）**性能调优**。完成基本管道设置之后，需要评估模型的性能。是尝试一组新的模型或模型参数，还是向训练集添加更多的数据，这需要在两者间做一个决策。作为一般原则，初始模型应该通过多次迭代进行测试，添加更多的数据并评估其对模型性能的影响。测量模型在训练集上的表现。如果模型在训练集上表现不佳，第一步是增加网络中隐藏单元的数量。这样，模型就能够在更微小和深入的层面理解训练数据。这需要在多个测试中设置不同的学习率对性能进行评估。尽管如此，如果模型在训练数据上的性能没有改善，那么训练数据的质量可能存在问题。在进一步优化之前，需要仔细评估和清理数据集。一旦模型在训练数据上表现良好，就需要使用测试数据来测试性能。如果模型在第一步的阈值范围内良好运行，则该模型具有不错的通用性，可用于实际数据。如果模型在测试数据上表现不佳，则需要收集更多的数据，并再次对模型进行训练，以获得更好的泛化效果。根据经验，数据的边际添加不会显著提高性能。需要考虑以原始数据集的倍数添加数据，以获得显著的性能增益并减少泛化误差。

（4）**增量更改**。部署深度神经网络的总体目标是最小化实际数据中的误差。为了实现这一点，需要对配置参数进行增量更改。这称为超参数调优。隐藏单元数、学习率、卷积核宽度、隐式零填充、权重衰减系数和剔除率等超参数对结果有着显著增益。除此之外，可以随机测试不同量的训练数据，以逐步优化模型性能。我们将在 5.4 节详细讨论这个主题。

（5）**部署和评估**。一旦达到了模型性能的阈值目标，就可以在实际环境中部署模型。由于大多数环境的随机性，模型的性能需要不断地进行评估，特别是对于任务关键型应用程序。在此阶段，还需要基于模型在生产中部署的历史趋势，考虑自动超参数调优策略。随着影响模型性能的历史数据越来越多，利用人工或自动选择的不同超参数值，还能将超参数值、训练数据的量作为一组输入的自变量，模型的性能作为因变量。一种简化的技术，如贝叶斯回归，可以在运行时自动地用于进一步的优化。

5.4 节将介绍深度神经网络运行时超参数调优的一些指导原则。

5.4 超参数调优

想象一个拥有高质量扬声器和混音系统的音响系统。控制台上有一系列按钮，它们独立地控制声音质量的特定参数。低音、高音和响度是一些需要很多经验才能准确设置的控制参数。同样，深度神经网络的好坏也取决于各种控制参数的设置。这些参数称为超参数，即在训练、执行时间以及模型的准确性和泛化方面，将各种参数控制在一个最佳性能值的过程。与声音均衡器示例类似，需要将多个超参数一起调优以获得最佳性能。在选择超参数组合时，通常使用以下两种策略。

（1）**网格搜索**。将超参数绘制在一个矩阵上，并为实际场景中部署的模型选择获得最佳性能的组合。在网格搜索中，迭代次数与收益率的比值较低。

（2）**随机搜索**。在随机搜索的情况下，超参数值是随机选择的。在这种情况下，使用与网格搜索相同的迭代次数更有机会达到超参数的最优值。网格搜索和随机搜索如图 5-14 所示。

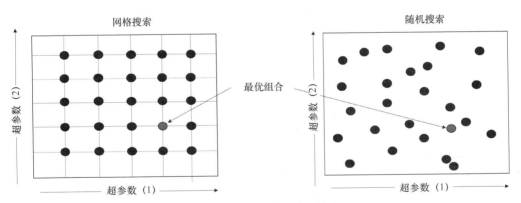

图 5-14　网格搜索和随机搜索

为了减少在搜索空间中进行迭代的次数，可以部署随机搜索技术的变体。广义上，这种技术叫作**从粗至细搜索**（Coarse to Fine Search）。此时，随机搜索先进行几次迭代，一旦识别出了较为优化的区域，搜索空间就被限制在了这个较小区域。使用这种技术，搜索被限制在一个区域内，因此得到了优化。从粗至细搜索如图 5-15 所示。

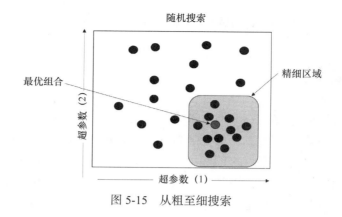

图 5-15　从粗至细搜索

在初始搜索迭代期间，搜索整个空间。当找到较优超参数值时，搜索空间被限制在一个精细区域内。这样，就可以通过相对较少的迭代次数对超参数进行微调。了解了这些用于搜索正确超参数集的技术后，接下来看看在深度神经网络中最常用的一些超参数。

5.4.1　学习率

本章基于梯度的学习部分建立了深度神经网络的权重和偏置更新方程，如下：

$$w_i = w_i' = w_i - \eta \frac{\mathrm{d}C}{\mathrm{d}w_i}$$

$$b_i = b_i' = b_i - \eta \frac{\mathrm{d}C}{\mathrm{d}b_i}$$

在这些方程中，学习率为 η。梯度下降法的学习率定义了算法对每个训练集实例所采取的步骤的大小。如果学习率太高，梯度下降步骤的平均损失将会很高。在这种情况下，算法可能会错过全局最小值。而极低的学习率会导致收敛速度太慢，如图 5-16 所示。

如果只能对一个超参数进行调优，则选择调整学习率。作为标准，学习率的值需要小于 1 且大于 10^{-6}。另一个广泛使用的策略是随时间（训练的迭代次数）不断减小学习率。在初始迭代过程中，学习率保持不变，当模型接近收敛时（当损失函数值的变化降至最小时），将学习率降至初始学习率的一小部分。通常，建议将初始学习率的 0.001 用于全局最小值的最优收敛过程。另一种快速收敛的策略是使用并行处理和小批次训练。这些批次使用 1～100 的因子定义的小批量独立地调整学习率。当小批次处理因子为 1

时，算法表现为梯度下降法。例如，当因子为 20 时，训练数据样本为 5%，它们分布式地独立调整学习率 η。

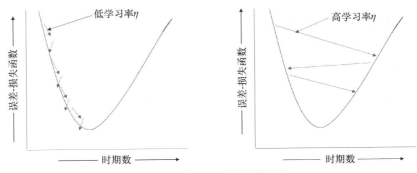

图 5-16　梯度下降法的学习率

5.4.2　训练迭代的次数

这个超参数对于避免过拟合很有用。当模型收敛时（损失函数值在某一点处趋于稳定，不随时间变化），容易使训练数据过拟合，模型向测试样本准确度不如训练数据准确度的非泛化区域移动。在平稳区域仔细设置训练迭代的次数，可以确保早停，得到的模型健壮性很好，并且可以很好地泛化。

在调整超参数并评估其对总体代价函数的影响时，可以禁用早停法。然而，一旦所有其他超参数都被完全调优，就可以根据损失函数的平稳区域动态设置训练迭代的次数。

收敛后立即停止不是一个好策略。建议再用导致接近收敛的总时期数 10% 左右的次数继续迭代。控制训练迭代的次数是一种很好的减少模型计算量的策略。

5.4.3　隐藏单元数

深度神经网络的性能可以通过选择和改变每一层隐藏单元数来调整。基本原则是，建议选择大于需求的值作为初始值。这保证了网络拥有足够的泛化能力。然而，值越大，训练深度神经网络的计算需求就越大。这个超参数也可以在层的级别上进行调整。基于测试数据的多次迭代的结果，每个单独的层可以有不同的最优值。在这种情况下，建议连接到输入层的第一个隐藏层是过完备的（Overcomplete），即节点多于最佳值。这种策略有助于更好地对数据进行泛化，而不是构建一个精简的第一层，然后在这一层与输出层间填充更多的隐藏层。

5.4.4　时期数

在深度神经网络中，对整个数据集进行一次向前和向后的迭代称为一个**时期**。对于每个时期，网络通常使用反向传播算法来调整权重和偏置。选择正确的时期数十分重要。如果时期数过多，则网络可能会对数据产生过拟合，无法对新的输入集进行泛化。如果时期数过少，网络就会对数据欠拟合，在训练数据上的表现也很差。

对于深度神经网络来说，没有什么经验法则来选择时期数。其个数取决于数据集的多样性和数据量大小。推荐的策略是从大的时期数开始，一旦在多个时期之间损失函数没有明显变化，就可以停止训练。

5.4.5　用 deeplearning4j 试验超参数

下面构建一个简单的神经网络来演示各种超参数对模型性能的影响。我们将创建一个简单的神经网络，可以将两个随机生成的数字相加。训练数据有两个自变量 x_1 和 x_2，还有一个输出变量 $y = x_1 + x_2$。图 5-17 是使用 deeplearning4j 库生成的网络的图形视图。

下面是生成样本数据的实用代码，x_1 和 x_2 作为输入（自变量），y 作为输出（因变量）：

```
// 基于参数批量大小生成训练数据的方法
private static DataSetIterator generateTrainingData(int batchSize, Random rand){
    // 输出值的和的容器
    double [] sum = new double[nSamples];
    // 第一个输入变量 x1 的容器
    double [] input1 = new double[nSamples];
    //第二个输入变量 x2 的容器
    double [] input2 = new double[nSamples];
    // 设置样本大小，生成随机数填充容器
    for (int i= 0; i< nSamples; i++) {
        input1[i] = MIN_RANGE + (MAX_RANGE - MIN_RANGE) *
rand.nextDouble();
        input2[i] =  MIN_RANGE + (MAX_RANGE - MIN_RANGE) *
rand.nextDouble();
```

```
        // 填充输出变量 y
        sum[i] = input1[i] + input2[i];
    }
    // deeplearning4j 中的数据格式
INDArray inputNDArray1 = Nd4j.create(input1, new int[]{nSamples,1});
INDArray inputNDArray2 = Nd4j.create(input2, new int[]{nSamples,1});
INDArray inputNDArray = Nd4j.hstack(inputNDArray1,inputNDArray2);
INDArray outPut = Nd4j.create(sum, new int[]{nSamples, 1});
DataSet dataSet = new DataSet(inputNDArray, outPut);
List<DataSet> listDs = dataSet.asList();
Collections.shuffle(listDs,rand);
return new ListDataSetIterator(listDs,batchSize);
}
```

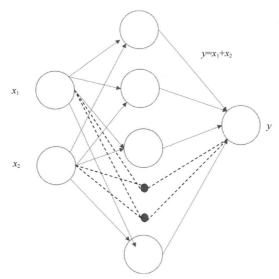

图 5-17　使用 deeplearning4j 库生成的网络的图形视图

下面是生成具有可配置超参数多层神经网络的方法的代码：

```
/** 生成多层网络的方法
 * @param numHidden - 隐藏层单元数的整型值
 * @param iterations - 每个微批的迭代次数
 * @param learningRate - 梯度下降法的步长
 * @param numEpochs - 数据经历的总时期数
 * @param trainingDataIterator - 随机生成训练数据的迭代器
```

```
 * @返回模型对象 (MultiLayerNetwork)
 * */
private static MultiLayerNetwork generateModel(int numHidden, int
iterations, double learningRate, int numEpochs, DataSetIterator
trainingDataIterator ) {
    int numInput = 2; // 输入层使用两个节点
    int numOutput = 1; // 输出层使用一个节点
    MultiLayerNetwork net = new MultiLayerNetwork(new
  NeuralNetConfiguration.Builder()
        .seed(SEED)
        .iterations(iterations)
.optimizationAlgo(OptimizationAlgorithm.STOCHASTIC_GRADIENT_DESCENT)
        .learningRate(learningRate)
        .weightInit(WeightInit.XAVIER)
        .updater(Updater.NESTEROVS)
        .list()
        .layer(0, new DenseLayer.Builder().nIn(numInput).nOut(numHidden)
            .activation(Activation.TANH)
            .build())
        .layer(1, new OutputLayer.Builder(LossFunctions.LossFunction.MSE)
            .activation(Activation.IDENTITY)
            .nIn(numHidden).nOut(numOutput).build())
        .pretrain(false).backprop(true).build()
    );
    net.init();
    net.setListeners(new ScoreIterationListener(1));

    //在整个数据集上训练网络, 周期性地进行评估
    double startTime = System.currentTimeMillis();
    for( int i=0; i<nEpochs; i++ ){
        trainingDataIterator.reset();
        net.fit(trainingDataIterator);
    }
    double endTime = System.currentTimeMillis();
    System.out.println("Model Training Time = " + (endTime - startTime));
    return net;
}
```

该模型可以通过传递不同的超参数值进行测试，如下：

```java
public static void main(String[] args){

    // 生成训练数据
    DataSetIterator iterator =
 generateTrainingData(batchSize,randomNumberGenerator);

        // 测试1: --------------------------------------------------------
        //设置超参数值
        int nHidden = 10;
        int iterations = 1;
        double learningRate = 0.01;
        int nepochs = 200;
        double startTime = System.currentTimeMillis();
        MultiLayerNetwork net =
        generateModel(nHidden,iterations,learningRate,nEpochs, iterator);
        double endTime = System.currentTimeMillis();
        double trainingTime = (endTime - startTime);

        // 测试新添加的两个数
        INDArray input = Nd4j.create(new double[] { 0.6754345,
 0.3333333333333 }, new int[] { 1, 2 });
        INDArray out = net.output(input, false);
        double actualSum = 0.6754345 + 0.3333333333333;
        double error = actualSum - out.getDouble(0);
        System.out.println("Hidden Layer Count, Iterations, Learning Rate,
 Epoch Count, Time Taken, Error");
        System.out.println(""+nHidden + "," + iterations + "," +
 learningRate + "," + nEpochs + "," + trainingTime + "," + error );
        // --------------------------------------------------------------
```

运行上述代码，将在控制台上输出如下内容：

```
Hidden Layer Count, Iterations, Learning Rate, Epoch Count, Time Taken,
Error
-----------------------------------------------------------------------
10,1,0.01,200,11252.0,-3.5079920391032235
10,1,0.02,200,1,3781.0,-2.8320863346049325
10,1,0.04,200,1,3152.0,-9.223153362650587
10,1,0.08,200,1,3520.0,NaN
5,1,0.01,200,2960.0,-0.725370417017652
```

或者，deeplearning4j 库提供了一个带有 UI 库的可视化接口。UI 库可以作为 Maven 依赖，如下所示：

```
<dependency>
    <groupId>org.deeplearning4j</groupId>
    <artifactId>deeplearning4j-ui_2.10</artifactId>
    <version>${dl4j.version}</version>
</dependency>
```

通过添加以下几行代码，可以快速启用用户界面：

```
// 初始化用户交互后端
static UIServer uiServer = UIServer.getInstance();

// 配置网络信息（梯度、分数与时间）的存储位置
static StatsStorage statsStorage = new InMemoryStatsStorage();

// 一旦多层网络对象被初始化，注册 StatsStorage 实例作为一个监听器
net.setListeners(new StatsListener(StatsStorage));
```

通过这个简单的代码片段，框架可以在 localhost 的端口 9000 上启用 UI，如图 5-18 所示。

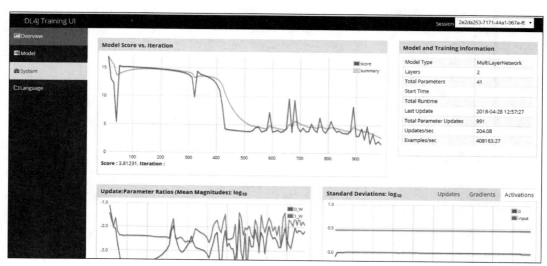

图 5-18　框架在 localhost 的端口 9000 上启用 UI

网络结构可以通过 Model 用户界面可视化，如图 5-19 所示。

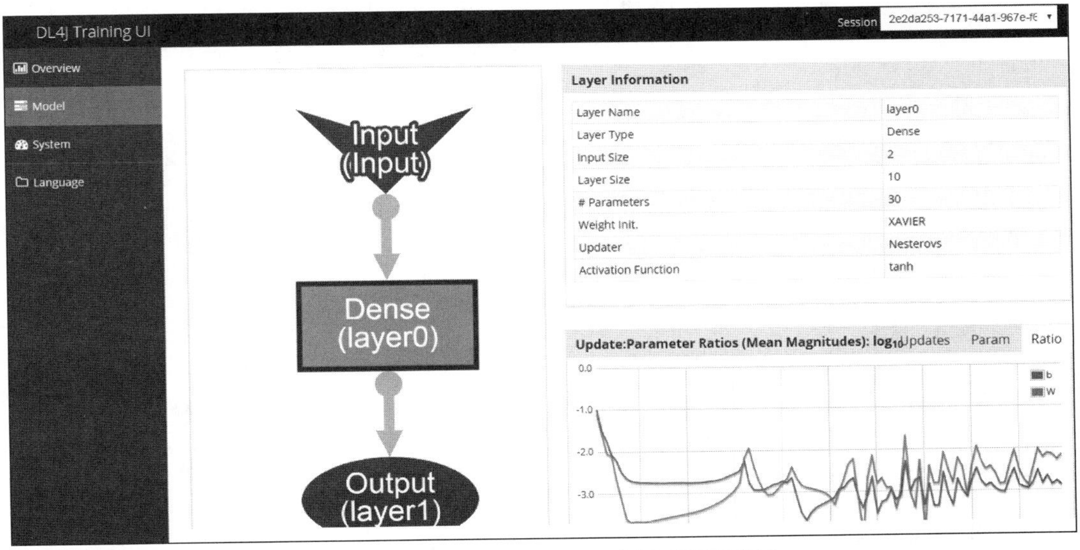

图 5-19　网络结构通过 Model 用户界面可视化

5.5　分布式计算

如图 5-1 所示，随着训练数据量的增加，神经网络的性能也会提高。越来越多的设备生成的数据可用于训练和生成模型，模型在随机环境的泛化和复杂任务的处理方面也做得越来越好。然而，深度神经网络数据量的增加和结构的复杂化对计算也有了更高的要求。

尽管我们已经开始利用 GPU 进行深度神经网络训练，但计算基础设施的垂直扩展有其自身的局限性和成本影响。撇开成本影响不谈，在大量的训练数据上训练一个巨大的深度神经网络所花费的时间也是不合理的。然而，由于神经网络本身的性质与其网络拓扑结构，它可以将计算同时分布在多台机器上，并将结果归并到一个中央进程。这与 Hadoop 和 Spark 非常相似，Hadoop 是分布式计算批处理引擎，Spark 是基于内存的分布式计算框架。对于深度神经网络，能以两种方法利用分布式计算。

（1）**模型分布**。在这种方法中，深度神经网络被分解成逻辑片段，从计算的角度被视为独立的模型。这些模型的结果由一个中央进程进行合并，如图 5-20 所示。

（2）**数据分布**。在这种方法中，整个模型被复制到集群中的所有节点，数据被分成块进行处理。主进程从各个节点收集输出，生成最终结果，如图 5-21 所示。

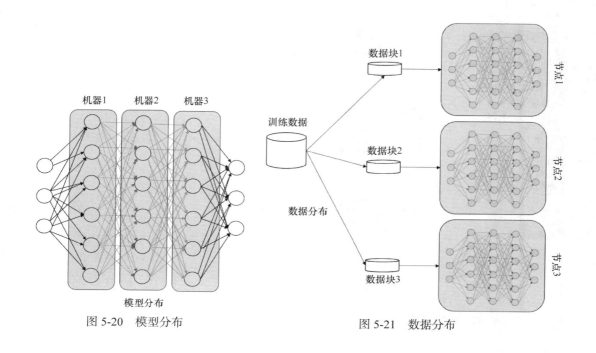

图 5-20　模型分布　　　　　　　　　图 5-21　数据分布

数据分布法与 Hadoop 的 MapReduce 框架非常相似。MapReduce 作业根据预定义和运行时配置的参数创建输入分片。这些块以并行方式发送到独立节点，由 map 任务进行处理。

map 任务的输出会根据相关性进行排序（简单排序），并作为 reduce 任务的输入来生成中间结果。将各个 MapReduce 块组合起来生成最终结果。数据分布法更适合 Hadoop 和 Spark 框架，是目前研究比较广泛的一种方法。利用数据分布的深度神经网络主要采用参数平均（Parameter-averaging）策略来训练模型。

这是一种简单有效的利用数据分布的深度神经网络训练方法，如图 5-22 所示。

基于这些分布式处理的基本概念，下面来介绍一些支持并行化深度神经网络的常用库和框架。

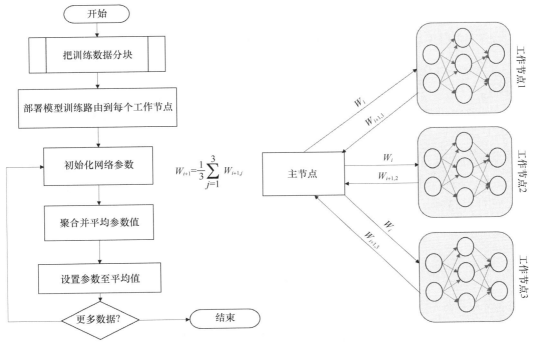

图 5-22 利用数据分布的深度神经网络训练方法

5.6 分布式深度学习

随着数据源和数据量的不断增加，深度学习应用程序和研究必须要利用分布式计算框架的强大功能。本节将介绍一些有效利用分布式计算的库和框架。这里基于功能、使用率和社区活跃度来介绍一些较为流行的框架。

5.6.1 DL4J 和 Spark

在本章的前面小节，我们已经用 deeplearning4j 库编写了示例代码。DL4J 的核心框架能够与 Hadoop（HDFS 和 MapReduce）和 Spark 无缝集成。因此，将 DL4J 与 Spark 集成起来很容易。集成 Spark 的 DL4J 利用数据的并行性将大量数据切分成可管理的块，在每个独立节点上并行地训练深度神经网络。一旦模型生成参数值（权重和偏置），就会在迭代中平均这些参数值，以生成最终结果。

API 概览

为了使用 DL4J 在 Spark 上训练深度神经网络，需要使用两个主要的包装类。

（1）`SparkDl4jMultiLayer`：一个围绕 DL4J 库中 MultiLayerNetwork 类的包装类。

（2）`SparkComputationGraph`：一个围绕 DL4J 库中 ComputationGraph 类的包装类。

标准模式及分布式模式的网络配置步骤保持不变。这意味着网络属性将通过创建 `MultiLayerConfiguration` 实例来配置。使用 DL4J 在 Spark 上进行深度学习的工作流如图 5-23 所示。

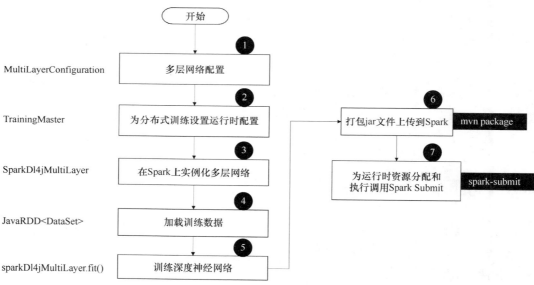

图 5-23　使用 DL4J 在 Spark 上进行深度学习的工作流

下面是工作流步骤的代码片段。

（1）多层网络配置。

```
MultiLayerConfiguration conf = new EuralNetConfiguration.Builder().
optimizationAlgo(OptimizationAlgorithm.STOCHASTIC_GRADIENT_DESCENT
).iterations(1)
        .learningRate(0.1)
```

```
    .updater(Updater.RMSPROP)    //配置: .updater(new
RmsProp(0.95))
    .seed(12345)
    .regularization(true).l2(0.001)
    .weightInit(WeightInit.XAVIER)
    .list()
    .layer(0, new
GravesLSTM.Builder().nIn(nIn).nOut(lstmLayerSize).activation(Activa
tion.TANH).build())
    .layer(1, new
GravesLSTM.Builder().nIn(lstmLayerSize).nOut(lstmLayerSize).activat
ion(Activation.TANH).build())
    .layer(2, new
RnnOutputLayer.Builder(LossFunctions.LossFunction.MCXENT).activatio
n(Activation.SOFTMAX)        // MCXENT + softmax 用于分类
        .nIn(lstmLayerSize).nOut(nOut).build())
.backpropType(BackpropType.TruncatedBPTT).tBPTTForwardLength(tbpttL
ength).tBPTTBackwardLength(tbpttLength)
    .pretrain(false).backprop(true)
    .build();
```

（2）为分布式训练设置运行时配置。

```
ParameterAveragingTrainingMaster tm = new ParameterAveragingTrainingMaster.Builder
(examplesPerDataSetObject)
            .workerPrefetchNumBatches(2) // 给每个 worker 异步预先载入两个批次
            .averagingFrequency(averagingFrequency)
            .batchSizePerWorker(examplesPerWorker)
            .build();
```

（3）在 Spark 上用 TrainingMaster 实例化多层网络。

```
SparkDl4jMultiLayer sparkNetwork = new SparkDl4jMultiLayer(sc, config, tm);
```

（4）加载可分片的训练数据。

```
public static JavaRDD<DataSet> getTrainingData(JavaSparkContext sc) throws IOException {
        List<String> list = getTrainingDatAsList(); // arbitrary sample
    method
        JavaRDD<String> rawStrings = sc.parallelize(list);
        Broadcast<Map<Character, Integer>> bcCharToInt =
```

```
    sc.broadcast(CHAR_TO_INT);
        return rawStrings.map(new StringToDataSetFn(bcCharToInt));
    }
```

（5）训练深度神经网络。

```
sparkNetwork.fit(trainingData);
```

（6）把 Spark 应用打包成 jar 文件。

```
mvn package
```

（7）提交应用到 Spark 运行时环境。

```
spark-submit --class <<fully qualified class name>> --num-executors 3 ./<<jar_name>>
-1.0-SNAPSHOT.jar
```

　　DL4J 官方网站为在 Spark 上运行深度神经网络提供了丰富的文档。

5.6.2　TensorFlow

　　TensorFlow 是时下最流行的库之一，由谷歌公司创建并开源。它使用数据流图进行数值计算，并以张量作为基本组件。张量可以简单地看作是一个 n 维矩阵。TensorFlow 应用程序可以跨平台无缝部署，可以运行在 GPU 和 CPU 上，以及移动和嵌入式设备上。TensorFlow 用于大规模分布式训练，其设计支持新的机器学习模型、研究和细粒度优化。

　　TensorFlow 可以快速安装并开始实验。其最新版可以在 Tensorflow 官方网站下载。该网站还包含丰富的文档和教程。

5.6.3　Keras

　　Keras 是一个高级的神经网络 API，用 Python 编写，能够在 TensorFlow 上运行。更多信息可在 Keras 官方网站查询。

　　TensorFlow 和 Keras 是在科学论文中被研究人员采用和提及次数最多的两个工具。各个框架和工具在 arXiv 网站上的排名如图 5-24 所示。

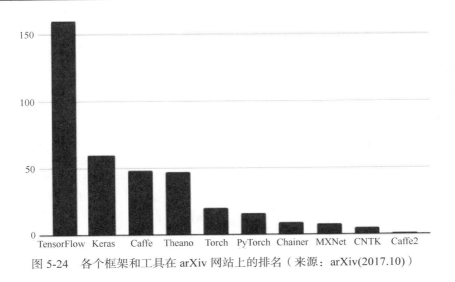

图 5-24　各个框架和工具在 arXiv 网站上的排名（来源：arXiv(2017.10)）

5.7　常见问答

问：机器学习和深度学习的区别是什么？

答：机器学习是一个抽象概念，深度学习是其一个专门的实现。机器学习算法大致可表达为一个函数，在监督学习算法的情况下，通过数据点画线。特征空间被映射为多维表示。这种表示形式对数据集进行泛化，可以预测新环境状态中变量的值或其状态。深度学习算法也可以在上下文中对真实数据进行建模。然而，深度学习算法在创建模型时采用分层的方法。网络中的每一层都专门处理输入信号的特定部分，前面几层处理高层级、更通用的特性，后续层处理更深入、更细粒度的特性，再将结果输入输出层。这些网络能够基于一些流行的算法（如反向传播）进行自我训练。深度学习和机器学习的另一个区别体现在添加数据后的性能。如图 5-1 所示，机器学习算法在一定的数据量阈值处处于平稳状态。然而，随着训练数据的增加，深度学习算法会不断改进。与传统的机器学习模型相比，深度学习算法通常需要更多的时间和计算能力来训练。

问：深度神经网络的时期、批量大小和迭代之间的区别是什么？

答：当数据量很大时就会遇到这些术语。一个向前和向后遍历整个训练数据集的过程称为一个**时期**。在大多数真实场景中，训练数据集非常大，以至于在计算上很难通过一个时期来传递整个数据。为了使通过深度神经网络进行训练在计算上可行，需要将整个数据集分批次训练。一个批处理中的训练示例的数量称为**批量大小**。一个批次经历一个时期称为一次**迭代**。例如，如果训练数据大小为 10000，批量大小为 2000，那么一个时期将在 5 次迭代中完成。

问：为什么在深度神经网络中需要非线性激活函数？

答： 在真实的随机环境和特征空间中，非线性关系比线性关系更常见。神经网络通过学习具有分层结构的特征来学习，其中每一层存储来自训练数据的特定特征集。将线性激活函数应用于不同层内的所有节点，这种线性关系可以聚合在一个层中，多层网络是没有意义的。没有多层网络，就不可能对随机输入进行建模和泛化。

问：如何测量深度神经网络的性能？

答： 一个普遍的原则是，一旦网络被部署在生产环境中，深度神经网络的性能就是它能否很好地泛化真实数据的一个因素。有时，模型在训练数据上表现得很好，但在测试数据上由于过拟合而表现不佳。虽然深度神经网络需要对许多参数进行评估，但有 3 个主要指标可以帮助我们在普遍层面上理解模型的性能。

（1）**ROC 曲线**（Receiver Operating Curve）。根据预测的数据点，这是轴上的假阳性率和轴上的真阳性率之间的曲线图。典型情况下，ROC 曲线在两个分类完全没有重叠时，呈现图 5-25 所示的形状。曲线越靠近左上角，网络的准确率就越高，性能就越好。

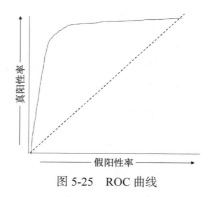

图 5-25　ROC 曲线

（2）**查准率和查全率**。查准率定义了正确分类的数量与训练输入的总数量的比值。这个数值表示模型判断正确的频次。查全率度量了模型在搜索空间中找到正确输出的能力。两者总是组合在一起出现，它们构成了模型的 F1 分数。如果其中一个参数很低，那么 F1 的总分也很低。

问：深度神经网络在哪些领域中有实现？

答： 深度学习可应用于语音自动识别、图像识别、自然语言处理、医学图像处理、推荐系统、生物信息学等多个领域。

5.8　小结

在本章中，我们进一步理解了 ANN，将深度神经网络的隐藏层从一个推广到了成百上千个。基于这些深度神经网络的学习称为深度学习。深度学习正发展为在随机环境中解决一些极其复杂问题的最流行算法之一。本章建立了深度神经网络工作背后的基本理论，并研究了基于梯度的学习、反向传播、非线性和正则化技术剔除的构建模块，也介绍了一些专用的神经网络架构 CNN 和 RNN。

本章还研究了构建数据准备管道的实际方法，并查看了使用 Weka 库和 DataVec 库应用正则化的示例，同时研究了实现神经网络体系结构的一些实用方法。本章还介绍了一组影响深度神经网络性能的超参数，并阐释了这些超参数调优的方法步骤。

本章使用 deeplearning4j 库进行了实验，以演示超参数调优以及如何使用 deeplearning4j UI 库可视化神经网络。深度神经网络的计算量很大，添加更多的数据时需要更强大的处理能力，需要更多的隐藏层，并且每个隐藏层需要更多的节点。这时必须利用分布式计算框架进行深度学习。本章还介绍了一些分布式计算的基础知识，以及如何将 deeplearning4j 与 Spark 进行集成。

第 6 章将会从人工智能领域转向机器学习，会介绍自然语言处理的基础知识和其中的数学直觉，以及实现自然语言处理系统的基本原则。

第6章
自然语言处理

机器学习或人工智能建立在结构化或非结构化的数据之上。**自然语言处理**（Natural Language Processing，NLP）是一种专注于处理非结构化数据的算法。本章主要讨论使用自然语言文本格式处理非结构化数据。组织内部总是有大量非结构化文本数据，它们可以是 Word 文档、PDF、电子邮件正文或 Web 文档的形式。随着技术的进步，组织开始依赖大量的文本信息。例如，法律公司拥有大量的信息，包括债券、法律协议、法院命令、法律文件等。这些信息资产由特定领域（在本例中指法律相关领域）的文本信息组成。为了利用这些有价值的文本信息，并将信息转换为知识，我们迫切需要智能机器能够在没有任何人工干预的情况下理解原始文本。大数据自然语言处理基于不同来源的大量文本数据来确定内容之间的关系和模式。它有助于确定数据在推荐引擎等用例中使用的趋势。本章将通过一些实例来介绍 NLP 的基本概念。

现可将自然语言处理方法分为两类：监督自然语言处理方法和无监督自然语言处理方法。监督自然语言处理方法包括监督学习算法，如朴素贝叶斯和随机森林（Random Forest）。这些算法通过训练数据集预测输出，并以此建立模型。这意味着监督学习算法不是自我学习，而是根据提供给它们的输出目标训练和微调模型。无监督学习算法的模型训练不依赖于输出目标，它们从输入记录中提取推论，这些输入记录是对先前迭代的输出记录进行多次迭代的结果，并通过调整权重和参数来优化该结果。**循环神经网络**（Recurrent Neural Network，RNN）是自然语言处理中常用的无监督学习算法之一。本章将探讨这些技术。

总而言之，本章主要包括以下内容：自然语言处理基础；文本预处理；特征提取；应用自然语言处理技术；实现情感分析。

6.1 自然语言处理基础

在说明自然语言处理中涉及的一些高级步骤之前，有必要明确自然语言处理的定义。简而言之，自然语言处理是智能系统解释人类文本数据以获得可操作的洞见的过程、算法和工具的集合。自然语言处理解析文本数据表明一个非常明显的事实，那就是自然语言处理用于解释非结构化数据。自然语言处理组织非结构化文本数据，并使用复杂的方法来解决大量的问题，如情感分析、文档分类和文本摘要。本节将讨论自然语言处理涉及的一些基本步骤。

接下来的部分将深入研究这些步骤。图 6-1 展示了自然语言处理层次结构。

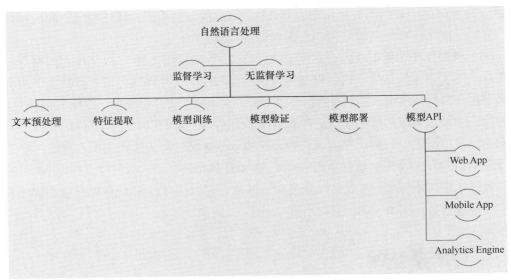

图 6-1 自然语言处理层次结构

我们来简要地看一下每一个步骤。

（1）**机器学习类型**。自然语言处理既可以使用监督学习算法，也可以使用无监督学习算法。监督学习算法包括朴素贝叶斯、支持向量机和随机森林。无监督学习算法包括**前馈神经网络（多层感知器）**和**循环神经网络（RNN）**。这里需要注意的一件重要事情是，这两类算法的文本预处理和特征提取步骤是相同的，不同的是如何训练模型。监督学习算法需要带标记的输出数据作为输入，而无监督学习算法可以作用于未带标记的输出，并基于此预测结果。

（2）**文本预处理**。这一步是必需的，因为原始的自然文本不能在自然语言处理系统中使用。如果直接使用原始数据将导致糟糕或不太准确的输出。一些常见的文本预处理步骤是删除停用词、替换大写字母和删除特殊字符。文本预处理的另一个常见步骤是词性标注，也称为注释，还应用了词干提取和词形还原等文本标准化处理技术。

（3）**特征提取**。任何机器学习算法要处理文本，都必须将这些文本转换为某种形式的数值输入。特征提取采用了将输入文本转换为矢量数值输入的常用技术。

（4）**模型训练**。模型训练是建立或发现一个数学函数的过程，该函数可根据给定的输入预测输出结果。寻找函数的过程包括多次迭代和参数微调。

（5）**模型验证**。这一步用于验证从模型训练过程中得到的模型。通常，将训练数据集划分为 80∶20，80% 的数据用于模型训练，20% 的数据用于验证模型的正确性。在出现差异的情况下，可微调模型创建步骤并重新验证。

（6）**模型部署和模型 API**。在模型通过验证之后部署模型，可以使用它们在企业应用程序上下文中预测结果。这些模型将被保存在内存中，并将其应用于数据集以预测其结果。在分布式环境中，它们通常保存在 Hadoop 分布式文件系统中，以便 Hadoop 批处理程序能够读取和应用这些模型。对于 Web 应用程序，它们以 Python pickle 文件的形式存储，并且根据每个预测请求读取和处理这些 pickle 文件。为了让应用程序使用它，需要在它上面公开 API 层。这些 API 层可以是 Rest 风格的 API，也可以直接以 jar 包的形式部署到承载应用程序的主机。一旦公开 API 层，它们就可以被各种 Web 应用程序、移动应用程序、分析引擎或 BI 引擎调用。

6.2 文本预处理

数据预处理对文本进行清理和准备，以满足文本分类和意义推导的数据需求。由于数据可能有很多噪声，因此需要删除或重新对齐 HTML 标记等不完整信息。在单词级别，可能有许多单词对文本上下文语义没有太大影响。文本预处理包括几个步骤，如提取、标记、删除停用词、文本填充以及使用词干提取和词形还原等标准化处理。除此之外，还包括一些基本的和通用的技术，如提高精度需要将文本转换为小写，删除数据（基于上下文），删除标点，剥离空白（有时候可作为噪声输入信号），并消除文档中不常出现的稀疏项。接下来的几节将详细分析其中的一些技术。

6.2.1　删除停用词

停用词（Stop Word）是在句子中出现频率较高的词，这些词对分析不那么重要，因此应该从输入中排除。在文本中使用停用词会使算法产生混淆，因为这些停用词没有上下文意义，并且增加了单词向量的维度特征。因此，为了更好的模型精度，必须删除这些停用词。停用词有 I、am、is、the 等。删除停用词的方法之一是预先编译停用词列表，然后从文档（用于训练模型的文本）中删除这些停用词。

我们可以使用 Spark 的 StopWordsRemover 库，它包含许多自然语言中的默认停用词列表。我们也可以使用 stopWords 参数提供停用词列表，还可以根据单词的出现频率来删除它们。如果单词的出现频率较低，那么可以删除这些单词，这称为剪枝。

下面是使用 Spark 库的示例代码。使用这个库删除停用词的过程是并行的，可以分布式的方式快速地对大量数据同时执行删除操作：

```
import java.util.Arrays;
import java.util.List;

import org.apache.spark.ml.feature.StopWordsRemover;
import org.apache.spark.sql.Dataset;
import org.apache.spark.sql.Row;
import org.apache.spark.sql.RowFactory;
import org.apache.spark.sql.types.DataTypes;
import org.apache.spark.sql.types.Metadata;
import org.apache.spark.sql.types.StructField;
import org.apache.spark.sql.types.StructType;

StopWordsRemover remover = new StopWordsRemover()
  .setInputCol("raw")
  .setOutputCol("filtered");

List<Row> data = Arrays.asList(
  RowFactory.create(Arrays.asList("I", "am", "removing", "the", "stop",
"words")),
  RowFactory.create(Arrays.asList("from", "a", "large", "volume",
"of","data"))
);

StructType schema = new StructType(new StructField[]{
  new StructField(
```

```
     "raw", DataTypes.createArrayType(DataTypes.StringType), false,
Metadata.empty())
});

Dataset<Row> dataset = spark.createDataFrame(data, schema);
remover.transform(dataset).show(false);
```

6.2.2 词干提取

一个词的不同形式经常表达了相同的意思。考虑一个搜索引擎的例子。当用户搜索 shoe 或者搜索 shoes 时，用户的意图是相同的，搜索结果都是不同品牌的鞋子。但这两个词的出现会让模型感到"困惑"。所以为了更好的准确性，需要将这些不同形式的单词转换为原始格式。**词干提取**是将文本中的单词转换为其原始格式的方法。例如，在词干提取之后，introduction、introduced 和 introducting 都变成了 introduce。这种方法的目的是去掉各种后缀，减少单词的数量。此外，这有助于避免混淆训练模型。现有许多可用的词干提取算法，如波特词干提取（Porter Stemming）、雪球词干提取（Snowball Stemming）和兰卡斯特词干提取（Lancaster Stemming）。下面介绍的大多数词干提取算法都可用于多种自然语言。

1．波特词干提取

波特词干提取是一种词干提取算法，又称 Porter 算法，它从英语词典的基本单词中删除后缀。波特词干提取的整体目标是提高自然语言处理模型训练的性能。它删除一个单词的后缀并将其变为基本形式。这样一来，单词的数量就会减少，并且单词空间的内存占用和复杂性也会降低。波特词干提取并不基于字典。它基于一组通用规则，而不使用任何词干字典来标识需要删除的后缀。有些人认为这是一个缺点，因为它的工作相当直接，不能处理较低层次上下文中的英语单词。波特词干提取因其简单快捷而被使用。它有 5 个步骤，根据一定条件依次判断，直到其中一个条件被满足。例如，试考虑波特词干提取中的步骤 1，规则如下所示：

```
SSESS -> SS  - 此规则将单词的 SSESS 后缀转换为 SS。例如，prepossess -> preposs

IES -> I  - 此规则将单词的后缀转换为 I。例如，ties -> ti

SS -> SS - 如果单词以 SS 作为后缀，则不会改变。例如，Success -> Success

S -> 如果单词以 S 作为后缀，则删除后缀。例如，Pens -> Pen
```

有关波特词干提取算法的详细说明请参考多伦多大学的"计算语言学"课程资源。

2. 雪球词干提取

雪球词干提取也称为 **Porter2**。Porter2 算法为英文分词器（基于 Snowball）。该算法可以作为一个框架用于英语以外的语言。这比 Porter 算法更精确。Porter 2 算法的规则如下所示：

ied or **ies** -如果前面有多个字母，则用 i 代替，否则用 ie 代替
```
ties -> tie,
cries -> cri
```

我们将可以看到，Porter 算法将 ties 识别成 ti，而 Porter 2 算法将其识别为 tie。

 更多细节参考 Snowball 官方网站。

3. 兰卡斯特词干提取

兰卡斯特词干提取是一种非常激进的词干提取算法，有可能会出现错误。Porter 和 Snowball 中的词干通常是相当直观的，而对于 Lancaster 则不然，因为许多较短的单词会变得模糊不清。该算法很快，并且能大大减少工作集的单词，但如果想要更多区分度，那么这个算法并不合适。下面是兰卡斯特词干提取的规则示例：

```
ies -> y - 该规则把后缀 ies 变成 y
cries -> cry
```

我们可以看到，兰卡斯特词干提取将 cries 变成 cry，从而获取更好的词干。

4. 洛文斯词干提取

1968 年，Lovins JB 发布了洛文斯词干提取（Lovins Stemming）算法。洛文斯词干提取算法采用的方法略有不同，但它确实是从删除单词后缀开始的。该算法经过两个步骤。首先，删除单词中最长的后缀。它是一个单遍历算法，删除一个单词中最长的后缀。其次，对产生的最长后缀应用一组规则并将其转换为一个单词。该算法是基于规则和字典的。它速度更快，内存占用更少。它能够将 getting 之类的单词转换成 get，或者将 mice 之类的单词转换成 mouse。这种算法有时是不准确的，因为许多后缀在其字典中不可用。

并且它经常不能从词根形成一个词，或者即使一个词形成了，它也可能与原来的词意思不同。

5. 道森词干提取

道森词干提取（Dawson Stemming）与洛文斯词干提取采用相同的方法，它包含英语单词中的 1000 多个后缀。下面是道森词干提取算法的通用流程。

```
1. 获得输入数据。
2. 获取匹配的后缀：
   2a. 后缀池按长度反向索引；
   2b. 后缀池由最后一个字符反向索引。
3. 从单词中删除与之完全匹配的最长后缀。
4. 使用映射表对单词进行重新编码。
5. 将词干转换成一个有效的单词。
```

道森词干提取的优势如下：

（1）它涵盖了更广泛的后缀，可以生成更精确的输出；

（2）它是一种单遍历算法，效率很高。

6.2.3 词形还原

词形还原（Lemmatization）与词干提取有些许不同。词干提取通常从单词中删除停用词，以期望得到正确的基本词。然而，有些单词后缀被删除后会导致意义缺失。词形还原试图克服词干提取的这种限制。它试图找出这个词的基本形式，即词元，然后基于词汇的形态学分析。它使用 WordNet 词汇知识字典来获得单词的正确形式。然而，这也有它的局限性，例如，它需要词性标注，否则将把所有词语都当作名词。

6.2.4 N-Gram

N-Gram 是给定句子或文本中的 N 个连续单词或标记的连续序列。N 为从 1 开始的整数值，所以 N-Gram 可以是 Uni-Gram（$N = 1$）、Bi-Gram（$N = 2$）或 Tri-Gram（$N = 3$）。N-Gram 算法或程序识别给定句子中所有连续相邻的单词序列。它是基于窗口的功能，从最左边的单词位置开始，然后移动窗口一步。我们来看一个例句：**This is Big Data AI Book**。请参阅图 6-2 所示的 Uni-Gram、Bi-Gram 和 Tri-Gram 示例。

N-Gram 用于开发高效特征，并将这些特征传递给监督机器学习模型（如支持向量机和朴素贝叶斯），用于模型训练和预测。其思想是利用标记，例如，Bi-Gram 而不是 Uni-Gram，以便这种机器学习模型更高效地学习。

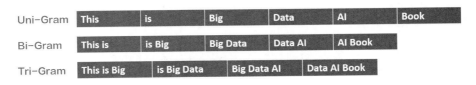

图 6-2　Uni-Gram、Bi-Gram 和 Tri-Gram 示例

使用 N-Gram 往往会捕获给定文档中单词的上下文。如前面的示例所示，Tri-Gram 可以为机器学习算法提供更多上下文，以便更好地预测下一组单词。然而 N 的最优值需要经过足够的数据探索和分析之后才能确定。N 的值越大并不总是意味着结果越好。应该根据实际情况选择合适的 N 值。

6.3　特征提取

正如本章前面提到的，自然语言处理系统不理解字符串。它们需要数值输入来建立模型，有时也称为数值特征。自然语言处理中的特征提取将一组文本信息转换为一组数值特征。任何机器学习算法的训练都需要数值向量形式的特征，因为它不理解字符串。文本可以用多种方法表示为数值向量。这些方法包括独热编码、TF-IDF、CountVectorizer 和 Word2Vec。

6.3.1　独热编码

独热编码（One Hot Encoding）是文本的二进制稀疏向量表示。在这种编码中，得到的二进制向量除了在标记的位置或索引处为 1 外，其余都为 0。让我们看一个例子。假设有两句话：This is Big Data AI Book 和 This is book explains AI algorithms on Big Data。前面句子的唯一标记（名词）是 {Data,AI,book,algorithms}。这些标记的独热编码表示形式如图 6-3 所示。

编码后的稀疏向量表示如图 6-4 所示。

	Data	AI	book	algorithms
Data	1	0	0	0
AI	0	1	0	0
book	0	0	1	0
algorithms	0	0	0	1

图 6-3　标记的独热编码表示形式

$Data = [1, 0, 0, 0]$

$AI = [0, 1, 0, 0]$

$book = [0, 0, 1, 0]$

$algorithms = [0, 0, 0, 1]$

图 6-4　编码后的稀疏向量表示

6.3.2　TF-IDF

特征提取的 TF-IDF 方法使用**词频**（TF）和**逆文档频率**（IDF）的标量积来计算符号或单词的数值向量。TF-IDF 不仅计算一个单词在特定文档中的重要性，还度量它在一个语料库中的重要性。此外，它试图将整个语料库中出现过于频繁的单词标准化。

TF 表示一个单词出现在文档中的频率。可以使用 Spark 中的 HashingTF 库来计算单词的频率。HashingTF 创建每个文档的稀疏向量，以表示其出现频率与索引。例如，考虑字符串 extraction of the feature using HashingTF extraction method，然后，每个单词的 TF 将如图 6-5 所示。

```
1  import org.apache.spark.ml.feature.{HashingTF, IDF, Tokenizer}
2
3  val exampleData = spark.createDataFrame(Seq(
4    (0.0, "extraction of the feature using HashingTF extraction method")
5  )).toDF("label", "sentence")
6
7  val tokenizer = new Tokenizer().setInputCol("sentence").setOutputCol("words")
8  val tokensData = tokenizer.transform(exampleData)
9
10 val hashingTF = new HashingTF()
11   .setInputCol("words").setOutputCol("rawFeatures").setNumFeatures(10)
12 val features = hashingTF.transform(tokensData)
13 features.select("rawFeatures")show(truncate=false)
```

图 6-5　每个单词的 TF

使用 HashingTF 计算 TF，输出结果如图 6-6 所示。

```
+-----------------------------------------------+
|rawFeatures                                    |
+-----------------------------------------------+
|(10,[0,3,4,5,6,8],[1.0,1.0,2.0,1.0,1.0,2.0])|
+-----------------------------------------------+
```

图 6-6　输出结果

从图 6-6 中可以看到，第一个数组是从文档中提取的特性，第二个数组是 Array [SparseVector]，它表示索引和频率。例如，因为单词 extraction 在文档中出现两次，所以该单词出现的频率是 2。使用 HashingTF 标记的单词数组可能与向量数组的顺序不同。

TF 只测量特定文档中某个单词的重要性，而不考虑整个文档语料库。此外，对于整个语料库来说，大型文档中出现过于频繁的单词可能并不重要。这种情况可能会影响预测输出，因为整个语料库中出现频率较低的单词可能更重要。这就是 IDF 发挥作用的地方，它表示可以包含该单词的文档总和的倒数。相对于语料库的大小，文档的数量越少，这个因子就越高。之所以没有直接使用这个比率，而使用它的对数，是因为如果不这样做，在两个文档中出现的有效评分惩罚将过于极端。图 6-7 给出的是计算 TF-IDF 的代码。

```scala
 1  import org.apache.spark.ml.feature.{HashingTF, IDF, Tokenizer}
 2
 3  val exampleData = spark.createDataFrame(Seq(
 4    (0.0, "extraction of the feature using HashingTF extraction method")
 5  )).toDF("label", "sentence")
 6
 7  val tokenizer = new Tokenizer().setInputCol("sentence").setOutputCol("words")
 8  val tokensData = tokenizer.transform(exampleData)
 9
10  val hashingTF = new HashingTF()
11    .setInputCol("words").setOutputCol("TF").setNumFeatures(10)
12  val features = hashingTF.transform(tokensData)
13  val idf = new IDF().setInputCol("TF").setOutputCol("IDF")
14  val idfModel = idf.fit(features)
15  val rescaledData = idfModel.transform(features)
16  rescaledData.select("label", "TF","IDF").show(truncate=false)
```

图 6-7　计算 TF-IDF 的代码

计算 TF-IDF 的代码的输出如图 6-8 所示。

```
+-----+--------------------------------------------------+---------------------------------------------+
|label|TF                                                |IDF                                          |
+-----+--------------------------------------------------+---------------------------------------------+
|0.0  |(10,[0,3,4,5,6,8],[1.0,1.0,2.0,1.0,1.0,2.0])      |(10,[0,3,4,5,6,8],[0.0,0.0,0.0,0.0,0.0,0.0])|
+-----+--------------------------------------------------+---------------------------------------------+
```

图 6-8　计算 TF-IDF 的代码的输出

　　TF-IDF 的目标是找到更重要的词。该算法使用 TF 计算跟踪文档中单词的局部重要性，使用 IDF 计算跟踪整个训练语料库中单词的全局重要性。最后，将这两个计算结果相乘得到一个单词的最终权重。然而，我们需要仔细考虑 TF-IDF 排序是否适用于特定的场景。我们可以将多种算法作用于语料库，以获得期望输出。下面介绍 TF-IDF 的数学公式。

　　计算 TF 的公式是：

$$tf_{t,d} = n_{t,d} / \sum_{i=0}^{i=N} n_{i,d}$$

其中，t 是文档 d 中的单词，$n_{t,d}$ 是单词 t 在文档 d 中出现的总数，$\sum_{i=0}^{i=N} n_{i,d}$ 是文档单词总数。

　　计算 **IDF** 的公式是：

$$idf_t = \log_{10}(N / df_t)$$

其中，df_t 是单词在文档中出现的频率，N 是文档总数。

　　TF-IDF 权重公式是：

$$W_{t,d} = [1 + (1 + tf_{t,d})] \bullet idf_t$$

6.3.3　CountVectorizer

　　CountVectorizer 与 **CountVectorizerModel** 考虑词汇在文本中出现的频率。它使用文本文档中的单词来构建包含标记计数的向量，并规定使用单词字典来识别可以作为算法输入的标记。如果字典不可用，CountVectorizer 使用它自己的估计器来构建词汇表。基于该词汇表生成 CountVectorizerModel，即训练文档的稀疏表示。这一模型作为 LDA 等自然语言处理算法的输入。

　　CountVectorizer 计算文档的单词频率，而 TF-IDF 给出了单词在整个语料库中的重要性。CountVectorizer 是一种将文本转换为向量的工具，同时将其作为特征传递给机器学习模型。与 TF-IDF 类似，该模型还为词汇表上的文档生成稀疏表示。例如，考虑文档字符串 `extraction of the feature using countvectorizer extraction method`，计算 CountVectorizer 的代码如图 6-9 所示。

```
1   import org.apache.spark.ml.feature.{CountVectorizer, CountVectorizerModel,Tokenizer}
2
3
4   val exampleData = spark.createDataFrame(Seq(
5     (0.0, "extraction of the feature using countvectorizer extraction method")
6   )).toDF("label", "sentence")
7
8   val tokenizer = new Tokenizer().setInputCol("sentence").setOutputCol("words")
9   val tokensData = tokenizer.transform(exampleData)
10
11  val cvModel: CountVectorizerModel = new CountVectorizer()
12    .setInputCol("words")
13    .setOutputCol("features")
14    .setVocabSize(3)
15    .setMinDF(1)
16    .fit(tokensData)
17
18  cvModel.transform(tokensData).select("words","features").show(false)
```

图 6-9　计算 CountVectorizer 的代码

计算 CountVectorizer 的代码的输出如图 6-10 所示。

```
+--------------------------------------------------------------------------+----------------------+
|words                                                                     |features              |
+--------------------------------------------------------------------------+----------------------+
|[extraction, of, the, feature, using, countvectorizer, extraction, method]|(3,[0,1,2],[2.0,1.0,1.0])|
+--------------------------------------------------------------------------+----------------------+
```

图 6-10　计算 CountVectorizer 的代码的输出

从图 6-10 中可以看到，第一个单词数组是从文档中提取的特征，与 TF-IDF 类似，但第二个特征数组是 `Array[SparseVector]`，表示从最高到最低排序的索引和单词频率。同样，这里的 3 是词汇表大小，这意味着 CountVectorizer 选择并返回文档中的不同单词的个数，上例中是 3。我们可以在 Spark 中自定义它。

6.3.4　Word2Vec

在典型的文本特征提取中，我们可根据给定的唯一标签创建数值向量。然而，这些带唯一标签的稀疏向量并不能表示每个单词出现的上下文信息。换句话说，它没有明确给定单词与语料库中其他单词之间的关系。这意味着无监督学习算法无法得到充分利用。这些算法不能利用单词的关系或上下文信息。因此，一种新的特征提取算法被提出，该算法保留了单词之间的上下文信息。这类新的算法称为单词嵌入（Word-Embedding）特征提取算法。这些算法将稀疏向量表示为连续**向量空间模型**（Vector Space Model，VSM）。

在 VSM 中，相似的单词被映射到附近的点，这样它们就形成了一组相似的单词。Word2Vec 是一种基于单词嵌入算法的预测方法，它有两种实现方法：**持续词袋**（Continuous Bag of Words，**CBOW**）模型和 **Skip-Gram** 模型。

1. CBOW 模型

大多数预测模型都是基于历史出现过的单词或上下文。根据历史情况，预测下一个单词会是什么。CBOW 模型与此相反，它使用单词前后的 n 个词来做出预测，利用一组词汇包的连续表示来预测结果。然而，词序在这里并不重要。CBOW 模型以窗口的形式获取上下文并预测单词。

图 6-11 展示了 CBOW 模型是如何工作的。

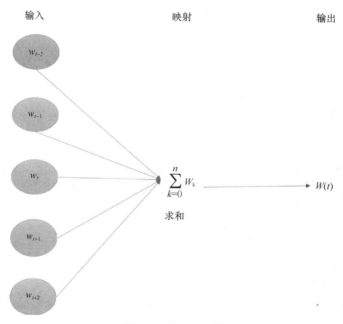

图 6-11　CBOW 模型

根据图 6-11，CBOW 模型可以用公式表示为：

$$J_\varnothing = \frac{1}{T}\sum_{t=1}^{T}\log_p(W_t \mid W_{t-n}, \cdots, W_{t-1}, \cdots W_{t+1}, \cdots, W_{t+n})$$

这个公式基于目标单词周围 n 个单词的窗口。t 表示时间步长。单词窗口跨越前一个单词和下一个单词。

2. Skip-Gram 模型

Skip-Gram 模型的工作原理与 CBOW 模型相反。它根据当前单词预测上下文。换句话说，它使用一个中心点预测出现在主要单词之前和之后的单词。图 6-12 展示了 Skip-Gram 模型。

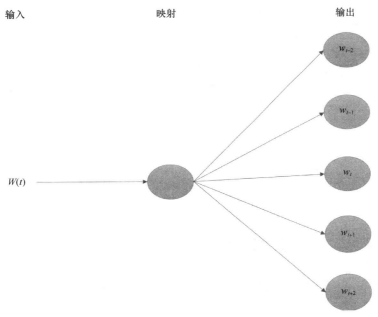

图 6-12　Skip-Gram 模型

根据图 6-12，Skip-Gram 模型可以用公式表示为：

$$J_\varnothing = \frac{1}{T} \sum_{t=1}^{T} \sum_{-n \leqslant j \leqslant n} \log_p(W_{t+j} \mid W_t)$$

Skip-Gram 模型计算并总结目标单词前后 n 个单词的对数概率 W_t。

图 6-13 展示的是使用 Spark 中的 Skip-Gram 模型计算 Word2Vec 的代码。Word2Vec Skip-Gram Spark 代码的输出如图 6-14 所示。

```
1   import org.apache.spark.ml.feature.{Word2Vec,Tokenizer}
2   import org.apache.spark.ml.linalg.Vector
3   import org.apache.spark.sql.Row
4
5   val exampleData = spark.createDataFrame(Seq(
6     (0.0, "extraction of the feature using word2Vec extraction method")
7   )).toDF("label", "sentence")
8
9   val tokenizer = new Tokenizer().setInputCol("sentence").setOutputCol("words")
10  val tokensData = tokenizer.transform(exampleData)
11
12  val word2Vec = new Word2Vec()
13    .setInputCol("words")
14    .setOutputCol("features")
15    .setVectorSize(3)
16    .setMinCount(0)
17  val model = word2Vec.fit(tokensData)
18  val result = model.transform(tokensData)
19  result.select("words","features").show(false)
```

图 6-13　使用 Spark 中的 Skip-Gram 模型计算 Word2Vec 的代码

```
+------------------------------------------------------------+------------------------------------------------------------------+
|words                                                       |features                                                          |
+------------------------------------------------------------+------------------------------------------------------------------+
|[extraction, of, the, feature, using, word2vec, extraction, method]|[-0.036735267378389835,-0.017351628514006734,0.014259896153816953]|
+------------------------------------------------------------+------------------------------------------------------------------+
```

图 6-14　输出结果

6.4　应用自然语言处理技术

　　一般来说，对于任何类型的自然语言处理问题，首先应用文本预处理和特征提取技术。一旦降低了文本中的噪声并从文本中提取到特性，就可以执行各种机器学习算法来解决不同的自然语言处理问题。本节将讨论一个称为**文本分类**的问题。

文本分类

　　文本分类是自然语言处理最常见的用例之一。文本分类可用于电子邮件垃圾邮件检测、识别零售产品层次结构和情感分析。这个过程通常是一个分类问题，它试图从大量自然语言数据中识别特定的主题。每个数据组中可能会讨论多个主题，因此将文章或文本信息分类非常重要。文本分类技术能做到这一点。

　　如果数据量很大，那么这些技术需要很强的计算能力，建议使用分布式计算框架进行文本分类。例如，如果想对存在于互联网知识仓库中的法律文档进行分类，则可以使用文本分类技术对各种类型的文档进行逻辑分离。图 6-15 展示了一个典型的文本分类过程，这一过程分两个阶段完成。

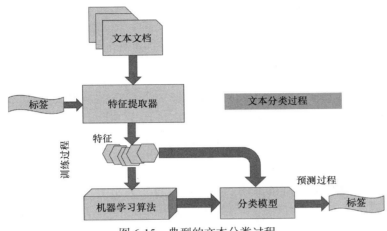

图 6-15 典型的文本分类过程

现在看看如何使用 Spark 执行文本分类。现将代码分为 4 个部分：文本预处理、特征提取、模型训练/验证和预测。其中会使用朴素贝叶斯算法进行模型训练和预测。在深入研究代码之前，先看看朴素贝叶斯算法是如何工作的。此外，本节还将介绍另一种用于文本分类的算法——随机森林。

1. 朴素贝叶斯算法

朴素贝叶斯分类器是一种非常强大的分类算法。朴素贝叶斯算法很适用于自然语言处理文本分析的场景。正如其名，"朴素"表示独立或没有关系，朴素贝叶斯算法假设特征之间没有关联。顾名思义，它适用于贝叶斯定理。

贝叶斯定理是什么？贝叶斯定理根据已发生的事件计算未发生事件的概率。这种类型的概率也称为**条件概率**。这种概率是基于上下文的，上下文由已经发生的事件决定。

下面是贝叶斯定理的数学表达式：

$$P(A \mid B) = \frac{P(B \mid A)P(A)}{P(B)}$$

对于任意给定的两个事件 A 和 B，贝叶斯定理计算 $P(A|B)$（事件 B 发生时发生事件 A 的概率）和 $P(B|A)$（事件 A 发生时发生事件 B 的概率）。

朴素贝叶斯算法试图将数据点分类。它计算属于一个类的每个数据点的概率，然后对每个概率进行比较，得到最高的概率，并确定第二高的概率。

最高概率类被认为是主级，第二高的概率被认为是次级。当有多个类时（例如，假设将水果分类为苹果、香蕉、橘子或芒果，那么就有两个以上的类用来区分水果），它被称为多项式朴素贝叶斯。如果只有两类，例如，垃圾邮件或者非垃圾邮件，它就是二项式朴素贝叶斯。下面的例子会使朴素贝叶斯算法更清晰。

病理学实验室正在对一种疾病 D 进行检测，结果有阳性和阴性两种。假设检测结果 99% 是准确的：如果某人患有这种疾病，99% 的检测结果都是阳性；如果没有患这种疾病，99% 的检测结果都是阴性。如果 3% 的人患有这种疾病，检测结果是阳性，那么患这种疾病的概率是多少？

现在我们使用条件概率解决上述问题。下面的数学计算展示了朴素贝叶斯条件概率在数学上的应用。

```
人们患疾病 D 的概率：P(D) = 0.03 = 3%
检测结果为"阳性"且人们患病的概率：P(Pos | D) = 0.99 = 99%
人们没有患病的概率：P(~D) = 0.97 = 97%
检测结果为"阳性"且人们未患此病的概率：P(Pos | ~D) = 0.01 = 1%
为了计算上面的数据来计算人们实际患病的概率，例如，计算 P( D | Pos)，我们将用贝叶斯定理：
P( D | Pos) = (P(Pos | D) * P(D)) / P(Pos)
有了所有值，但还需要计算 P(Pos):
P(Pos) = P(D, pos) + P( ~D, pos)
       = P(pos|D)*P(D) + P(pos|~D)*P(~D)
       = 0.99 * 0.03 + 0.01 * 0.97
       = 0.0297 + 0.0097
       = 0.0394
计算结果：
P( D | Pos) = (P(Pos | D) * P(D)) / P(Pos)
            = (0.99 * 0.03) / 0.0394
            = 0.753807107
```

上面的例子表明，大约有 75% 的患者患有这种疾病。

2．随机森林算法

随机森林属于监督学习算法范畴的一类算法。它基于由树构成的森林，在某些场景中类似于决策树。随机森林算法可用于分类和回归问题。决策树给出了用于构建模型的一组规则，这些规则可以用于预测测试数据集。在决策树中，首先使用信息增益计算根节点。例如，预测某人是否会接受这份工作，需要将这个人已经接受的训练数据集提供给决策树。基于此，决策树将提出一组后续会用到的规则。比如一个规则可以是，如果提供的薪资大于 5 万，那么这个人就会接受这份工作。决策树算法是一种非常灵活的算法，但有可能会导致过拟合。我们可以通过剪枝避免决策树中的模型过拟合。下面是随机森林算法的伪代码。

1. 从 m 个特征中随机选择 k 个特征。$k << m$。
2. 在 k 个特征中，使用最佳分割点计算节点 d。
3. 使用最佳分割将节点分割为子节点。
4. 重复步骤 1 到步骤 3，直到到达 l 个节点。
5. 通过重复 n 次步骤 1 到步骤 4 创建 n 棵树来构建森林。

一旦使用前面的步骤训练了模型，为了进行预测，需要通过森林中不同树创建的所有规则。通过例子来理解，假设你想买一部手机，于是询问朋友哪一款手机最适合你。在这种情况下，你的朋友可能会随便问你一些关于你喜欢的功能，然后推荐一款合适的手机。这里的每个朋友都是一棵树，所有朋友的组合形成了森林。

一旦从朋友那里收到建议（在随机森林算法中的术语叫作树），你就会计算哪种类型的手机拥有最多的选票，且可能会购买这款手机。类似地，在随机森林中，每棵树都会预测一个不同的目标变量，最终将对结果求和。计数最高的值（由最大数量的树预测）是最终目标变量。

3. 朴素贝叶斯文本分类代码示例

下面的代码展示了如何使用朴素贝叶斯算法完成文本分类：

```
import org.apache.spark.ml.{Pipeline, PipelineModel}
import org.apache.spark.ml.classification.{NaiveBayes, NaiveBayesModel}
import org.apache.spark.ml.feature.{StringIndexer, StopWordsRemover,
HashingTF, Tokenizer, IDF, NGram}
import org.apache.spark.ml.linalg.Vector
import org.apache.spark.sql.Row

// 样本数据
val exampleDF = spark.createDataFrame(Seq(
(1,"Samsung 80 cm 32 inches FH4003 HD Ready LED TV"),
(2,"Polaroid LEDP040A Full HD 99 cm LED TV Black"),
(3,"Samsung UA24K4100ARLXL 59 cm 24 inches HD Ready LED TV Black")
)).toDF("id","description")

exampleDF.show(false)
```

```
// 给数据集添加标签
val indexer = new StringIndexer()
.setInputCol("description")
.setOutputCol("label")

val tokenizer = new Tokenizer()
.setInputCol("description")
.setOutputCol("words")

val remover = new StopWordsRemover()
.setCaseSensitive(false)
.setInputCol(tokenizer.getOutputCol)
.setOutputCol("filtered")

val bigram = new
NGram().setN(2).setInputCol(remover.getOutputCol).setOutputCol("ngrams")

val hashingTF = new HashingTF()
.setNumFeatures(1000)
.setInputCol(bigram.getOutputCol)
.setOutputCol("features")

val idf = new IDF().setInputCol(hashingTF.getOutputCol).setOutputCol("IDF")

val nb = new NaiveBayes().setModelType("multinomial")
val pipeline = new
Pipeline().setStages(Array(indexer,tokenizer,remover,bigram,
hashingTF,idf,nb))
val nbmodel = pipeline.fit(exampleDF)
nbmodel.write.overwrite().save("/tmp/spark-logistic-regression-model")

val evaluationDF = spark.createDataFrame(Seq(
(1,"Samsung 80 cm 32 inches FH4003 HD Ready LED TV")
)).toDF("id","description")

val results = nbmodel.transform(evaluationDF)
results.show(false)
```

图 6-16 展示了输出结果。

```
+----+-----------------------------------------+-----+-----------------------------------------+
|id |description                              |label|words                          |features          |filtered
     |ngrams                    |IDF
     |                                         |                                                      |
+----+-----------------------------------------+-----+-----------------------------------------+

|1  |Samsung 80 cm 32 inches FH4003 HD Ready LED TV|1.0  |[samsung, 80, cm, 32, inches, fh4003, hd, ready, led, tv]|[samsung, 80, cm, 32, inches, fh4003, hd, ready, le
d, tv]|[samsung, 80, cm, cm 32, 32 inches, inches fh4003, fh4003 hd, hd ready, ready led, led tv]|(1000,[166,245,358,376,448,570,757,816,893],[1.0,1.0,1.0,1.0,1.0,1.
0,1.0,1.0,1.0])|(1000,[166,245,358,376,448,570,757,816,893],[0.0,0.28768207245178085,0.6931471805599453,0.6931471805599453,0.6931471805599453,0.2876
8207245178085,0.6931471805599453,0.6931471805599453])|
+----+-----------------------------------------+-----+-----------------------------------------+
```

图 6-16　输出结果

6.5　实现情感分析

在下面的代码段中，我们基于本章讨论的自然语言处理理论实现了情感分析。它在
Tweeter JSON 记录上使用 Spark 库来训练模型，以识别愉快或不愉快等情感。它在
Twitter 消息中寻找像 happy 这样的关键字，然后用值 1 标记它，表示该消息代表一种
愉快的情感。其他消息被标记为 0，表示不愉快的情感。最后将 TF-IDF 算法应用于模
型的训练。

```
import org.apache.spark.ml.feature.{HashingTF, RegexTokenizer,
StopWordsRemover, IDF}
import org.apache.spark.sql.functions._
import org.apache.spark.ml.classification.LogisticRegression
import org.apache.spark.ml.Pipeline
import org.apache.spark.ml.classification.MultilayerPerceptronClassifier
import org.apache.spark.ml.evaluation.MulticlassClassificationEvaluator
import scala.util.{Success, Try}
import sqlContext.implicits._

val sqlContext = new org.apache.spark.sql.SQLContext(sc)

var tweetDF = sqlContext.read.json("hdfs:///tmp/sa/*")
tweetDF.show()

var messages = tweetDF.select("msg")
println("Total messages: " + messages.count())

var happyMessages =
messages.filter(messages("msg").contains("happy")).withColumn("label",lit("
1"))
val countHappy = happyMessages.count()
```

```
println("Number of happy messages: " + countHappy)

var unhappyMessages = messages.filter(messages("msg").contains("
sad")).withColumn("label",lit("0"))
val countUnhappy = unhappyMessages.count()
println("Unhappy Messages: " + countUnhappy)

var allTweets = happyMessages.unionAll(unhappyMessages)
val messagesRDD = allTweets.rdd

val goodBadRecords = messagesRDD.map(
  row =>{
      val msg = row(0).toString.toLowerCase()
      var isHappy:Int = 0
      if(msg.contains(" sad")){
        isHappy = 0
      }else if(msg.contains("happy")){
        isHappy = 1
      }
      var msgSanitized = msg.replaceAll("happy", "")
      msgSanitized = msgSanitized.replaceAll("sad","")
      // 返回元组
      (isHappy, msgSanitized.split(" ").toSeq)
  }
)

val tweets = spark.createDataFrame(goodBadRecords).toDF("label","message")

// 将数据分为训练集和验证集(30% 用于验证)
val splits = tweets.randomSplit(Array(0.7, 0.3))
val (trainingData, validationData) = (splits(0), splits(1))

val tokenizer = new
RegexTokenizer().setGaps(false).setPattern("\\p{L}+").setInputCol("msg").se
tOutputCol("words")

val hashingTF = new
HashingTF().setNumFeatures(1000).setInputCol("message").setOutputCol("featu
res")

val idf = new IDF().setInputCol(hashingTF.getOutputCol).setOutputCol("IDF")

val layers = Array[Int](1000, 5, 4, 3)
val trainer = new MultilayerPerceptronClassifier().setLayers(layers)
```

```
val pipeline = new Pipeline().setStages(Array(hashingTF,idf,trainer))
val model = pipeline.fit(trainingData)

val result = model.transform(validationData)
val predictionAndLabels = result.select("message","label","prediction")
predictionAndLabels.where("label==0").show(5,false)
predictionAndLabels.where("label==1").show(5,false)
```

实现情感分析后的结果如图 6-17 所示。

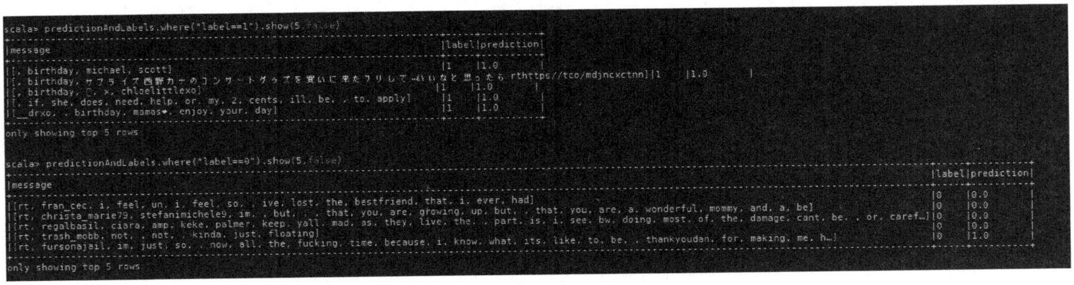

图 6-17 实现情感分析后的结果

上面的实现是自然语言处理情感分析的基本形式，可作为理解情感分析的一个简单示例。我们可以在这个示例上应用更高级的技术，使其更适合企业级应用程序。

6.6 常见问答

问：自然语言处理有什么常见用例？

答： 自然语言处理是机器学习算法的一个分支，它处理文本数据以产生有意义的见解。一些常见的自然语言处理用例是回答用户提出的问题、情感分析、外语翻译、搜索引擎和文档分类。这里需要理解的关键点是，如果想对文本、句子、单词格式表示的数据执行机器学习，自然语言处理是正确的选择。

问：特征提取与自然语言处理有什么关系？

答： 机器学习算法处理数学形式。任何其他形式，如文本，需要转换成数学形式才能应用机器学习算法。特征提取是将文本或图像等形式转换为矢量等数值特征。这些数字特征作为机器学习算法的输入。使用 TF-IDF 和 Word2Vec 等技术将文本转换为数字特征。简而言之，特征提取是对文本数据完成自然语言处理的一个强制性步骤。

6.7　小结

本章介绍了智能机器进化过程中最重要的技术之一，即理解和解释人类语言。这里用样例代码和示例介绍了自然语言处理中的一些通用概念。随着越来越多的数据被用于训练，自然语言处理技术和我们对文本的理解将变得越来越好。

结合自然语言处理本体论的世界观，智能机器可以从互联网规模的基于文本的资产中获得见解，并进化为一个无所不知的系统，这能够补充人类理解大量知识的能力，并将其用于最适用的场景。

第 7 章将研究模糊系统以及那些与自然语言处理技术相结合的系统如何使我们更容易创建那些非常接近人类能力的系统，这些系统能够从模糊的输入中获得见解，而不是像计算机那样需要精确的输入。

第 7 章
模糊系统

第 6 章对构建一个自然语言处理系统所需的理论与技术进行了概述。可以肯定的是，对能够通过自然语言与人类交流的机器的需求将会越来越大。为了能够对自然语言输入做出最合理与最可靠的解释和反应，系统需要有很大程度的模糊性。与用计算机构建的传统处理逻辑相比，人脑可以很容易地对输入做近似处理。例如，我们看到一个人，不用明确知道就可以大致推断这个人的年龄。比如，如果我们看到一个两岁的婴儿，从外表就可以推断出这个婴儿并不老，而且很年轻。人们可以很容易地处理输入中含糊不清的内容。在这种情况下，我们不需要知道婴儿的确切年龄就可以对其进行基本的判断。

这种程度的模糊性对构建智能机器是必不可少的。在真实的场景中，尽管模型（例如深度神经网络）需要准确的输入，但系统也不能完全依赖于精确的数值和定量的输入。上下文信息的不完整、特征的随机性和数据的缺失使得真实场景的许多特性被放大，不确定性更加常见。人类的推理能力足以处理现实世界中的这些特性。对于能够补充人类能力的智能机器来说，拥有同样程度的模糊处理能力至关重要。

本章将介绍模糊逻辑理论的基本原理，以及如何用它来构建以下内容：基于自适应网络的模糊推理系统、模糊 C 均值聚类以及模糊神经分类器。

本章将讨论以下主题：模糊逻辑基础、ANFIS 网络、模糊 C 均值聚类以及模糊神经分类器。

7.1 模糊逻辑基础

先让我们快速了解一下，即使在人的表述中存在一定模糊性的情况下，人类的互动行为是如何无缝衔接的。像"John is tall"这样的说法并不能说明 John 的确切身高（以英寸[1]或厘米为单位）。然而，相互交流的两个人可以从对话的语境中进行理解和推断。现在来看一段对话示例，这段对话发生在一所学校的两位老师之间，事关一个二年级的学生 John。在这个语境中，"John is tall"这个描述表示人的身高，人们非常善于从这个模糊的信息中理解和推断语境的含义。模糊逻辑的基本概念源于这样一个事实，即随着环境上下文的复杂性增加，人们做出精确陈述的能力会减弱。尽管如此，人脑仍然能够做出精确的推断。模糊逻辑表示一定程度的真实，而不是绝对的（有时是数学上的）真实。我们可以用一个简单的图（见图 7-1）来表示传统逻辑和模糊逻辑之间的区别。

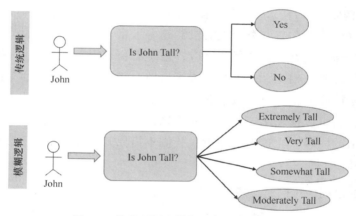

图 7-1 传统逻辑和模糊逻辑之间的区别

传统的计算框架更适合传统逻辑，而我们要构建的智能系统需要适应基于上下文的模糊输入。计算框架需要从绝对真实（Yes/No）过渡到部分真实，如 Extremely Tall（极其高）、Very Tall（非常高）等。这与人类的推理范式非常相似，因为在人类的推理范式中，真实是片面的，而虚假是一定程度上有所衰减的真实。

7.1.1 模糊集和隶属函数

在本例中，针对一个人身高问题的所有可能答案组成一个集合。由于集合中每个值都有足够的不确定性，该集合称为**模糊集**。在这种情况下，模糊集为{ Extremely Tall, Very

---

[1] 1 英寸（in）=25.4 毫米（mm）。——编辑注

Tall, Somewhat Tall, Moderately Tall}。集合中的每个成员都有一个数学值，该值表示隶属度。在示例中，集合和隶属度可以表示为{Extremely Tall:1.0, Very Tall:0.8, Somewhat Tall:0.6, Moderately Tall:0.2}。输入可以绘制在一条线上，该线表示模糊集中的值以及隶属度，如图 7-2 所示。

下面定义一些关于模糊集的标准术语。模糊集通常用字符"A"标记，它表示数据空间参数 X（在本例中是高度的度量）。模糊集 A 用隶属函数 $\mu_A(X)$ 定义，将 A 中每个值与 0～1 的一个实数对应，表示 A 中成员的隶属等级。

隶属空间也称为**论域**（Universe of Discourse），它是指集合 A 中所有可能的值。在这个值空间下，隶属函数只需满足一个条件：模糊集中所有成员的隶属度应该为 0～1。在此约束下，隶属函数可以采用任何形式（三角函数、sigmoid 函数、阶跃函数、高斯函数等），具体取决于数据集和上下文限制。图 7-3 展示的是一个数据集的隶属函数，它表示一个人的身高。

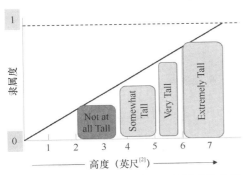

图 7-2　表示模糊集中的值以及隶属度的曲线

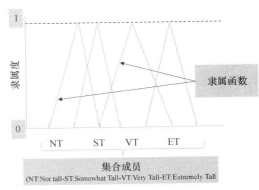

图 7-3　一个数据集的隶属函数

语义变量（NT/ST/VT/ET）可以与数值变量（以英寸为单位的实际身高）以近似或模糊的方式联系起来。

7.1.2　明确集的属性和符号

明确集（Crisp Set）是一组实体，它们可以被清晰地区分，如一组生物和非生物。在这种情况下，集合对于元素只能完全包含或完全排除。有多种方式来定

---

[2] 1 英尺（ft）=304.8 毫米（mm）——编辑注

义明确集。

（1）一组大于 0 和小于 10 的偶数：

$$A = \{2, 4, 6, 8\}$$

（2）属于另一个集合 P 和 Q 的元素集合：

$$A = \{x|x\in P \text{ 且 } x\in Q\}$$

（3）若 $x\in A$，则 $\mu A(x) = 1$；若 $x\notin A$，则 $\mu_{A(x)} = 0$。

（4）$\varPhi$：表示为空或空集。

（5）幂集 $P(A) = \{x|x\in A\}$：这是一个包含集合 A 所有可能子集的集合。

（6）对于包含 x 内超集元素的明确集 A 和 B：

$$x\subset A \Rightarrow x \text{ 属于 } A$$

$$x\notin A \Rightarrow x \text{ 不属于 } A$$

$$x\subset X \Rightarrow x \text{ 属于整个空间 } X$$

（7）考虑在空间 X 的明确集 A 和 B：

$$A\subset B \Rightarrow A \text{ 完全是 } B \text{ 的一部分（如果 } x\in A\text{，那么 } x\in B\text{）——隐式推断}$$

$$A\subseteq B \Rightarrow A \text{ 被包含或与 } B \text{ 相等}$$

$$A=B \Rightarrow A\subset B \text{ 或 } B\subset A$$

1．在明确集上的运算

与数值类似，我们可以在明确集上执行某些运算。

（1）**求并集（Union）**：$A\cup B = [x|x\in A\text{，或 } x\in B]$。

（2）**求交集（Intersection）**：$A\cap B = [x|x\in A\text{，且 } x\in B]$。

（3）**求补集（Complement）**：$\overline{A} = \{x\,|\,x\notin A, x\in X\}$。

（4）**求差集（Difference）**：$A-B = A|B = \{x|x\notin A\text{，且 } x\notin B\} \Rightarrow A-(A\cap B)$。

用图 7-4 所示的方式表示这些运算。

2．明确集的性质

明确集展示出如下性质。

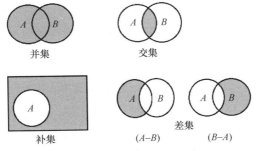

图 7-4　在明确集上的运算

（1）**交换律**。

$$A \cup B = B \cup A$$

$$A \cap B = B \cap A$$

（2）**结合律**。

$$A \cup (B \cup C) = (A \cup B) \cup C$$

$$A \cap (B \cap C) = (A \cap B) \cap C$$

（3）**分配律**。

$$A \cup (B \cap C) = (A \cup B) \cap (A \cup C)$$

$$A \cap (A \cup C) = (A \cap B) \cup (A \cap C)$$

（4）**幂等性**。

$$A \cup A = A$$

$$A \cap A = A$$

（5）**传递性**。

$$A \subseteq B \subseteq C \Rightarrow A \subseteq C$$

7.1.3　模糊化

数字计算机的设计和编程主要是为了处理明确集。这意味着它们能够运用基于经典集合的逻辑运算和计算推理。然而为了构建智能机器，需要一个叫作**模糊化**（Fuzzification）的过程。在此过程中，数字输入被转换成模糊集。

　　模糊集的隶属度表示集合在一定程度上的确定性。模糊化是元素从精确的符号表示逐渐过渡到模糊表示的过程，将测量到的数值转化为模糊值。考虑一组接近整数值 5 的数字：

$$A_{classic} = \{3,4,5,6,7\}$$

$$A_{fuzzy} = \{0.6/2, 0.8/3, 1.0/4, 1.0/5, 1.0/6, 0.8/7, 0.6/8\}$$

　　模糊化是定义集合成员隶属度的过程。在经典集中，隶属度是 1 或 0。而在模糊集中，隶属度为 0～1。图 7-5 表示一个数据集，它用来表明**成绩差的程度**（Poorness of Grade）。设学生考试成绩为 0～100，0 是最小值，因此是最差成绩；100 是最大值，因此成绩完全不差。

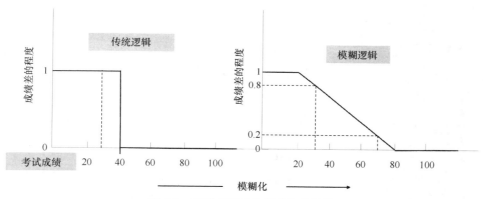

图 7-5　表明成绩差的程度的数据集

　　如果一个学生在考试中得了 30 分，按照传统逻辑，这表示他的成绩很差。因为"成绩差的程度"是一个阶跃函数，它将 40 分以下的所有成绩视为差，40 分以上的所有成绩视为不差。在模糊逻辑情况下，如果一个学生得了 30 分，他成绩差的程度是 0.8；如果一个学生得了 70 分，他成绩差的程度是 0.2。模糊集不需要彼此独立，它们可以求交集、求并集、求补集、求差集，如图 7-6 所示。

　　模糊函数根据其所处上下文的不同，可以采用任何复杂的形式。基于某个上下文，模糊集中各元素的隶属度可以通过多种方式求得。

　　（1）作为相似性的隶属（Membership as Similarity）。

　　（2）作为概率的隶属（Membership as Probability）。

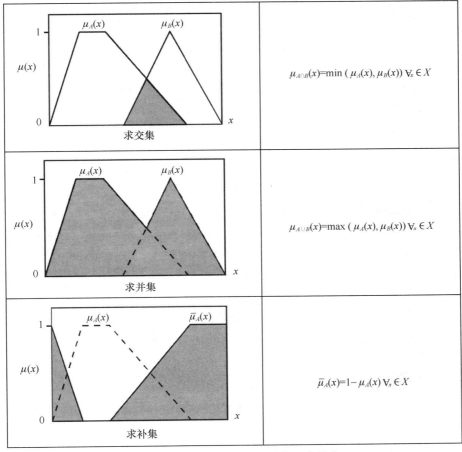

图 7-6 模糊集求交集、求并集和求补集

（3）作为强度的隶属（Membership as Intensity）。

（4）作为近似度的隶属（Membership as Approximation）。

（5）作为兼容性的隶属（Membership as Compatibility）。

（6）作为可能性的隶属（Membership as Possibility）。

隶属函数可以用两种方式生成。

（1）**主动**：直觉/专业/知识。

（2）**自动**：聚类/神经网络/遗传算法。

7.1.4　去模糊化

去模糊化（Defuzzification）是将操作结果转换为可量化值的过程。由于计算机只能理解明确集，去模糊化也可以看作是将基于某个上下文的模糊集的值转换为精确输出的过程。去模糊化通过一个函数将模糊值转换为真实值。去模糊化的值表示智能机器所要执行的运算。有多种去模糊化技术可用。对于一个给定的问题，去模糊化技术的选择依赖其所处的上下文。

去模糊化方法有下面几种。

（1）求和中心法（Center of Sum Method）。

（2）**重心法/面心法**（Center of Gravity（COG）/Centroid of Area（COA）Method）。

（3）**中心法/平分线法**（Center of Area/Bisector of Area（BOA）Method）。

（4）**加权平均法**（Weighted Average Method）。

（5）**最大值法**（Maxima Method）：

- **第一最大值法**（First of Maxima（FOM）Method）；
- **最终最大值法**（Last of Maxima（LOM）Method）；
- **平均最大值法**（Mean of Maxima（MOM）Method）。

7.1.5　模糊推理

模糊推理（Fuzzy Inference）是智能机器将所有事物组合在一起，并以此做出行动的实际过程。该过程的描述如图 7-7 所示。

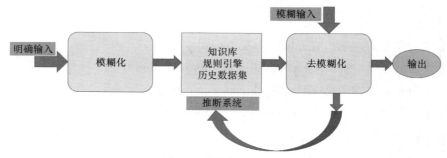

图 7-7　模糊推理的过程

在传统系统中，输入端接收的是明确集。采用隶属函数对明确的输入进行模糊化处理，并采用求并集、求补集、求差集的技术对输入的模糊集进行聚合操作。在获得聚合的模糊集的隶属函数之后，同时在将输入集去模糊化为可操作的输出值之前，我们可以基于知识库、规则引擎和历史数据集对数据进行处理。

现代智能系统需要直接处理模糊输入，模糊化过程是环境上下文的一部分。机器需要理解自然语言输入，并为终端用户创造无缝体验。模糊化单元需要支持各种模糊化方法的应用，以将明确的输入转化为模糊集。

7.2 ANFIS 网络

前几章介绍了 ANN 的理论和实际应用。如果将 ANN 的基本理论与模糊逻辑相结合，就可以得到一个模糊神经系统。它有一个非常有效和强大的机制，可以用来模拟真实世界到智能机器的输入，并基于机器的自适应决策产生输出。这使得该计算框架非常接近人脑解释信息的方式，并能够在瞬间执行决策。在对数据、信息和知识的解释方面，模糊逻辑本身具有在人类和机器之间相互渗透的能力。然而，对于"把人类思维过程转换为基于规则的、自学习的**模糊推理系统**（Fuzzy Inference System，FIS）"的过程，模糊逻辑无法对其进行翻译和建模。

利用 ANN 可以根据环境上下文自动调整隶属函数，交互式地对网络进行训练以降低误差率。这就形成了**模糊人工神经推理系统**（Artificial Neuro-Fuzzy Inference System，ANFIS）的基础。ANFIS 是一类自适应网络，相当于使用混合学习算法的模糊推理系统。

7.2.1 自适应网络

这是一种通常使用监督学习算法的多层前馈神经网络。该神经网络包含大量互连的不带任何权重的自适应节点。网络中的每个节点都有不同的功能和任务。学习规则会调节节点中的参数，以减少输出层的误差。

该神经网络通常采用反向传播或梯度下降的方法进行训练。由于收敛速度较慢，还可以采用混合方法加快收敛速度，避免局部最小值。

7.2.2 ANFIS 架构和混合学习算法

ANFIS 架构的核心是使用监督学习算法的自适应网络。下面通过一个简单的例子来理解这一点。假设有两个输入 x 和 y，以及一个输出 z。可以使用 if-then 方法中两个简单的规则。

（1）**规则 1**。如果 x 为 A_1，y 为 B_1，则 $z_1 = p_1x + q_1x + r_1$。

（2）**规则 2**。如果 x 为 A_2，y 为 B_2，则 $z_2 = p_2y + q_2y + r_2$。

> A_1、A_2、B_1、B_2 是对于每个输入 x 和 y 的隶属函数。p_1、q_1、r_1 和 p_2、q_2、r_2 是模糊推理模型的线性参数。

我们用图 7-8 来加以说明。

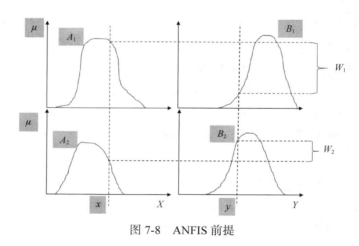

图 7-8　ANFIS 前提

本例中的 ANFIS 架构是一个 5 层神经网络。正如在前面关于 ANN 的章节中所看到的，第一层和第四层包含一个自适应节点，其他层包含固定节点。这种网络如图 7-9 所示。

（1）**第一层**。这一层由两个自适应节点组成，它们根据输入值（x 和 y）来确定函数的参数，每个节点的输出表示对应于输入值的隶属度（参考图 7-8）。正如前几节所示，我们可以采用任何形式的隶属函数（高斯函数、贝尔函数等）。这一层的参数称为前提参数：

$$z_1 = p_1x + q_1y + r_1$$

$$z_2 = p_2x + q_2y + r_2$$

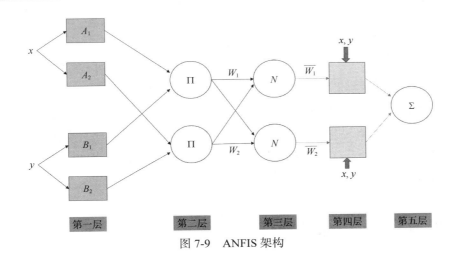

图 7-9 ANFIS 架构

（2）**第二层**。这一层中的节点是固定节点，本质上是非自适应的，类似于神经网络中的隐藏层节点。这些节点的输出是通过将来自自适应节点的信号相乘得到的，并将结果传递到下一层节点。这一层中的节点表示前一层中自适应节点继承的每个规则的激发强度。

（3）**第三层**。这一层中的节点也是固定节点。每个节点是第 n 条规则的激发强度与所有规则的激发强度之和的比值。最终结果为标准化的激发强度。

（4）**第四层**。这一层中的节点是自适应节点。在这一层中，前一层节点的标准化激发强度与规则函数（$p_1x + q_1x + r_1$ 和 $p_2y + q_2y + r_2$）的输出相乘。这一层的输出参数称为后续参数。

（5）**第五层**。这是输出层，有一个类似于 ANN 的固定输出节点。这个节点对上一层的信号执行求和操作。这是 ANFIS 网络的最终输出，代表了模糊系统的定量可操作结果。这个输出可以在控制循环中使用，并通过反向传播进行训练和优化，最终最小化误差。

有了这个网络架构，就可以应用混合学习算法来减少误差并优化输出。混合算法还保证了其自身能快速收敛，并避免了局部最小值问题。混合算法包含两个处理步骤，本质上是根据规则集调整第一个和第四个自适应层的参数。

在前向传递过程中，第一层的参数（前提参数）保持不变，第四层的参数（后续参数）根据**递归最小二乘估计**（Recursive Least Square Estimator，RLSE）方法进行调整。

注意，后续参数是线性的，可以在学习过程中加快收敛速度。一旦获得了后续参数值，数据将经过输入空间和聚合的隶属函数，然后生成输出，接着将输出与实际输出进行比较。

在执行反向传播算法时，保持第一步得到的后续参数不变，利用梯度下降或反向传播的学习方法对前提参数进行微调。然后使用更新后的前提参数生成输出，并与实际输出进行比较，以便进一步优化参数。采用 RLSE 与梯度下降相结合的混合算法，能加快模型收敛速度。

7.3　模糊 C 均值聚类

在第 3 章中，我们了解了 K 均值聚类算法。它是一种迭代的无监督学习算法，在第一步迭代中，根据数据集到随机质心的距离创建 k 个簇。在每次迭代中计算聚类中心以适应新的数据点分布。这个迭代过程会重复进行，直到聚类中心不再发生明显变化。通过 K 均值聚类算法可以得到包含数据点的多个离散簇。每个数据点要么属于一个簇，要么不属于一个簇。对于每一个簇，数据点只有这两种状态。然而，在真实场景中，数据点可能隶属多个簇，且拥有不同的隶属度。为聚类中的数据点创建模糊隶属而不是明确隶属的算法称为软聚类算法。C 均值聚类是最常用的软聚类算法之一，它本质上是迭代的，与 K 均值聚类算法非常相似。

下面考虑一个包含 N 个数据点的数据集 S，目标是用这 N 个数据点形成 C 个簇：

$$S = \{x_1, x_2, x_3, \cdots, x_N\}$$

我们将有 C 个聚类隶属函数（由 μ 指示）：

$$\mu_1 = [\mu_1(x_1), \mu_1(x_2), \mu_1(x_3), \cdots, \mu_1(x_n)]$$
$$\mu_2 = [\mu_2(x_1), \mu_2(x_2), \mu_2(x_3), \cdots, \mu_2(x_n)]$$
$$\cdots$$
$$\mu_c = [\mu_c(x_1), \mu_c(x_2), \mu_c(x_3), \cdots, \mu_c(x_n)]$$

对于隶属函数表示的每个簇，将有一个质心数据点，用 V_i 表示，对应于一个模糊簇 Cl_i（$i = 1, 2, 3, \cdots, C$）。根据这些背景信息和符号，C 均值聚类算法的优化目标定义为：

$$J_m = \sum_{i=1}^{c} \sum_{k=1}^{N_s} [\mu_i(k)]^m \mathrm{d}^2(x_k, V_i)$$

N_s 为输入向量的总个数，m 表示第 i 个聚类的模糊指数（值越大，模糊性越高）。模糊 C 均值聚类算法在一个迭代过程中通过选择 V_i 和 μ_i 来最小化 J_m（其中 $i = 1, 2, 3, \cdots, C$）。有了这些符号和算法目标，我们可以用图 7-10 表示模糊 C 均值聚类算法的流程。

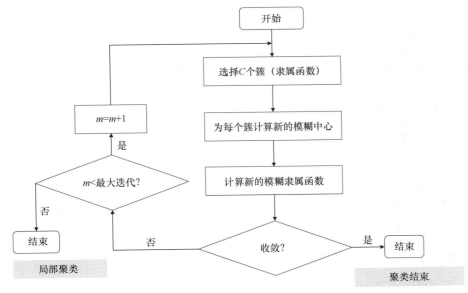

图 7-10　模糊 C 均值聚类算法的流程

流程图解释如下。

（1）初始化（选择类似下面这样的隶属函数）。

$$0 < \mu_i(x_k) < 1 \quad i = 1, 2, 3, \cdots, C$$

$$\sum_{i=1}^{C} \mu_i(x_k) = 1 \quad i = 1, 2, 3, \cdots, N_s$$

$$0 < \sum_{k=1}^{N_s} \mu_i(x_k) < N_s \quad i = 1, 2, 3, \cdots, C$$

（2）计算模糊中心，其中 $i = 1, 2, 3, \cdots, C$，$k = 1, 2, 3, \cdots, N_s$。

$$V_i = \frac{\sum_{k=1}^{N_s} [\mu_i(x_k)]^m x_k}{\sum_{k=1}^{N_s} [\mu_i(x_k)]^m}$$

（3）计算模糊隶属函数。

$$\mu_i(x_k) = \frac{\left(\dfrac{1}{\mathrm{d}^2(x_k, V_i)}\right)^{\frac{1}{(m-1)}}}{\sum_{j=1}^{C}\left(\dfrac{1}{\mathrm{d}^2(x_k, V_j)}\right)^{\frac{1}{(m-1)}}}$$

（4）检查收敛性。

♦　如果隶属函数在迭代过程中没有变化，迭代就会停止，算法就会收敛。

♦　一旦算法收敛，μ_i 就表示模糊簇。

♦　如果算法不收敛，并且迭代次数等于设置为参数的最大迭代次数，则没有找到最佳模糊聚类并退出循环。

该算法得到的数据点的隶属度值不是唯一的，因为它依赖于初始随机条件。该算法有收敛到局部最小值的可能。如果为隶属度值设置阈值，就有可能产生硬聚类（变成与 K 均值聚类算法相同）。例如，我们可以将阈值设置为 0.8。如果聚类隶属度值大于 0.8，则可以将其视为 1 的明确隶属度值，小于 0.8 则视为 0。

下面用 Spark 来实现该算法：

```
import org.apache.spark.mllib.linalg.Vectors
import scala.util.Random
import org.apache.spark.mllib.clustering._
import org.apache.spark.ml.clustering._
import org.apache.spark.mllib.clustering.KMeans
import org.apache.spark.mllib.clustering.FuzzyCMeans
import org.apache.spark.mllib.clustering.FuzzyCMeans._
import org.apache.spark.mllib.clustering.FuzzyCMeansModel

val points = Seq(
    Vectors.dense(0.0, 0.0),
    Vectors.dense(0.0, 0.1),
    Vectors.dense(0.1, 0.0),
    Vectors.dense(9.0, 0.0),
    Vectors.dense(9.0, 0.2),
    Vectors.dense(9.2, 0.0)
)
val rdd = sc.parallelize(points, 3).cache()
for (initMode <- Seq(KMeans.RANDOM, KMeans.K_MEANS_PARALLEL)) {

  (1 to 10).map(_ * 2) foreach { fuzzifier =>
```

```
    val model = FuzzyCMeans.train(rdd, k = 2, maxIterations = 10, runs
= 10, initMode, seed = 26031979L, m = fuzzifier)

    val fuzzyPredicts = model.fuzzyPredict(rdd).collect()
    rdd.collect() zip fuzzyPredicts foreach { fuzzyPredict =>
      println(s" Point ${fuzzyPredict._1}")
      fuzzyPredict._2 foreach{clusterAndProbability =&gt;
      println(s"Probability to belong to cluster
${clusterAndProbability._1} " +
          s"is ${"%.6f".format(clusterAndProbability._2)}")
      }
    }
  }
}
```

这段代码将输出图 7-11 所示的模糊聚类。

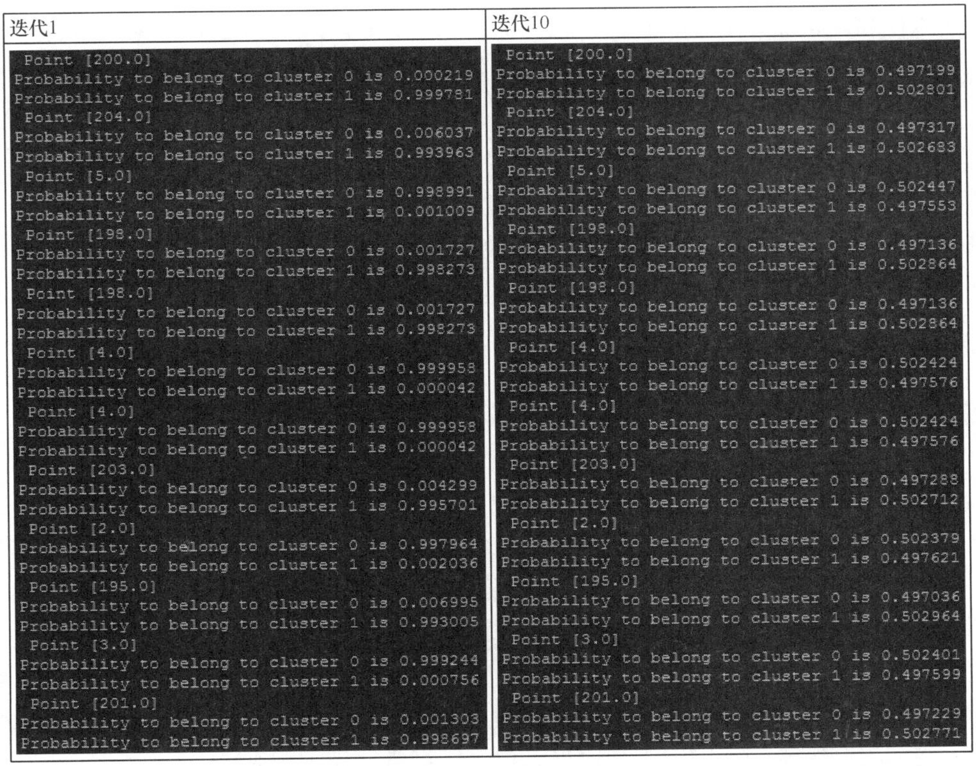

图 7-11　输出的模糊聚类

7.4　模糊神经分类器

前几章介绍了神经网络的基本理论，它类似于人脑的计算单元网络，这些计算单元是相互连接的。神经网络通过调整突触（连接）上的权重来进行训练。神经网络经过训练后可以用来解决分类问题，如图像识别。神经网络接受明确的输入并调整权重以产生输出（输出一个分类）。然而，正如本章所示，真实世界的输入具有一定程度的模糊性，在输出中也是如此。

在一个特定的聚类或分类问题中，输入和输出变量的隶属值被表示为一个模糊集而不是一个明确集。我们可以把这两种方法结合起来制定**模糊神经分类器**（neuro-fuzzy-classifier，NEFCLASS），它基于模糊输入并利用"优雅"的多层神经网络来解决分类问题。本节将介绍其背后的算法和思想。

总体而言，NEFCLASS 由输入层、规则层和输出层组成。因此，这些层中的神经元被称为输入神经元、规则神经元和输出神经元。图 7-12 展示了 NEFCLASS 网络的一般结构。

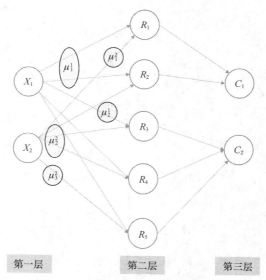

图 7-12　NEFCLASS 网络的一般结构

第一层处理输入数据。这个层中的激活函数通常是一个恒等函数。第二层中的神经元表示在前提和结论侧（即输入和输出）包含模糊集的模糊规则。

在数学中，恒等函数（也称为恒等关系、恒等映射或恒等变换）是一个总返回与其参数相同值的函数。在方程中，由函数 $f(x) = x$ 表示。

在结论侧，实践中一般采用三角隶属函数的模糊集和单隶属函数的模糊集。模糊规则的前提参数为第二层规则神经元的权重。最后，规则层的结论就是规则神经元与输出层的连接。当计算第二层规则神经元的激活输出时，使用图 7-13 所示的 T 范数（T-norm）作为最小化目标函数。

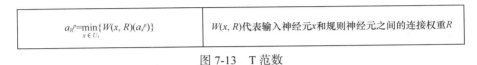

图 7-13 T 范数

规则神经元的权重由前面的公式给出，每个模糊输入值共享权重，并使用一个公用的模糊集。从规则神经元层（第二层）到分类层（第三层），只有一个连接。这表示的是规则和分类之间的连接。

最后一层是输出层，它根据激活规则计算给定类的激活值，并将其作为该层的输出值。此时使用如下最大化目标函数：

$$a_c^p = \max_{R \in U_2}\{aR^p\}$$

计算出输出神经元的激活值后，选择激活值最高的神经元作为最终分类。

7.5 常见问答

问：为什么需要模糊系统？

答：在构建智能机器的过程中，我们不能继续用清晰的、定量的或明确的输入为真实世界建模。我们需要模拟人脑的工作方式来为系统建模，因为人脑可以很容易地理解和处理输入，即使它们不是精确的，并包含一定程度的模糊性。我们需要模糊系统来解释真实世界的输入，并根据上下文生成指定的操作。模糊系统可以对输入进行模糊化和去模糊化，使计算机与现实事件间的联系更为紧密。

问：什么是明确集和模糊集？它们的区别是什么？

答：明确集对于成员有两种可能性，一个特定的元素、数据、事件要么是明确集的一个成员，要么不是。例如，周一到周日中的任意一天都是"一周中的某一天"这个明确集的成员。除了这 7 天，其他元素都不是该集合的成员。而对于模糊集的成员，它们在集合中有一个隶属度。自然语言的对话就是这样发生的。当我们说一个人很高的时候，并没有提到这个人的确切身高。此时，如果将身高作为隶属函数，具有一定身高的人则属于模糊集中的某一个程度。

问：模糊集支持所有明确集中的运算吗？

答：是的。模糊集支持所有明确集中的运算，如求并集、求交集、求补集、求差集。

7.6　小结

在本章中，我们了解了模糊逻辑的基本理论。当构建具有不断增长数据量的智能机器时，这些理论是非常必要的。这些数据来自结构化、非结构化和半结构化的离散源，机器需要像人类一样拥有与现实世界交互的能力。我们不需要明确的数学输入来做决定。同样，如果我们能够解释自然语言并将模糊技术应用于计算，就能够创造出真正裨益人类的智能机器。

模糊系统的数学理论已有几十年的历史。然而，随着大规模数据存储和处理框架的出现，特别是随着模糊逻辑和深度神经网络的融合，模糊系统的实现成为了可能。一个真正智能的、自学习的系统将很快成为现实。本章为构建模糊模型奠定了基础，它能使系统与人脑更加接近。

第 8 章将讨论遗传算法。在遗传算法中，人工智能系统从自然进化过程中获得灵感，此时蛮力算法在计算力上是不可行的。

第 8 章
遗传编程

　　大数据挖掘工具需要借助计算效率高的技术来提高其自身的效率。在数据挖掘中使用遗传算法（Genetic Algorithm，GA）可以创建健壮与高效的自适应系统。事实上，随着数据呈指数级增长，数据分析技术将花费更多的时间，并反过来影响系统吞吐量。而且，由于它们的静态特性，复杂的隐藏模式容易被忽略。本章将展示如何使用遗传算法高效地挖掘数据。为了实现这一目标，本章将探索一些遗传编程的基本原理和算法。我们将从自然（生物）遗传学的一些非常基本的原理开始介绍，并将该算法与常用计算机理论进行比较。

　　本章主要包括以下内容：遗传算法的结构、KEEL 框架、Encog 机器学习框架、Weka 框架以及用 Weka 以遗传算法实现属性搜索。

　　遗传算法从自然界得到了很多灵感，在研究自然对智能机器进化的影响时，下面这段引用是恰如其分的。

　　"大自然自有答案。我们的心智需与自然和谐一致，来找到所有困扰人类的问题的答案。"

—— Gurunath Patwardhan（Vishnudas）

　　通过保持一些永恒不变的基本原则，我们星球上的生命进化了数百万年。在各种生物、自然现象以及我们看得见、摸得着的一切事物的核心进化过程中，存在着一种在特定规律与框架内运作的普遍意识。如果不能理解这些普遍意识背后的意义，并尝试去模拟大自然一直使用的一些复杂算法，那么开发与人类智能相匹配的智能系统的这一愿景就难以实现。基因理论作为生物学的基本原理之一就是这样一种现象。这一理论的核心原理是，性状通过基因传递从父母传给后代。基因位于染色体内，由 DNA 组成。虽然研究生物进化的自然规律很有趣，但它们超出了本书的范围。本章将研究遗传进化的一般原理，以及如何利用这些原理模拟计算机算法，从而帮助我们合理地挖掘大量数据，并从智能机器中获得可操作的洞见。

定义遗传理论和维持自然进化的核心原则如下。

（1）**遗传**（Heredity）。这是一个后代从父母双方获得选定特征的过程。例如，对于长得高的父母，他们的后代很有可能也长得高。

（2）**变异**（Variation）。为了维持进化，繁殖后代必须有一定程度的特征变异。如果缺乏变异，就不会进化出新的组合与性状。

（3）**选择**（Selection:）。通过这种机制，表现出明显较好特征的群体被选择参与配对，并生育下一代群体。自然选择的标准是主观的，与环境有关，并且因物种而异。

（4）**繁殖**（Reproduction）。在这个过程中，通过交叉选择和配对，将来自父母的特征传递给下一代。简单地说，当相同的属性在双亲中的一个上处于休眠状态时，另一个特征就会被选择并显性传递给下一代。虽然自然选择特征的算法并不完全是随机的，但它还远未被彻底理解。这是大自然在每一代都创造更多变异的方式。

（5）**突变**（Mutation）。这是自然进化中一个可选但至关重要的步骤。在某些极小概率的情况下，大自然会对染色体结构进行修改（有时是由于某些外部刺激，大多数时候没有已知或明显的触发因素），从而完全改变后代的特征行为。因为自然选择这一过程的变异程度有限，所以它用这种方式引入更大程度的变异和多样性。

遗传算法从自然进化过程中汲取灵感，现在我们来定义它的假设条件。我们需要智能计算机程序在解空间内搜索，以最优和自进化的方式进化并迭代。通常情况下，搜索空间是巨大的，不可能使用蛮力计算的方式在合理时间内获取最优解。遗传算法在搜索空间中提供了一个快速突破口，其过程与自然进化过程非常相似。在 8.1 节中，我们将定义遗传算法的通用结构，以及介绍它如何简化与优化在搜索空间中求解的过程。在此之前，我们先介绍一些将要用到的术语。

（1）**代**（Generation）。一代表示遗传算法的一个迭代。初始随机生成的代称为第 0 代。

（2）**基因型**（Genotype）。它定义了遗传算法产生的解的结构。例如，#ff0000 是红色的十六进制表示，这是红色的基因型。

（3）**表现型**（Phenotype）。这代表了与基因型对应的物理上的、有形的、可感知的特征。在前面的例子中，红色是基因型#ff0000 的表现形式或表现型。

（4）**解码**（Decoding）。这是一个将解从基因型转化为表现型空间的过程。

（5）**编码**（Encoding）。这是一个将解从表现型转化为基因型空间的过程。

（6）**种群**（Population）。这表示对于一个给定问题所有可能解的一个子集。

（7）**多样性**（Diversity）。它定义了所选种群中每个元素的相对唯一性。较高的多样性有利于遗传算法的收敛。

8.1　遗传算法的结构

在本节中，我们先了解一个遗传算法的结构，它能为一个搜索空间大到无法用蛮力解决的问题找到最优解。核心算法由 John Holland 于 1975 年提出。一般来说，遗传算法提供了一种能足够快地发现和理解的能力。遗传算法的一般流程如图 8-1 所示。

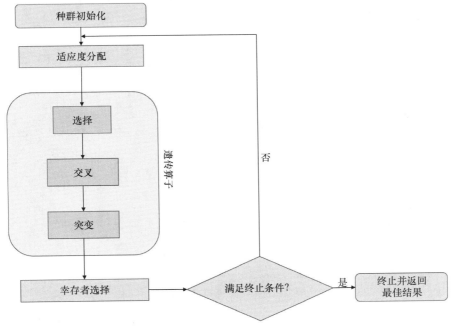

图 8-1　遗传算法的一般流程

下面我们用一个简单的例子来说明遗传算法。我们必须在数百万个值（解空间）中找到一个数（整数）。遵循上述算法中的步骤，可以比使用蛮力方法更快地获得目标解。下面是用 Java 实现的这一算法。

（1）定义 GA 类，用一个简单构造器来初始化种群：

```
        public GA(int solutionSpace, int populationSize,int targetValue,
        int maxGenerations, int mutationPercent) {
    this.solutionSpace = solutionSpace; // 算法需要搜索的整个解空间
    this.populationSize = populationSize; // 解空间中随机样本的大小
    this.targetValue = targetValue; // 最优解
    this.maxGenerations = maxGenerations; // GA 最大迭代次数
    this.mutationPercent = mutationPercent; // 此字段定义要突变的新一代成员的百分比
population = new int[this.populationSize]; // 初始化第一次迭代
    for(int i=0; i< this.populationSize; i++) {
        population[i] = new Random().nextInt(this.solutionSpace);
    }
    }
```

（2）创建 fitness 函数，根据特解与实际解的接近程度，定义特解的适应度。一个解的适应度越高，它在遗传算法的后代中被保留的机会就越大。在这个例子中，让适应度与到目标值的距离成反比：

```
private int getFitness(int chromosome) {
    int distance = Math.abs(targetValue - chromosome);
    double fitness = solutionSpace / new Double(distance);
    return (int)fitness;
}
```

（3）根据 fitness 的值，在选择池中选择下一代。fitness 越高，它存活的概率越大：

```
private ArrayList <Integer> getSelectionPool() {
    ArrayList <Integer> selectionPool = new ArrayList <Integer>();
    for(int i=0; i<this.populationSize; i++ ) {
        int memberFitnessScore = getFitness(this.population[i]);
        //System.out.println("Member fitness score = " + memberFitnessScore);
        Integer value = new Integer(this.population[i]);
        for(int j=0; j<memberFitnessScore; j++) {
            selectionPool.add(value);
        }
    }
    return selectionPool;
}
```

（4）在每一代中施加一个小的突变，以很小的幅度改变子元素。这包括了变异，也增加了在短时间内成功求解的概率：

```
for (int g=0; g<algorithm.maxGenerations; g++) {
```

```
System.out.println("********** Generation " + g + " ***********");
ArrayList <Integer> pool = algorithm.getSelectionPool();
Random randomGenerator = new Random();
int[] nextGeneration = new int[algorithm.populationSize];
for(int i=0; i<algorithm.populationSize; i++) {
    if(pool.size() == 0)
        break;
        int parent1RandomIndex = randomGenerator.nextInt(pool.size());
        int parent2RandomIndex = randomGenerator.nextInt(pool.size());
        int parent1 = pool.get(parent1RandomIndex).intValue();
        int parent2 = pool.get(parent2RandomIndex).intValue();
        if(parent1 == algorithm.targetValue || parent2 == algorithm.targetValue) {
            System.out.println("Found a match !!! ");
            System.exit(1);
        }
        int child1 = (parent1 + parent2) > algorithm.solutionSpace ?
algorithm.solutionSpace - (parent1 + parent2) : (parent1 + parent2);
        int child2 = Math.abs(parent1 - parent2);
        if (child1 == algorithm.targetValue || child2 == algorithm.targetValue) {
            System.out.println("Found a match !!! ");
            System.exit(1);
        }
        double mutatioRate = 0.001;
        float randomizer = new Random().nextFloat();
        if(randomizer < mutatioRate) {
            System.out.println("Mutating....");
            child1 += new Random().nextInt(1);
            child2 -= new Random().nextInt(1);
        }
    if(algorithm.getFitness(child1) > algorithm.getFitness(child2))
        nextGeneration[i] = child1;
    else
        nextGeneration[i] = child2;
}
        algorithm.population = nextGeneration;
```

表 8-1 给出的是多次运行的程序输出。可以看出，需要对各种参数进行调优，才能使算法达到最优性能。

如表 8-1 所示，实现遗传算法是很简单的，其核心原则可以应用于更复杂的问题，如人类基因图谱、信号处理、图像处理等。基于本章所涵盖的基本概念，人们开发了许多框架和模型，以便利用**进化算法**（Evolutionary Algorithm，EA）来解决各种数据挖掘的相关问题。接下来的几节将从总体视角介绍其中的一些框架。

表 8-1　　　　　　　　　　　　　　　多次运行的程序输出

解空间	种群样本大小	目标值	变异	找到匹配用了几代
5000	1000	1234	1%	2
50000	1000	1234	1%	3
500000	1000	1234	1%	6
500000	2000	1234	1%	2
500000	2000	1234	10%	2
500000	10000	1234	1%	2

8.2　KEEL 框架

基于进化学习的知识提取（Knowledge Extraction based on Evolutionary Learning，**KEEL**）是一个可以用于各种任务的框架，它将数据转换为信息，进而转换为知识资产。KEEL 特别关注回归、分类与无监督学习等数据挖掘领域的进化算法。机器智能的最终成就，是计算机程序能够像人类那样阅读文本并进行解释和理解。有了这种能力，再加上指数级增长的计算力，我们将能够创建一个拥有超自然能力的知识系统，它能将这些知识应用到各种各样的问题上，如基因组解码、抗体研究等困扰了人类数百年的问题。

KEEL 框架和类似框架的基本思想是使用进化算法从数据集中自动发现知识，这使我们离这一目标又近了一步。虽然进化算法在解决广泛的科学问题方面很强大，但是使用它们必须拥有大量的编程专业知识，并且需要在很长一段时间内仔细调整参数，并对结果进行实验。KEEL 使用户可以很容易地使用进化算法，且不需要进行大量编程。同时，KEEL 提供了一个易于使用的工具包，从而使用户能够专注于核心问题的数据挖掘和提取。KEEL 还提供了一个广泛的进化算法库，以及易于使用的软件，可以方便地大幅降低进化计算研究人员所需的经验和知识水平。

KEEL 是一个基于 Java 的桌面应用程序。在学习和预处理任务的不同场景下，它能方便地分析进化学习的行为，使用户能够轻松管理这些任务。KEEL 的最新版本（3.0）包括图 8-2 所示的模块。

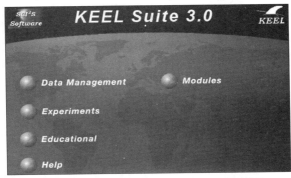

图 8-2　KEEL 的最新版本（3.0）包括的模块

（1）**Data Management**。这是使用各种算法和可视化技术使数据可用于分析和做实验的核心组件。它允许数据从各种来源导入或导出外部系统，同时系统可以对数据进行可视化并进行编辑（基于用例的转换）。最重要的是，如果数据量很大，则可将数据分区，并将数据分发给各个节点，以利用计算和存储集群（如 Hadoop 框架）。该应用程序包含用于快速实验的预加载数据集。图 8-3 是 KEEL Data Management 的视图。

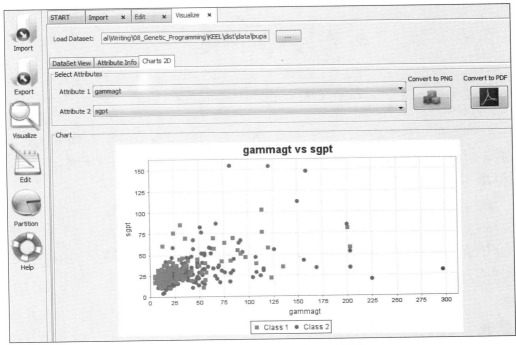

图 8-3　KEEL Data Management 的视图

（2）**Experiments**。该部分允许用户基于导入的数据集创建实验。用户可以从一些预定义的实验开始，并可以基于 KEEL 中的用例与可用的算法构建自己的实验。该框架提供了多种易用的选项，如验证的类型、学习的类型（**Classification**、**Regression**、**Unsupervised Learning**）等，如图 8-4 所示。

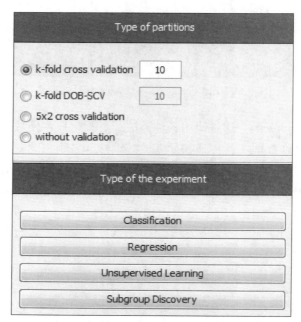

图 8-4　KEEL 框架提供的多种易用的选项

在实验中，可以配置一个直观的用户界面，允许用户选择数据集以及数据预处理、处理和后置处理期间使用的算法。同时，可以在同一个实验中配置多个路径，利用各种算法进行比较。算法可以通过设置相关参数进行调整，如图 8-5 所示。

配置并执行实验之后，KEEL 框架将生成一个目录结构和在本地计算机以及分布式计算环境上运行它们所需的文件。例如，可以将 Java 类嵌入任何 Hadoop 生态系统组件，作为**用户自定义函数**（User Defined Function，UDF）运行，以便利用并行化处理。KEEL 框架还允许通过提供 API 来扩展核心库和算法的覆盖范围。

KEEL 的思想是试图为开发人员引入尽可能少的约束，以便简化该工具中纳入新算法的复杂度。实际上，每个算法的源代码都在一个文件夹中，并且不依赖于特定的类结构，这使得集成新方法非常简单。

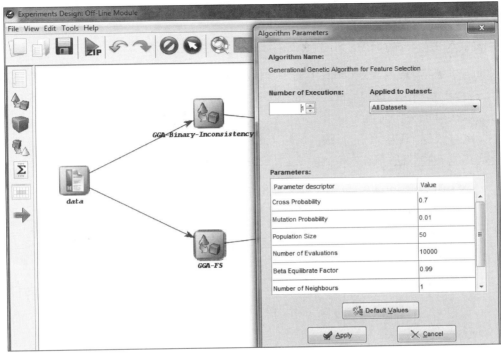

图 8-5 直观的用户界面

8.3 Encog 机器学习框架

Encog 是一个先进的支持多种算法的机器学习框架，包括神经网络和遗传算法。它支持 Java 和 .NET 的 API 以及一个工作台，该工作台有一个易用的用户界面，用于对数据集运行各种测试和实验。训练算法的实现是多线程的，支持多核硬件。本节将介绍 Encog 框架的一般使用方式，特别是它对实现**遗传算法**的**遗传编程**（Genetic Programming，GP）的支持。

8.3.1 Encog 开发环境设置

Encog 框架的核心库可以从 Git 仓库获取，并在开发环境中作为 Maven 项目构建，如下：

```
https://github.com/encog/encog-java-core
mvn package
```

8.3.2　Encog API 结构

核心 API 是一个简单的面向对象范例，包含 3 个核心功能块。

（1）**机器学习方法**。Encog 中的每种模型类型都表示为机器学习方法。这些机器学习方法将 `org.encog.ml.MLMethod` 接口实现为标记接口。这个超类不包含任何方法，不为继承接口定义任何行为，只将它们标记为机器学习方法。`MLMethod` 是一种接受数据并提供对数据某种见解的算法。它可以是一个神经网络、支持向量机、聚类算法，或完全是其他一些算法。

- ◆ **MLRegression**：用来定义产生数值输出的回归模型。
- ◆ **MLClassification**：用来定义把输入变量分类到一种输出类别的分类模型。
- ◆ **MLClustering**：用来定义将输入数据放置到各个聚类的聚类算法。

图 8-6 所示的是 Encog 框架的基本构件接口的类图。

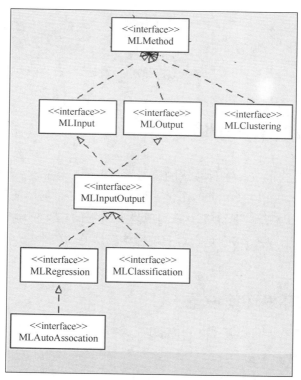

图 8-6　Encog 框架的基本构件接口的类图

（2）**Encog 数据集**。Encog 需要数据来适应各种机器学习算法，它可以使用各种数据集类来访问数据。Encog 数据处理对象使用以下接口工作。

- ◆ **MLData**：用于持有一个向模型输入或从模型输出的向量。
- ◆ **MLDataPair**：用于作为监督学习输入的 MLData 向量。训练集就是由这种数据类型构建。
- ◆ **MLDataSet**：给训练函数提供一个列表的 MLDataPair 对象。

我们可以为这 3 个接口中的任何一个创建新版本。Encog 还提供了这些类的基本实现，如 BasicMLData、BasicMLDataPair 和 BasicMLDataSet。

Encog 为支持遗传编程的进化算法提供了广泛实现。图 8-7 展示的是各种可用类。

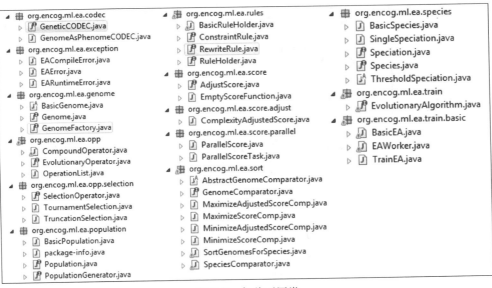

图 8-7　各种可用类

有了这些 API，通过 Encog 使用一定层次的抽象实现遗传算法就非常容易。下面是用 Encog 实现遗传算法的伪代码：

```
Population pop = initPopulation(); // 初始化初始种群(第 0 代)
CalculateScore score = new ScorererClass(pop.solutionSpace); // scorer 类的实现
genetic = new TrainEA(pop,score);                          // 模型训练
genetic.addOperation(0.9,new SpliceNoRepeat(POPULATION_SIZE)); // 交叉操作
genetic.addOperation(0.1,new MutateShuffle()); // 突变操作
while (solutionCount < MAX_SAME_SOLUTION) { // 种群迭代
```

```
    genetic.iteration();              // 下一代
    double thisSolution = genetic.getError();     // 下一代的解
}
```

    Encog 框架还提供了一个拥有用户界面的分析人员工作台，可以对各种数据集进行快速实验。工作台使用 Encog 核心库，并将来自各种算法和测试周期的输出可视化。图 8-8 和图 8-9 所示的是 Encog 工作台。

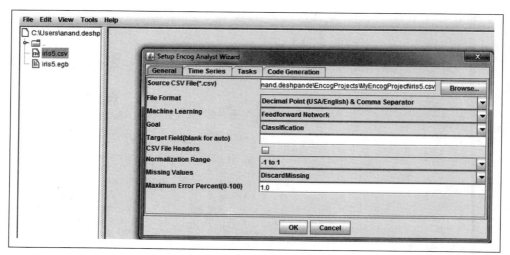

图 8-8　Encog 工作台

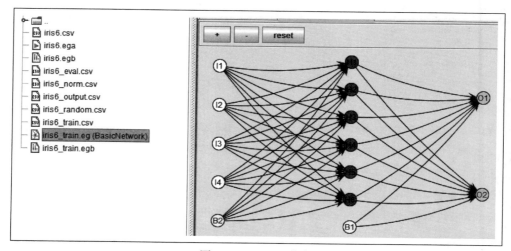

图 8-9　Encog 工作台

8.4　Weka 框架

评估各种数据科学算法有一个方便的工具——用于知识分析的 Waikato 环境（Waikato Environment for Knowledge Analysis，Weka）。这是一套用 Java 编写的机器学习软件。Weka 由于其扩展性，可以方便地与其他算法和数据挖掘技术集成，因此变得非常流行。本节将介绍 Weka 的一般概念，并特别研究如何使用它来实现遗传算法。

Weka 为数据挖掘、分析和预测建模提供了一个强大而直观的用户界面，它的一些特性使其成为社区的热门选择，这些特性包括：

（1）Weka 是一个免费的工具，可以在 GNU 通用公共许可证下使用；

（2）Weka 是用 Java 编写的，并编译为字节码，便于跨平台移植；

（3）Weka 包含丰富的机器学习算法库，通过使用简易的 API 创建挂钩，可以在框架中进一步扩展；

（4）简单易用的图形用户界面（Graphical User Interface，GUI）使训练和比较各种分类器、聚类结果以及回归输出十分容易。

图 8-10 所示的是 Weka 框架的概念视图。

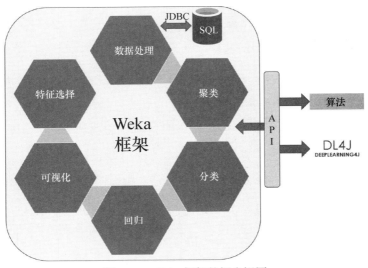

图 8-10　Weka 框架的概念视图

Weka 支持 ARFF（属性关系文件格式）、CSV（逗号分隔值）和其他数据集的数据格式。

 ARFF 文件是 ASCII 文本文件，用于描述共享一组属性的实例列表。ARFF 文件由新西兰怀卡托大学计算机科学系的机器学习项目组开发的，与 Weka 机器学习软件一起使用。

ARFF 文件有两个不同的部分，第一部分是头信息，第二部分是数据信息。ARFF 文件的头信息包含关系的名称、属性（数据中的列）及其类型列表。

使用 Iris 数据集的一个典型且标准的头信息示例如下：

```
% 1. Title: Iris Plants Database
  %
% 2. Sources:
%       (a) Creator: R.A. Fisher
%       (b) Donor: Michael Marshall (MARSHALL%PLU@io.arc.nasa.gov)
%       (c) Date: July, 1988
  %
@RELATION iris

@ATTRIBUTE sepallength    NUMERIC
@ATTRIBUTE sepalwidth     NUMERIC
@ATTRIBUTE petallength    NUMERIC
@ATTRIBUTE petalwidth     NUMERIC
@ATTRIBUTE class          {Iris-setosa,Iris-versicolor,Iris-virginica}
```

ARFF 文件的数据信息如下：

```
@DATA
    5.1,3.5,1.4,0.2,Iris-setosa
    4.9,3.0,1.4,0.2,Iris-setosa
    4.7,3.2,1.3,0.2,Iris-setosa
    4.6,3.1,1.5,0.2,Iris-setosa
    5.0,3.6,1.4,0.2,Iris-setosa
    5.4,3.9,1.7,0.4,Iris-setosa
    4.6,3.4,1.4,0.3,Iris-setosa
```

 以%开头的行为注释。@RELATION、@ATTRIBUTE 和@DATA 声明不区分大小写。

Weka 有两个优点，一个是它包含了各种丰富的用于回归和分类的算法库，另一个是它还有一种基于可用数据集比较算法的简单方法。

当我们启动 Weka 时，有以下 5 种应用可供选择。

（1）Explorer。为应用程序使用 Weka 研究数据集提供了一个环境。

（2）Experimenter。这是一个用于在学习模式之间执行实验和进行统计测试的环境。

（3）KnowledgeFlow。该环境支持与 Explorer 相同的特性，但具有拖拽界面，且支持增量学习。

（4）Workbench。这是一个集所有功能于一身的应用程序，它在用户可以选择的视图中组合了其他所有功能。

（5）Simple CLI。提供了一个简单的命令行接口，允许 Weka 命令中那些不提供它们自己命令行接口的操作系统命令直接执行。

图 8-11 展示的是 Weka 中初始启动屏幕的综合视图。

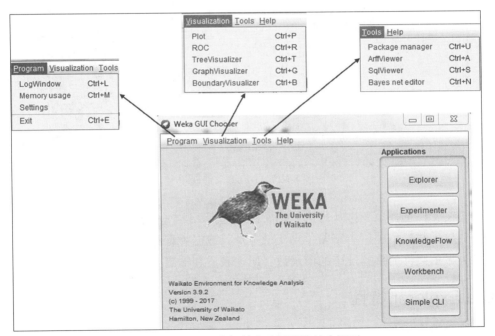

图 8-11　Weka 中初始启动屏幕的综合视图

可视化允许我们使用 Visualization 菜单中提供的一些基本选项直观地研究数据集。在 Tools 部分，Package manager 为 Weka 的包管理系统提供了一个图形界面。这是 Weka 的主要优点之一，可以非常容易且无缝地扩展到包含其他包。

Weka 提供的另一个方便的工具是 ARFF-Viewer，可用于快速查看 .arff 格式数据文件的结构和内容。Weka 在其安装中提供了一些预加载的数据集。下面介绍一个数据集，我们将用它作为例子来展示 Weka 的一些 Explorer 特性。Weka 包含一个**糖尿病**（数据集）diabetes，该数据集包含一组自变量和一个定义某人是否患有糖尿病的因变量。图 8-12 所示的是 .arff 文件视图。

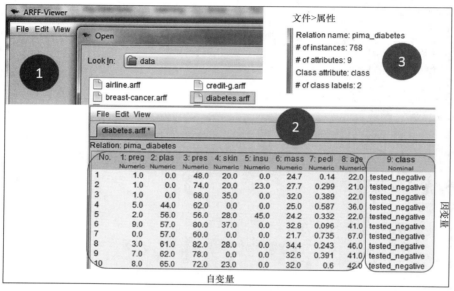

图 8-12　.arff 文件视图

（1）在文件选择菜单中从可选数据文件中选择 .arff 数据文件。

（2）显示数据集中所有字段（自变量）及其数据类型和输出类（因变量）。

（3）显示文件的头属性中的记录数、属性数量和输出类的个数。

Weka Explorer 特性

虽然对整个工具的介绍超出了本书的范围，但这里还是介绍一下 Weka 工具包的 Explorer 部分。

1. 预处理

这部分允许我们选择和修改所操作的数据。Weka 允许用户以多种支持格式来选择数据文件。图 8-13 所示的是 Weka Explorer。

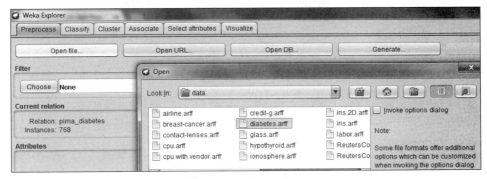

图 8-13 Weka Explorer

如图 8-13 所示，我们可从多个来源选择数据集。

（1）Open file。此选项显示一个文件选择框，用于从本地磁盘或网络位置选择数据文件。

（2）Open URL。此选项显示一个 URL 文本框，该框接受数据集的 HTTP URL 端点。

（3）Open DB。此选项允许用户连接到数据库并获取数据集。如果数据库的网络位置对运行 Weka 的计算机是可访问的，则可以通过 JDBC 协议访问数据库。

（4）Generate。此选项允许用户从各种数据生成器中生成人工数据。

让我们从可用的数据集中选择 `diabetes.arff` 文件，打开图 8-14 所示的用户界面。

图 8-14 用户界面

（1）Filter。预处理部分允许定义过滤器，以便它们以各种方式转换数据。Filter 框用于设置所需的过滤器。Weka 为选择过滤器和任何其他应用于数据的对象类型提供了一致的用户界面。选择过滤器后，Apply 按钮根据过滤器中指定的标准对数据进行过滤。

（2）Current relation。一旦数据被加载，预处理面板就会显示数据集的各种信息。

- Relation。加载的文件中给出的关系名称（ARFF 文件中的@Relation）。
- Instances。数据中的记录数。
- Attributes。数据中的属性（特征）数。

（3）Attributes。这部分按照文件中出现的顺序展示了所有的属性。

（4）Selected Attribute。这部分罗列了选中属性的细节信息，如名称、类型、丢失值、唯一值，以及属性的最小值、最大值、平均值和标准差。

（5）Visualization。这部分将输出类显示为所选属性的函数。单击 Visualize All 按钮可在一个单独的窗口中显示数据中所有属性的直方图，如图 8-15 所示。

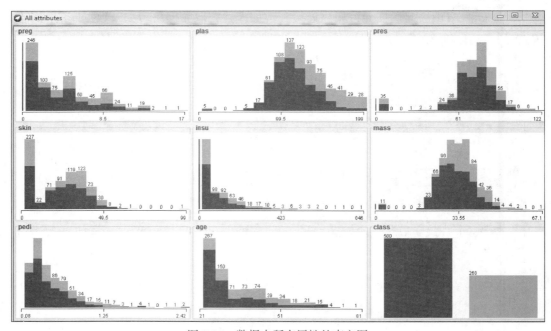

图 8-15　数据中所有属性的直方图

（6）Status。这是一个占位符，用于放置基于 Explorer 中最新活动的信息和日志条目。

2．分类

Classify（分类）部分允许我们训练不同算法来将数据分类输出。Weka 提供了方法来快速比较各种分类技术。这有助于选择正确的算法，以及应用于实际问题空间的最优参数。图 8-16 所示的是 Weka Classify 部分。

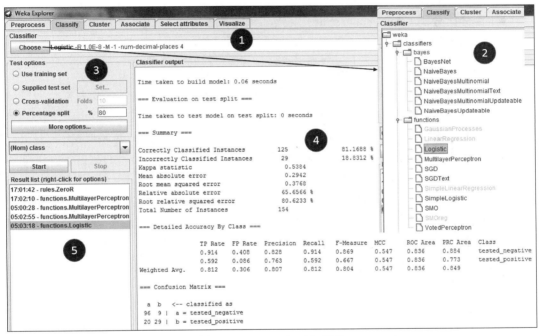

图 8-16　Weka Classify 部分

下面是 Classify 部分的分类器。

（1）**选择一个分类器**（Choose）。这个部分有一个文本框，显示当前选择的分类器名称。

（2）**分类器列表**（Classifiers）。单击 Choose 按钮将打开可用的分类器列表进行选择。Weka 提供了一系列可以直接使用的分类器。通过 Weka 框架提供的扩展 API 和库，可以很容易地对其进行扩展。

（3）**测试选项**（Test options）。所选分类器的结果将根据所提供的测试选项进行测试。测试模式主要有 4 种。

◆ **使用训练集**（Use training set）：将训练集输入分类器，根据其预测结果的好坏对其进行评估。

◆ **提供的测试集**（Supplied test set）：将测试集输入分类器，根据其预测结果的好坏对其进行评估。

◆ **交差验证**（Cross-validation）：通过交叉验证的方式对分类器进行评估，在 Folds 文本框处输入折叠数。

◆ **百分比分割**（Percentage split）：将数据集中保留的测试集输入分类器，根据其预测结果的好坏对其进行评估。保留的数据量取决于在 **%** 文本框中输入的值。

（4）**分类器输出**。根据使用的分类器，输出会显示各种信息。

◆ **运行信息**（Run information）：流程中包含的学习方案选项、关系名称、实例、属性和测试模式等信息的列表。

◆ **分类器模型**（classifier model）：在训练集上生成的分类模型的文本表示。

◆ **概要**（Summary）：一个统计数据列表，总结了分类器在选择的测试模式下如何准确地预测实例的真实分类。

◆ **按类别划分的详细精度**（Detailed Accuracy by class）：关于分类器预测精度的更详细的说明。

◆ **混淆矩阵**（Confusion Matrix）：显示为每个类有多少实例。

下面是对糖尿病数据集进行分类的结果：

```
=== Run information ===

Scheme: weka.classifiers.functions.Logistic -R 1.0E-8 -M -1 -num-
decimal-places 4
Relation: pima_diabetes
Instances: 768
Attributes: 9
          preg
          plas
          pres
          skin
          insu
          mass
          pedi
          age
          class
```

```
Test mode: split 80.0% train, remainder test

=== Classifier model (full training set) ===

Logistic Regression with ridge parameter of 1.0E-8
Coefficients...
                        Class
Variable tested_negative
==============================
preg -0.1232
plas -0.0352
pres 0.0133
skin -0.0006
insu 0.0012
mass -0.0897
pedi -0.9452
age -0.0149
Intercept 8.4047


Odds Ratios...
                        Class
Variable tested_negative
==============================
preg 0.8841
plas 0.9654
pres 1.0134
skin 0.9994
insu 1.0012
mass 0.9142
pedi 0.3886
age 0.9852


Time taken to build model: 0.06 seconds


=== Evaluation on test split ===


Time taken to test model on test split: 0 seconds


=== Summary ===

Correctly Classified Instances 125 81.1688 %
Incorrectly Classified Instances 29 18.8312 %
Kappa statistic 0.5384
Mean absolute error 0.2942
Root mean squared error 0.3768
Relative absolute error 65.6566 %
```

```
Root relative squared error 80.6233 %
Total Number of Instances 154

=== Detailed Accuracy By Class ===

            TP Rate FP Rate Precision Recall F-Measure MCC ROC
Area PRC Area Class
            0.914 0.408 0.828 0.914 0.869 0.547 0.836 0.884
tested_negative
            0.592 0.086 0.763 0.592 0.667 0.547 0.836 0.773
tested_positive
Weighted Avg. 0.812 0.306 0.807 0.812 0.804 0.547 0.836 0.849

=== Confusion Matrix ===

 a b <-- classified as
96 9 | a = tested_negative
20 29 | b = tested_positive
```

（5）**结果列表**。我们可以在一个会话窗口中使用多个不同的分类器进行测试，并进行比较分析。Weka 为生成的分类模型提供了多种可视化选项，具体如图 8-17 所示。

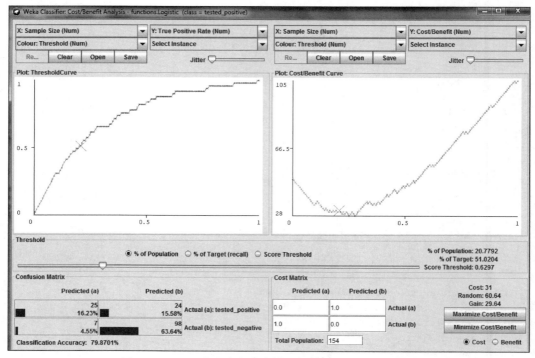

图 8-17　Weka 为生成的分类模型提供了多种可视化选项

本节简要介绍了 Weka 框架及其直观的 GUI。在 8.5 节中，我们将使用 Weka 分析一个遗传算法，并演示如何使用它在数据集中进行属性搜索。

8.5 用 Weka 以遗传算法实现属性搜索

再次在 **Preprocess** 菜单中选择糖尿病数据集，并导航到 **Select attributes** 菜单。在 **Search Method** 选择框中，选择 **GeneticSearch**。通过右击 **Search Method** 文本，可以设置 **GeneticSearch** 的配置参数。如本章前面所述，我们可以对算法的各个参数进行优化，并进行性能最优的实验。图 8-18 所示的是 Weka 中的 **GeneticSearch** 界面。

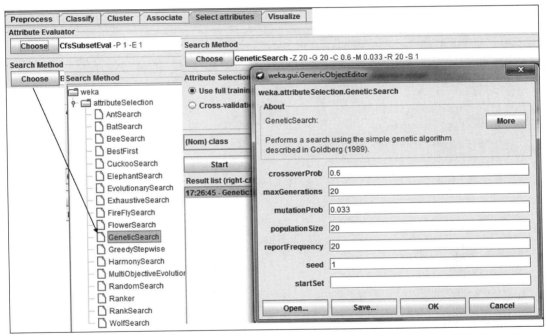

图 8-18　Weka 中的 GeneticSearch 界面

单击 **Start** 按钮之后，算法就会搜索训练数据，并用遗传算法选择相关属性。下面是对糖尿病数据集执行遗传算法的输出：

```
=== Run information ===

Evaluator: weka.attributeSelection.CfsSubsetEval -P 1 -E 1
Search: weka.attributeSelection.GeneticSearch -Z 20 -G 20 -C 0.6 -M 0.033 -
```

```
R 20 -S 1
Relation: pima_diabetes
Instances: 768
Attributes: 9
            preg
            plas
            pres
            skin
            insu
            mass
            pedi
            age
            class
Evaluation mode: evaluate on all training data


=== Attribute Selection on all input data ===

Search Method:
  Genetic search.
  Start set: no attributes
  Population size: 20
  Number of generations: 20
  Probability of crossover: 0.6
  Probability of mutation: 0.033
  Report frequency: 20
  Random number seed: 1


Initial population
merit scaled subset
 0.0147 0 3
 0.07313 0.06963 4 8
 0.13 0.1374 2 3 6
 0.04869 0.04051 5
 0.1413 0.15086 1 2 3 6 7 8
 0.14492 0.15517 2 3 5 6 7 8
 0.08319 0.08162 6
 0.03167 0.02022 3 4
 0.02242 0.0092 7
 0.12448 0.13082 2 3 5 7 8
 0.07653 0.07368 1 8
 0.10614 0.10896 2 4 7
 0.11629 0.12106 5 6 8
```

```
0.0147 0 3
0.1258 0.13239 1 2
0.13042 0.1379 1 2 4 5 8
0.08771 0.087 5 6 7
0.13219 0.14001 2 4 5 6
0.10947 0.11294 2 7
0.11407 0.11842 1 2 4 7


Generation: 20
merit scaled subset
0.16427 0.18138 2 6 8
0.16427 0.18138 2 6 8
0.16108 0.17237 2 5 6 8
0.15585 0.1576 1 2 6 8
0.16427 0.18138 2 6 8
0.14809 0.13569 2 4 5 6 8
0.16427 0.18138 2 6 8
0.14851 0.13688 2 3 5 6 8
0.16427 0.18138 2 6 8
0.10004 0 1 3 6 8
0.14851 0.13688 2 3 5 6 8
0.16427 0.18138 2 6 8
0.1465 0.13119 2 5 6
0.16108 0.17237 2 5 6 8
0.16108 0.17237 2 5 6 8
0.14851 0.13688 2 3 5 6 8
0.14851 0.13688 2 3 5 6 8
0.16427 0.18138 2 6 8
0.15585 0.1576 1 2 6 8
0.16427 0.18138 2 6 8


Attribute Subset Evaluator (supervised, Class (nominal): 9 class):
  CFS Subset Evaluator
  Including locally predictive attributes


Selected attributes: 2,6,7,8 : 4
                     plas
                     mass
                     pedi
                     age
```

如上所示，扩展 Weka 并使用它来部署遗传算法和实验的各种参数是非常容易的。

8.6　常见问答

问：遗传算法对数据挖掘有什么意义？

答：数据源数量的增加导致了数据量的增加，尽管计算能力呈指数级增长，但是很难在合理的时间内从这些数据资产中获得可操作的洞见。因此需要用智能算法来搜索解空间。我们从大自然中的生命进化的过程中获得了灵感，利用遗传算法可以极大地优化搜索等数据挖掘活动。

问：遗传算法的基本组成部分是什么？

答：种群初始化、适应度分配、选择、交叉、突变和幸存者选择是遗传算法的基本组成部分。我们需要调优这些组件的参数值，以便用优化的方式求解。

8.7　小结

本章介绍了遗传算法的概念以及与遗传算法相关的编程结构。这些算法从自然进化过程中获得灵感。生物通过遗传、伴侣选择的变异、后代的属性以及遗传密码（DNA 结构）的偶然（随机）突变而进化。同样的概念也适用于遗传算法，以此从大量的可能选项中寻找最佳的可能解。该算法最适用于计算力不足且不能在合理时间内求解的问题。

我们已经大致了解了遗传算法的结构，并在 Java 中实现了一个简单算法来对问题进行求解。本章介绍了 KEEL 框架的一些特性，以及它如何方便地将数据转换为知识。KEEL 是一个基于 Java 的桌面应用程序，它有助于分析进化学习在不同领域的学习任务和预处理任务中的行为，并使用户能够轻松管理这些任务。

本章还简要介绍了 Encog 框架和 Encog API 结构，以及如何非常容易地扩展该框架，研究了 Weka 框架和 GUI 来比较各种算法。Weka 提供了一个易用且丰富的用户界面，并附带了各种样例数据集。最后，用 Weka 实现遗传算法来进行快速属性搜索。

在第 9 章中，我们将再次从自然、生物的智能行为中寻找更多的灵感，并利用它们的一些概念来创造未来的智能机器。

第 9 章
群体智能

    我们都曾观察过蚂蚁的行为。它们一个接一个排成一条直线，收集和搬运食物（比自己体型大）到巢穴，用自己的身体架起桥梁填补更大的缝隙。考虑到这些昆虫的大脑在神经元数量和连接方面都远不及人脑，所有这些行为都是不可思议的。这种顺序行为是自然过程固有的，并受到明显的控制。这里需要注意的重点是，这些昆虫都非常的小，单个个体的能力不足以实现如此宏大的目标。然而，当它们作为一个团队工作时，就能实现更大的目标。因此，这些昆虫也被称为**社会性昆虫**。

    社会性昆虫具有一定的突出特征。它们生活在聚居地，个体间有分工，同时有很强的群体互动（直接或间接），非常灵活。所有这些行为一起被应用于实现群体的集体智能。这种现象促使研究人员致力于采用一种新的方法来实现**人工智能**，即**群体智能**（Swarm Intelligence，SI）。"群体智能"这个词最初是由 Gerardo Beni 和 Jing Wang 于 1989 年在移动机器人系统中提出的。该 AI 领域的灵感来自小昆虫（如蚂蚁、蜜蜂和白蚁）的自然行为和协调功能。对于任何 SI 系统，都会有一组简单的智能代理（与蚁群中的单个蚂蚁相同），也称为**智能体**（Boid）。这些智能体中的个体将与它们的邻居和环境（上下文）进行交互，以实现各自的目标，最终共同实现一个更大的目标，即解决相关的问题。

    SI 这个概念吸引了各类研究人员，他们正探索将 SI 用于更多场景，以解决实际问题。当今世界中大量信息的涌入是无法控制的，由于数据量的不断增加，迅速处理这些信息不再是单个人脑或一个中央系统能承受的。由于总是受到人类或机器硬件个体能力的限制，在信息处理是分布式的、自治的和自然控制的情况下，SI 正在成为一种主流的方法。在接下来的几节中，我们将带领读者进一步了解群体智能如何解决一些实际的复杂问题。

本章主要介绍以下内容：群体智能、粒子群优化模型、蚁群优化模型、MASON 库、Opt4J 库、在大数据分析中的应用、处理动态数据以及多目标优化。

9.1　什么是群体智能

群体智能的灵感源自蚂蚁、蜜蜂和白蚁等物种的群体行为。这些物种群体实现共同目标的行为超出了其中个体的能力，但不可否认的是单一个体的确以有限的能力成就了群体的共同行为。这些物种以群体模式开展行动是明智的，这样不会出现任何过度的集中管理问题。在计算机科学领域，群体智慧是对智能群体行为进行建模和形式化的算法和概念的集合。

总体而言，群体智慧可以看作一个专注于实现有效智能行为的系统，这是团体（也称为群体）中个体合作努力的结果。这些个体称为**智能代理**。这些智能代理都是同构的。它们异步并行地工作，没有任何集中控制或过度管理。总的来说，这些智能代理相互协作，有意或无意地实现一些特定目标，而这些目标定义了一个群体的智能行为。从人工智能或计算机科学的角度，我们可以给出以下群体智能的定义：

群体智能是受集体智能启发而形成的智能系统，而集体智能是通过性质相同的代理直接或间接的交互来实现的，这些智能代理在不了解全局上下文或模式的情况下在本地环境中相互协作。

构建任何基于群体智能的系统时，系统应该至少遵循 3 个基本概念或属性。这 3 个基本属性是自组织、主动共识和劳动分工。接下来逐一研究这些属性。

9.1.1　自组织

自组织（Self-Organization，SO）是 SI 系统最重要的特性之一。SI 系统的属性决定了 SI 智能代理之间通过潜在协作实现预期的集体行为。通过低层智能代理或机器人之间的交互，从而实现的全局行为或现象也是如此。这些交互依赖于一组规则，这些规则基于智能代理在本地上下文或环境中合并。智能代理不知道任何全局模式或行为。然而，整体的行为是由智能代理的个体行为产生的。关键是没有外部管理机构控制智能代理的局部行为。简而言之，任何 SI 系统中的全局行为都是通过单个智能代理的自组织能力实现的，这些智能代理的功能范围仅限于本地环境。SO 有 4 个基本原则，它们是正反馈、负反馈、随机行为波动以及智能代理之间的多重交互。

正反馈是帮助群体获得全局最佳行为的一组规则。蜜蜂为了从某个更好的食物源收集质量更好的食物，而自发招募或增加新的团队成员前往该食物源，这就是一个正反馈的例子。如果蜂群有两个食物源，它们在食物质量上相似，且距离相同，那么蜜蜂就会同时从两种食物源收集食物。然而，如果一个食物源的质量较差，那么蜜蜂根据该食物源的正反馈，首先会利用更好的那一个食物源。

另一种正反馈行为是，假设从某个来源收集食物的过程中，蜜蜂遇到了一个质量更好的食物源，那么蜂群可能会完全或部分地放弃当前的食物源。他们将招募或补充更多的蜜蜂，从新发现的或更好的食物源收集食物。这种增加整个群落生存机会的行为就是SO 的结果。每只蜜蜂都知道自己的角色和职责，并执行相应操作完成任务。

我们从蚂蚁身上也能观察到类似的行为。蚁群作为一个整体，总是在努力建造一个不受恶劣环境影响的安全巢穴，同时组织蚂蚁个体的活动，以便在所有可用的食物源中找到最近的那一个。蚂蚁使用一种非常独特和聪明的"算法"来定位最近和最丰富的食物源。一旦搭建了遮蔽物（即蚁群的聚居地），蚁群生存最重要的任务就是找到最近和最丰富的食物源。

工蚁（以个体和自组织的方式）以独立的方向分批向外移动。在探索不同的地方时，它们会分泌一种叫作**信息素**（Pheromone）的化学物质。虽然它们仍在探索食物源，但信息素的数量是恒定的，这表明搜寻工作仍在继续。一旦找到食物源，蚂蚁就会沿着这条路返回蚁群。然而，某次它分泌了大量的信息素。信息素的含量越高，食物源就越丰富。这个信号足以让蚁群中的其他蚂蚁立即开始沿着相同路径行进（再次以自组织的方式）。没有中央指挥和控制机制来跟踪特定路径上的所有蚂蚁。然而，总体目标的实现（该例为找到食物）并不依赖于中央指挥，因为蚂蚁是自组织的。如果食物源突然消失，蚂蚁就会根据其他蚂蚁找到的第二食物源和备选路径上的信息素水平制定出一个后备计划。

显而易见的是，个体履行职责是蚂蚁生存的关键。人工智能系统从这些例子中得到了很多启发，如在应用程序环境的上下文中建立具有特定职责的自组织智能代理。然而很重要的一点是，单个智能代理能在没有领导者或集中控制的情况下运行。这些简单规则共同协作，由此激发的智能行为将远超所有单个智能代理能力的总和。

9.1.2　主动共识

规则需要对环境状态的变化做出反应，同时智能代理应该能自主地适应变化并继续执行其功能。这种行为被称为**主动共识**（Stigmergy）。如果没有此属性，智能代理将不能自组织，从而需要一个集中控制的智能代理。有了主动共识，即使环境从与智能代理之前的交互中发生了变化，智能代理也能意识到自己所处的新环境。

举个例子，一只蚂蚁走在通往食物源的路上，而路上有一些水。一旦蚂蚁在路上遇到了水，它就开始根据信息素发出的信号寻找另一条路径。它可以按原路返回蚁群，然后在另一条路径上自主地重新开始行走（没有任何中央控制）。同时，蚂蚁将留下痕迹告知其他蚂蚁，在通往食物源的路径上有麻烦。其他蚂蚁根据之前蚂蚁的经验迅速适应环境的变化，并根据简单的规则修改自己的轨迹。蚂蚁之间没有任何明确的交流，只是通过环境的状态进行交互。

此时，蚂蚁应用了第 10 章将提到的强化学习定律。在返回食物源的路上，蚂蚁根据个体行为和对环境状态的反馈，不断地适应环境。单个智能代理（在本例中为蚂蚁）的目标是自动最大化奖励（定位食物源或将食物带回蚁群）。

9.1.3　劳动分工

这是群体智能最基本的一面。依靠群体中的个体来实现整个群体目标将受到极大的限制。自然系统采用分工的方式，单个智能代理将执行一组非常具体的职责，这些职责有助于群体实现目标。

例如，一个蜂巢中的所有蜜蜂并不是在做同样的事情。根据蜜蜂的种类，蜂房内有明确的分工。蜂王负责产卵，雄蜂负责繁殖，工蜂建造蜂巢，为整个种群觅食，还通过喂食来照顾蜂王和雄蜂。人工智能系统中每一个个体都需要被编程，根据环境背景拥有自己的规则，以履行特定的职责。通过分工，并行处理系统可以有效地工作和平衡工作负载，而不会忽略整体的奖励和目标。

在群体智能的背景下，下面来看看集体智能在最大化奖励方面的一些优势。

9.1.4　集体智能系统的优势

集体智能系统具有以下优势。

（1）**灵活性**。智能代理在其环境上下文中具有各自的操作规则。智能代理对环境的变化做出反应，然后整个种群表现出灵活性，以适应环境的变化。

（2）**健壮性**。由于智能代理是整体中一个非常小的独立单元，即使一个智能代理失败了，群落也不会受到影响，并且整体目标是可以实现的。

（3）**可扩展性**。由于单个智能代理是独立工作的小单元，因此可以根据用例从数百个智能代理扩展到数千个、数百万个实例，并实现指数级的高回报和累积智能。

（4）**去中心化**。由于集群没有中央控制，所以可以将智能代理部署到计算的边缘（物联网用例中的现实场景）。与分布式计算框架不同的是，在分布式计算框架中，中心节点服务器需要不断增强功能，而在 SI 的情况下，不需要集中式控制，因为智能代理是基于环境中的规则工作的。

（5）**自组织**。一种可能的解决方案是基于 SI 部署算法，由此可以不断演进并适应环境中的变化，且无须预定义。

（6）**适应性**。当环境发生变化，智能代理和系统作为一个整体会做出相应调整并适应新环境。适应性是单个智能代理的一个独特特性，而不用被集中管控。

（7）**敏捷性和速度**。基于群体算法的智能系统在与环境的每一次交互中表现出的敏捷性和搜索速度。

在设计基于 SI 的系统时，需要遵循一定的指导原则来开发自给自足的系统。

9.1.5　开发 SI 系统的设计原则

开发 SI 系统需要考虑的设计原则如下。

（1）**就近原则**。群体内的单个智能代理应该能在合理的时间内与种群中心进行通信，同时能够单独探索搜索空间。例如，一只正在寻找食物的蚂蚁应该能够在找到食物源后立即向蚁群报告。当发现食物源时需要保证报告的及时性。就近原则为成员定义了一个隐含的群体数量边界。

（2）**质量原则**。一方面，当独立的智能代理在解空间内独立地找到一个方案时，集群应该能够确定解决方案的质量并朝着这个方向移动。重复这个过程，如果多只蚂蚁找到一个食物源，每只蚂蚁都会带着不同水平的信息素回来，这与食物源的质量和数量成比例。这有助于整个群体决定去哪个食物源。但没有统一指令来决定质量标准和路径。另一方面，这些智能代理通过沟通和协作来获得正确的食物源。

（3）**多样反应原则**。虽然智能代理程序只解决常见的问题，但它们不应只关注整个搜索空间中的一个小区域。必须使它们能够利用已知的模式进行探索。群体应该基于单个智能代理生存边界的特定阈值来寻求多样化。

（4）**适应性原则**。群体作为一个整体应该能够适应环境的变化。智能代理应该根据不断变化的环境调整自己。

通过对 SI 基本原理的理解，下面介绍可以用于构建人工代理的两种算法，这些人工代理可以在一个可伸缩的集群中工作，从而共同执行大型任务。

9.2　粒子群优化模型

粒子群优化（Particle Swarm Optimization，PSO）模型的灵感来自鸟群和鱼群的运动。PSO 模型的目标是在一个动态的空间内找到一个最优解（食物源或居住的地方）。群体从随机位置以随机速度出发，基于群体行为对搜索空间进行探索。PSO 算法的独特之处在于，各智能代理以一种优化搜索的形式运行，同时最小化收敛到最优解的代价。群体中遵循 PSO 模型的智能代理需遵照以下指导原则。

（1）**分离性**。每个智能代理程序都能够与群体成员保持足够的距离，这样它们就不会碰到对方，能保持自己独立的生存空间，以寻找一个最佳的解决方案。智能代理根据最近的邻居来调整其位置和速度，以确保正确的分离水平。

（2）**对齐**。每个智能代理都与群体其他成员的步调保持一致，同时以平均速度在搜索空间内搜索。

遵循 PSO 模型的群体中每个成员都将其经验持续不断地传递给整个群体，特别是最近的邻居。智能代理可以观察到最近成员的行为和学习模式。智能代理通过搜索空间内的对局部最优解的观测值及其经验的适用性来影响邻近智能代理的运动（位置和速度），或者根据邻居成员更优的经验来调整自身行为。其核心原则是与最近的邻居保持一致，从而使整个群体成为一个整体，以实现更大的目标。PSO 最初是作为实数值连续搜索空间中的一种优化算法提出的，现在扩展到可以处理二进制或离散搜索用例。核心算法的速度和位置方程定义如图 9-1 与图 9-2 所示。

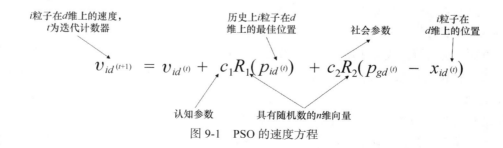

图 9-1　PSO 的速度方程

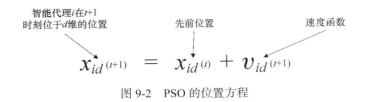

图 9-2　PSO 的位置方程

　　两个参数在定义速度（单个智能代理的位置变化率）时起着主要作用。单个智能代理在时间轴上的最佳位置由 $P_{id}^{(t)}$ 与 $P_{gd}^{(t)}$ 表示，以此表示最优智能代理在集群环境的全局上下文中所处的位置。当这两个参数对群体的整体速度有贡献时，这就是环境确定情况下在空间内搜索解的最优速度。

　　然而，在随机环境下，R_1 和 R_2 对环境状态的变化起着调节作用。这些参数在群体中引入了随机性，以有效地探索搜索空间。c_1 与 c_2 是认知和社会参数，它们代表了特定代理相对于群体最佳位置的重要性。即使环境发生变化，这些参数的相对值也会不断地将单个智能代理移动到集群的最佳位置。c_1 与 c_2 相对差的影响如表 9-1 所示。

表 9-1 c_1 与 c_2 相对差的影响

c_1	c_2	搜索等级
高	高	远距离高频搜索
低	低	近距离低频搜索
高	低	倾向于某一智能代理的全局最佳位置
低	高	倾向于群体的全局最佳位置

　　速度函数有 3 个不同的分量。

　　（1）**惯性**（$v_{id}^{(t)}$）。惯性是任何物体对其运动状态变化所产生的阻力。这包括改变对象的速度、方向或静止状态。时刻 $t+1$ 的速度是时刻 t 的函数，这意味着群体不允许突然改变速度。反而言之，速度会随着环境的变化而逐渐变化，或者群体只有改变速度后才能有效地在搜索空间中前进。根据这种惯性可以观察到，由于 $t+1$ 时刻智能代理的速度依赖于 t 时刻智能代理的速度，因此鸟群大部分时间都在同一方向上成队形移动。"惯性"这个术语对于改变群体中的全局最优智能代理也非常重要。当一个智能代理的适应度函数比群体的全局适应度函数更优时，该智能代理就是全局最优的。在迭代期间，（$p_i = x_i = p_g$）社会感知表达式变为 0（$p_{id}^{(t)} - x_{id}^{(t)} = p_{ig}^{(t)} - x_{id}^{(t)} = 0$）。此时新的智能代理以新的速度移动，并改变自身位置，成为全局最佳粒子。

（2）**自我感知**（ $p_{id^{(t)}} - x_{id^{(t)}}$ ）。速度函数的该部分定义了群体中智能代理的个性。以此转化为粒子对其自身全局最优值的吸引力，从而优化整个解决方案的搜索空间。

（3）**社会感知**（ $p_{gd^{(t)}} - x_{id^{(t)}}$ ）。该部分定义了所有智能代理对社会行为的适应性。这个表达式定义了群体学习阶段和个体成员之间经验的分享。

PSO 模型可以表示为图 9-3。

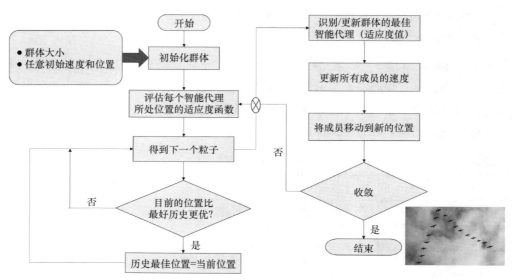

图 9-3　PSO 模型

实现 PSO 的注意事项

实现 PSO 的注意事项如下。

（1）PSO 将单个智能代理的最佳位置存储在一个长的且相互关联的时间轴中，同时还存储集群的全局最佳位置。因此，适应度值最大的智能代理对群体整体行为有影响，会加快收敛速度。

（2）PSO 算法是一种简单的算法，其固有的简单性有利于速度和位置方程的实现。

（3）PSO 算法可以通过每次迭代快速调整成员的速度和位置，能非常有效地适应环境的变化。

9.3　蚁群优化模型

蚁群优化（Ant Colony Optimization，ACO）模型是 SI 算法另一种被广泛使用的变体。最简单的例子是，蚁群或人工代理群体以一种最优的方式寻找一种资源（例如，蚂蚁的食物、零售商仓库里的机器人），以便遍历从起点到资源位置的最短路径。该模型对无人侦察机、自动驾驶汽车路线规划等具有一定的实用价值。

下面介绍蚁群的工作原理与一些基本术语，以便基于 ACO 模型设计人工代理群体。图 9-4 所示的是**蚁群**寻找**食物源**的过程。

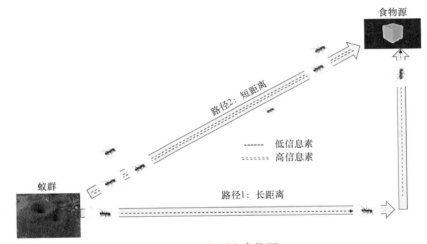

图 9-4　蚁群和食物源

在这个例子中，蚁群附近有两条路可以到达食物源。**路径 1** 到**食物源**的距离较长，**路径 2** 是最短距离。蚂蚁开始独立探索搜索空间。每只出发的蚂蚁都有一个寻找食物源的任务。一些蚂蚁走了很长的路去寻找食物源，并在路上分泌信息素。当蚂蚁返回蚁群时，其他蚂蚁得到表示"食物源已找到"的信号，它们开始沿着相同路径行进。同时，由于有效时间较短，路径 2 上的蚂蚁返回速度快于路径 1 上的蚂蚁，因此更多的蚂蚁开始选择从路径 2 出发。经过一段时间后，路径 2 上的蚂蚁在途中积累了更多的信息素，以此向蚁群发出信号，表明该路径的食物源在距离和质量上都更优。随着时间的推移，路径 2 上的信息素逐渐"蒸发"，最终消失。此时蚂蚁将弃用路径 1，蚁群的群体行为得到了充分的优化。

模仿自然界中蚂蚁的行为及其优化技术来设计人工代理时，这些行为可以根据环境得到增强和进一步优化。例如，蚂蚁没有任何记忆。它们在一组规则内活动，这些规则定义了它们的运动和整体行为（信息素分泌）。人工蚂蚁（智能代理）以有限的记忆来存储过去行为的奖励，因此可以增强智能行为。蚂蚁受到生态环境的制约。例如，水滴在通往食物源的路上。人工蚂蚁通常在可控和可预测的环境中运行，且不受生态环境的影响。人工代理通过释放信息素来模拟蚂蚁的行为模式，以此强化对其他代理的行为。

人工代理会以更高的信息素浓度穿越路径，并记录最佳行为。例如，人工蚂蚁的信息素会迅速蒸发，以便蚁群探索进一步的优化。这与真正的蚂蚁不同，它们的基本本能是生存。在开发基于 ACO 的智能代理时，其核心是一个适应度函数，该函数定义了智能代理的行为，以及其在途中返回最大的信息素水平。这也是一个最优化问题，降低了蚁群在搜索空间内达到目标的累积成本。

在算法层，单个智能代理基于概率规则工作，利用信息素水平和环境的变化选择参数（顺序步骤）。当人工蚂蚁基于概率函数在解空间中移动的同时，还需要确定蚂蚁需要储存多少信息素。概率规则称为**状态转移规则**（State Transition Rule），如图 9-5 所示。

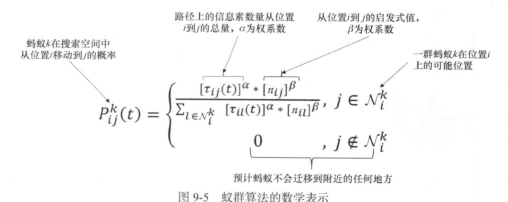

图 9-5 蚁群算法的数学表示

在这个方程中，参数 α 和 β 控制信息素和推导概率函数的启发式方法的总体影响。这类似于 PSO 中的 c_1 和 c_2 值。α 和 β 相对差的影响如表 9-2 所示。

表 9-2 α 和 β 相对差的影响

α	β	对收敛的影响
高	低	信息素很重要。对于一个智能代理来说，选择之前由其他智能代理执行的行为和位置的可能性更大。这可能导致同一区域内智能代理数量饱和，从而降低了群体探索搜索空间的潜力，获得次优结果

续表

α	β	对收敛的影响
低	高	该算法表现为一个随机贪婪算法，群体中的个体成员似乎在独自寻找最优解，合作程度较低，相互之间的路径遍历学习有限
0	高	该算法是一种随机贪婪算法，由单个成员负责，并且不学习其他成员的遍历路径。代价最小的节点将获得优先级，且路径上的信息素水平没有给定权重-期限
高	0	该算法的工作原理与自然界中的蚂蚁相同，指导原则仅为信息素，在搜索问题空间时没有使用启发式信息

9.4　MASON 库

群落或网络的**多智能代理模拟**（Multi-Agent Simulation Of Neighborhoods or Network，MASON）是一个基于 Java 的多智能代理仿真库。它有一个通用的 API 库，以便实现仿真 SI 算法，以及使用独立智能代理探索搜索空间的任何通用算法。这个库是 George Mason 在大学的社会复杂中心和计算机科学系创建的。它提供了一个用 Java 编写的快速、可移植的核心，并由用于假设测试和可视化的可视化框架支持。该框架能方便地构建新的体系结构和算法。MASON 库的设计目标如下。

（1）提供大量的仿真和可配置的实验。这个库非常容易扩展，可以用于额外的模拟和用例。

（2）高度模块化和灵活性——框架以分层架构构建，并以面向对象为基础，保持各个组件的功能松耦合。

（3）独立的可视化工具——框架有一个独立于代码引擎的可视化层，还可以根据用例和正在测试的应用程序上下文进行扩展。

MASON 库是一个用途广泛的事件模拟器，它作为单个进程运行，可有效地支持大量智能代理。MASON 库的应用非常广泛，包括社会复杂性建模、搜索空间的物理建模、智能代理与环境的交互、遵循基本规则的独立抽象智能代理，并可作为集群的一员进行操作。该框架有助于人工智能和机器学习的研究和仿真。

MASON 分层架构

MASON 库实现了一个分层的体系结构，其中包含不同的组件，这些组件松耦合，

并与通用接口集成。图 9-6 展示了分层架构中的
各个组件。

MASON 库包含两个主成分, 模型库和可视
化框架。可视化支持 2D 和 2D 渲染。模型和可
视化是完全分离的, 模型可以独立执行, 结果返
回到控制台或输出文件。用户界面 (User
Interface, UI) 是松耦合的, 并基于模型对象中
对象的当前状态工作。

图 9-6 分层架构中的各个组件

MASON 框架没有采用从 UI 开始, 然后启
动模型的自顶向下方法, 而是保持模型和可视化组件完全独立。这种方法提供了灵活
性, 可以根据需要创建不同的可视化方式 (基于 Java 或 Web)。MASON 实现的核心特
性之一是检查点。模型可以序列化到磁盘, 可以在完全不同的平台上在不同的时间内
调用, 并且初始化为相同的状态。这大大促进了研究团队之间的互操作性和协作。图 9-7
是 MASON 架构的另一种表现形式。

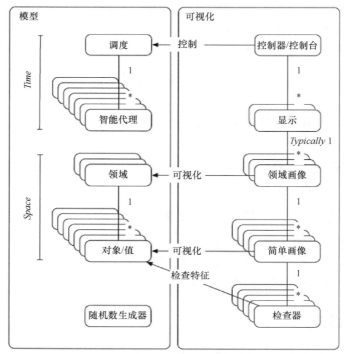

图 9-7 MASON 架构的另一种表现形式 (来源: MASON 官网)

MASON 库提供了一个简单的 API 来创建新的仿真任务。为了创建一个新的智能代理对象，需要继承 `sim.engine.SimState` 类。最简单的框架实现如下：

```
import sim.engine.*;

public class SWARMAgent extends SimState{

    public SWARMAgent(long seed){
      super(seed);
    }
    // 该方法用于初始化模型，包括配置和 UI
    public void start(){
        super.start();
    }
    public static void main(String[] args){
      doLoop(SWARMAgent.class, args);
      System.exit(0);
    }
}
```

MASON 库将仿真实例的全局状态创建为 `SimState` 的子类。`SimState` 封装了一个事件调度器（`sim.engine.Schedule`)。智能代理通过 `sim.engine.Schedule` 类的实例来调度。调度器对于模拟器以时间形式表示。

Mason 库包含了一组预构建的模拟程序。下面介绍 MASON 库中的蚁群优化算法。这是图 9-8 所示场景的简单实现。搜索空间包括两个约束，即食物源和蚁群位置。各种参数，如蚂蚁的数量和其他配置，如图 9-8 所示。

一旦模拟开始，蚂蚁就会各自进入一条随机路径，并在路上留下信息素痕迹。高蒸发系数保证了蚂蚁有可能探索未知空间，而不是被已经探索过的路径所吸引。一旦第一只蚂蚁找到食物源，它就开始在食物源和基地之间来回穿梭，再次留下信息素的踪迹。蚂蚁按照信息素路径进行编程，模型最终会收敛，从而得到最优、最短路径。图 9-9 所示的是蚁群优化算法仿真结果。

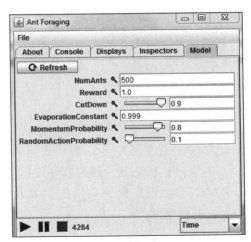

图 9-8　蚂蚁觅食的配置

MASON 库中预先构建了许多模拟实例，我们可以探索这些模拟实例并使用各种选项进行实验。我们可使用 API 以最少的代码利用框架功能和可视化层扩展应用程序。

9.5 节将简要介绍另一个框架 Opt4J 库，它主要是为进化计算而构建的，也可用于验证 SI 算法。

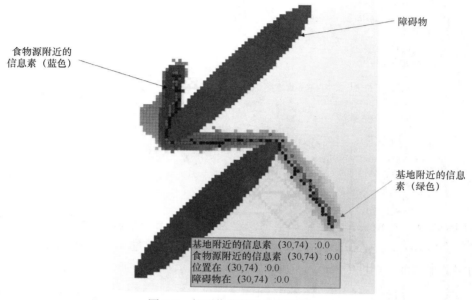

图 9-9　蚁群优化算法仿真结果

9.5　Opt4J 库

Opt4J 库是一个用于构建启发式优化算法的框架，可构造一系列进化算法。本节将讨论如何使用该库实现 SI 算法，如 ACO 和 PSO。处理优化问题的库在抽象级别上有 3 个主要组件：构造器、解码器和评估器。构造器从搜索空间提供基因型（基因型和表现型的内容参见第 8 章）。它们在 SI 算法中表示智能代理。智能代理由构造器对象（Creator Object）创建。

Opt4J 库提供了 `org.opt4J.optimizer.mopso.Particle` 作为构造器。集群中的智能代理是这个类的实例，它实际上是由工厂类 `org.opt4j.optimizers.mopso.ParticleFactory` 创建的。解码器将基因型转换为表现型，即将抽象特征转换为实体对象，并将行为模式与之关联。在 PSO 算法中，评估器根据表现型定义当前智能代理的质量，评估器函数返回智能代理的速度和位置，并确定它们是否为群体中最优的那个。一旦定义了核心组件，框架就可以处理优化问题。Opt4J 库的体系架构如图 9-10 所示。

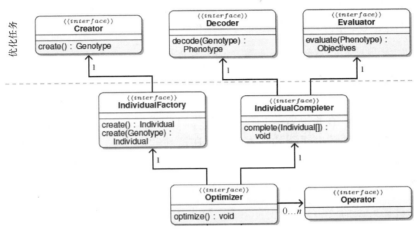

图 9-10　Opt4J 库的体系架构（来源：Opt4J 文档）

Opt4J 库提供了一个简单直观的 UI 来加载模型，并以有限的方式进行可视化，如图 9-11 所示。

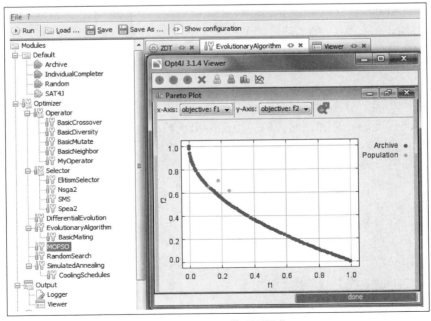

图 9-11　Opt4J 模型可视化

当今世界正处在数据革命的风口，来自不同数据源的数据量正日益增加。尽管并行处理框架和云计算在处理更多数据方面越来越优秀，但是蛮力技术仍然无法处理数据量的增长。因此需要运用受自然启发的智能技术，如遗传编程、强化学习和 SI 来处理大数据。9.6 节将研究处理大数据和基础计算资产的一些可能的案例。

9.6　在大数据分析中的应用

全世界每一分钟都在不断收集数据，现在我们总算有了存储和处理数据资产的计算能力。先简要了解一下大数据系统的基本架构。在目前的形式下，大数据计算框架是大量分布式计算节点的集合。部署时有两个主要区别。这些系统可以在企业内部部署，同时可向云计算转移，云计算的计算基础设施是虚拟化的，并且它分布在地理上的各个区域。

独立的计算单元统称为**节点**（Node）。节点由一个集中的计算单元连接和控制，该计算单元跟踪所有节点和这些节点上的各种操作。自然群体与大数据节点之间的相似性在于，节点是独立的计算单元。然而相似之处也仅限于此。大数据部署中的节点由一个或多个主节点管理，工作节点根据来自主节点的指令同步工作。正如本章所述，自然群体（蚁群和鸟群等）没有核心人员指挥，个体成员（智能代理）以自主的方式工作，同时个体成员能够基于一定规则，根据所处环境的随机性进行自我调整。SI 的概念可以应用于保障大数据基础设施的安全，同时保证节点的充分均衡。在主流方法中，计算作业首先提交给主节点，然后主节点将其分解为多个小块，再由多个数据或计算节点执行。

此时，作业由从节点独立执行。根据从节点的可用资源，作业在不同的时刻完成，它们需要不同程度的计算和存储资源。可能会出现核心计算负载不均匀地分布在各个节点上。基于本章学的一些概念，这里有一个基于 SI 的可以部署在分布式计算环境中的通用（ACO）算法。该算法的一般过程如下。

（1）**复制**。这是一个产生新人工蚂蚁的过程。控制器定期检查平台，并根据集群节点上的负载生成蚂蚁。如果节点过载或欠载，就会生成新的蚂蚁来承载消息。

（2）**探索**。在此过程中，智能代理独立负责查找过载的节点。它们可以通过网络跟踪，检查操作参数，并在路上留下模拟信息素（增量计数器）的试验，以使集群中的其他成员得到关于过载或欠载节点的通知。

这个蚁群中的蚂蚁前后移动（就像自然界中蚂蚁从蚁群向食物源的两个方向移动一

样）。为了简化负载均衡算法，两种不同类型的蚂蚁在各自的方向上移动，且拥有独立的任务。正向移动的蚂蚁负责查找过载或欠载的节点。这个智能代理从它诞生的相同位置（节点）开始探索空间。反向移动的蚂蚁携带一个信号（可量化的信息素），并留下一条踪迹通知某个特定节点过载或欠载。模型中假设只有在遇到目标节点（需要负载均衡）时才生成反向移动的智能代理。当达到节点活动阈值（高和低）时，在目标节点的进程中生成正向移动的智能代理。

在这一背景下，通过对该算法的基本了解，可以将分布式计算环境的负载均衡流程分为以下几个步骤。

（1）智能代理计算并量化当前连接节点上的负载（低于或高于）。

（2）从一个随机的新节点的方向开始计算它是否适合负载均衡。

（3）当找到候选节点时生成反向蚂蚁。该智能代理更新信息素，以便留下目标节点的踪迹。

（4）根据智能代理找到的候选节点计算负载均衡的总体需求。

（5）平衡集群上的负载。

负载均衡算法的流程图如图 9-12 所示。

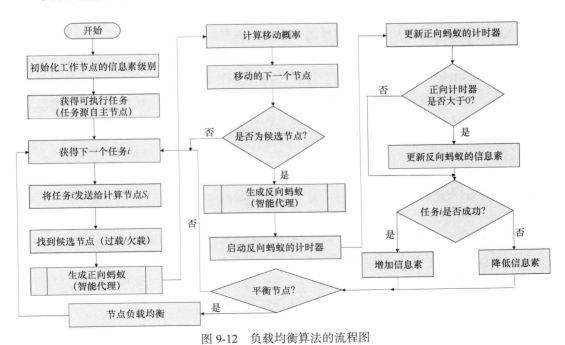

图 9-12　负载均衡算法的流程图

在边缘计算和传感器移动的物联网中，SI 的适用性更强。此时收集的数据可以被看作是群体的成员，通过基于模糊规则而不是硬编码函数来执行独立的操作，从而实现系统的整体效益。我们可以对边缘设备进行编程，使其能够在工作环境中进行探索和利用，从而共同实现一些预定义的目标。

到目前为止，我们已经看到了大数据处理在分布式计算方面的优势。然而，大数据还有两个更重要的方面，即数据的多样和高速。数据的多样和高速要求处理大数据的多维度问题。9.7 节和 9.8 节将简要介绍当有多目标时（正如真实场景那样），用于数据处理系统的动态数据处理和多目标优化。

9.7　处理动态数据

随着数据源的增加，人们开始寻求数据的意义，并将其用于更好的决策和自主行动上。然而，随着维数和输入变量的增加，对解空间的搜索变成了计算密集型任务，仅使用蛮力和分布式计算是不够的。现在，我们可以利用 SI 算法，用更高的权重标记影响整体结果的重要维度。在这个特定的场景中，数据生成的速度会由于数据一直在变化而变得十分复杂。

在设计人工代理集群时需要解决的一些挑战与动态目标空间有关，此时环境状态变化非常快（即使进行了优化，并且信息素水平由智能代理决定）。一旦群体找到全局最优解，实际值还是可能动态变化。这需要在智能代理中构建一组不同的规则来处理环境的动态性。此时算法需要进行优化，以考虑动态搜索空间中优化成本的增加，并与求解的质量进行权衡。为了有效地处理动态数据，人工代理的目标函数中可具有一定的模糊性。

9.8　多目标优化

到目前为止，本章已用一个目标（蚁群寻找食物源）来举例说明这个问题。然而，在真实的场景中，单个智能代理和集群通常需要满足多个目标。例如，蜜蜂需要寻找食物源，收集食物，并为蜂巢找到一个安全可行的地方。一个目标的实现是以另一个目标的实现为代价的。智能代理程序应该考虑到群体利益的权衡。

智能代理的优化函数应尽可能寻找满足多个目标的最优解，但由于其互斥性，一般而言是不可行的。在这种情况下，智能代理应该能够在没有中央控制的情况下运行，并根据环境上下文来决定目标的权重，同时，应该选择能满足群体的长期目标，而不是基于短期目标来决策。整体优化的目标是使群体达到"帕累托最优"。

"帕累托最优"是一个正式定义的概念，用于确定分配何时是最优的。如果有一种分配方法可以在不降低任何其他参与者福利的情况下至少改善一个参与者的福利，那么分配就不是帕累托最优的。如果有一个转移满足这个条件，则重新分配的过程称为帕累托改进。当没有满足条件的帕累托改进时，分配是帕累托最优的。

9.9　常见问答

问：分布式计算范式与群体智能的区别是什么？（在分布式计算的情况下，我们也将工作单元划分为由单个节点处理的块。）

答：这两种系统的基本区别是，分布式计算系统是集中控制的，有一个主节点或处理单元，它跟踪所有工作节点，并基于其可用性分配工作单元。该框架还维护一定程度的冗余节点，以便在某个工作节点发生故障时保证系统是可靠的。在社会生物所表现出的群体智能行为中，并不存在集中控制，所有智能代理都在各自的操作原则下独立运行。智能代理是自组织的，并且是直观的隐式协作，而不是由中央控制单元管理的显式协作。

问：基于群体智能算法的系统如何模拟信息素生成等自然现象？

答：信息素是一种化学物质，是蚂蚁在通往食物源的路上分泌的一种信号，表明附近有食物源。这种化学物质是蚂蚁相互交流的主要机制，不同浓度的信息素对蚂蚁来说意味着不同的含义。人工代理将信息素的量作为一个数值进行维护，该数值会递增，以表示增加的信息素，并且还有一个基于时间参数的蒸发过程。该行为在某种程度上是自然现象的一种模拟。

问：人工群体智能有什么具体场景和实际应用？

答：群体智能的原则可以应用于不同行业的不同问题和场景。前面我们已经看到了一个用于平衡节点负载的分布式计算案例。此外，还可以将 SI 算法应用于物流规划和供应链优化、网络和通信路由器、智能交通和车队控制、优化工厂运营以及客户服务运营中的劳动力优化。

9.10　小结

本章展示了构建 AI 系统的一个有趣方面。大自然用最好的"算法"和谐地管理一个拥有巨大规模的复杂生态系统。人们从大自然和一些小生物那里获得灵感，它们的大脑很小，与人类相比它们的神经元数量非常少。然而，这些小生物能够集体完成远比它们个体能力总和大得多的"壮举"。当人们致力于构建能够补充和增强人类能力的人工智能系统时，这些群落生物的操作原则不可忽视。

在本章中，我们了解了大自然群体智能的一些基本概念，以及在开发基于群体智能的现代系统时需要考虑的一些原则。本章尝试用数学的形式来表示集体行为，并利用粒子群优化和蚁群优化算法推导出开发人工代理算法行为的一些模式。本章还介绍了两个计算框架：MASON 和 Opt4J。它们可以很容易地用于各种实验和高级分析。这些库提供了有效的可视化层。随后介绍了一个用于分布式计算环境中平衡服务器负载的案例。

第 10 章将再次从大自然中获得灵感，并研究一个被称为**强化学习**（Reinforcement Learning，RL）的重要算法。与监督学习不同，强化学习利用奖励和惩罚作为人工智能学习行为的输入。

第 10 章
强化学习

我们在第 3 章中介绍了机器学习的两种基本类型：监督学习和无监督学习。监督学习利用历史数据（观测值）训练模型，并根据新的数据输入预测结果；而在无监督学习中，模型尝试在数据集中提取模式，并定义逻辑分组边界以分隔解空间。除了这两种算法，还有第三种机器学习算法对人工智能的发展同等重要。

请回忆学习骑自行车的过程。我们观察一个骑自行车的人，建立一个如何骑自行车的心理模型，然后自己尝试骑自行车。在第一次尝试中，我们几乎不能保持自行车的平衡和前进。我们（行为者）在路上（环境）做第一次尝试（行为），可能会跌倒（奖励）。我们一遍又一遍地尝试着用不同的速度和不同的踏板策略保持左右两边的平衡，这样可能会前进更远的距离（更高的奖励），最终学会正确骑行（目标）。这一过程会重复多次，会根据环境条件及时强化正确的行为，以实现奖励的最大化。

上面的过程叫作强化学习。这是机器学习算法的第三个基本类型，我们将在本章中学习。本章主要介绍以下内容：强化学习算法的概念、Q-learning、SARSA 学习以及深度强化学习。

10.1 强化学习算法的概念

下面我们创建一个简单的强化学习模型，同时介绍其中的术语，如图 10-1 所示。

在时间（t）的各个步骤中，智能代理会：

（1）执行行为 a_t；
（2）接收观测 o_t；

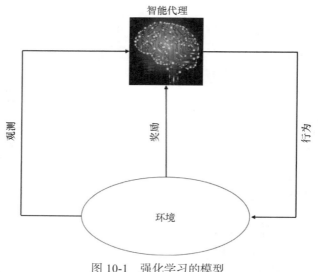

图 10-1　强化学习的模型

（3）接收奖励 r_t。

在时间（t）的各个步骤中，环境会：

（1）接收行为 a_t；

（2）生成观测 o_{t+1}；

（3）生成标量的奖励 r_{t+1}。

环境是不确定的。（基于 o_t 的行为 a_t 会接收奖励 r_t，同样状态的同一行为可能得到不同的奖励。）

智能代理（指智能机器）通过自身的观测和行为与环境上下文取得联系。智能代理以独立的方式感知环境，并根据一些流行的和不断发展的技术来决定要执行的行为。智能代理在每一步中都会接收表示环境状态的信号。

智能代理从当时可选状态中挑选一个行为并执行，以此作为响应，同时生成一个会改变环境状态的输出。还记得第 1 章的结果金字塔吗？如果智能代理想要获得更好的结果，它必须根据环境和其存在的总体目标采取某种行为。由智能代理行为引起的环境状态变化，通过一个增强信号 r 反馈给它。最终结果是一套离散行为的组合，智能代理需要对行为做出决策并最大化奖励的总和（即增强信号）。通过一段时间的学习，同时辅以一些进化算法支持的误差策略，智能代理就能学会执行正确的行为。

在这样的知识背景下，我们可以清楚地看到强化学习可通过以下两种不同的方法实现。

（1）**使用遗传算法和遗传编程**。在这种方法中，智能代理根据环境上下文在可能的路径空间内搜索最优解决方案或行为。虽然使用遗传算法模型可以消除对蛮力计算的依赖，从而达到智能代理的总体目标，即最大化奖励，但这种方法有时会使智能代理得到次优的行为。

（2）**使用统计技术和动态规划模型**。这是分布式计算和并行处理的现代计算范式所采用的方法，用于开发在某些具有挑战性的任务（如象棋和围棋等游戏）中表现优于人类智能的智能代理。

强化学习和监督学习模型有一个根本的区别。在监督学习中，我们可以访问将自变量映射到输出的历史数据，并将这些历史数据作为训练监督学习模型的输入。之后，可以把该模型用于一组新的输入数据集，并获得输出。而在强化学习中，智能代理需要在可用的解空间内进行搜索，并且不知道历史的行为。一种混合方法是智能代理从一个被训练过的模型出发，该模型已缩小了搜索空间，排除了一些解，此时智能代理可以更高效的方式在环境的变换中实现目标（最大化奖励）。这是一种更受青睐的机器智能构建方式。

基于智能代理行为的环境状态转换如图 10-2 所示。

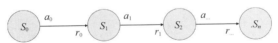

图 10-2 基于智能代理行为的环境状态转换

强化学习算法的总体目标是推导出一个策略 P，使所有行为的奖励总和最大化：

$$P = \max(\sum_{t=0}^{n} r(t))$$

算法使用强化学习主要有两种策略。想象一下，强化学习就像在迷宫中导航，在迷宫中我们会得到正面和负面的奖励。我们通过探索推导出导航策略，并在行为的奖励降低时回溯路径。这种方法被称为关注奖励的探索。然而，身处迷宫中若仅仅在有限视野内沿着一条最大奖励的路径走下去，最终是无法找到最佳路径出去的。

我们需要随机地开拓未知领域，去探索新的方向。其正式的术语叫作**对搜索空间的开发**（Exploitation of the Search Space）。探索与开发相结合的步骤影响了强化学习的总体目标。当智能代理应用探索和开发来满足最大化奖励的总体目标时，需要考虑其靠近最优目标的行为。智能代理有以下 3 种不同的模型来优化解空间的搜索过程。

（1）**有限时域模型**（Finite Horizon Model）。在任何给定的时间点，智能代理都不能看到整个搜索空间。智能代理通过接下来的 m 个步骤搜索，获得最大奖励后停止：

$$P = \max(\sum_{t=0}^{m} r(t))$$

智能代理不关心第 m 步之后的步骤。在这种方法中，智能代理具有一个**非平稳策略**（Non-stationary Policy），该策略可能会根据遇到的环境状态而变化。当智能代理执行到 m 步时，这个操作序列达到最优。在下一步中，智能代理将优化 $m-1$ 步，以此反推直到结束。

（2）**无限时域模型**（Infinite Horizon Model）。该模型的显著区别在于搜索空间和状态转换被认为是无限的。该模型在训练时在整个搜索空间中考虑最大化长时奖励。奖励按几何比例折算，使用一个范围为 0～1 的折算因子表示：

$$P = \max(\sum_{t=0}^{\infty} \beta^t r(t))$$

（3）**平均奖励模型**（Average Reward Model）。在这种情况下，智能代理根据最大化步骤的平均奖励来取搜索空间。这是无限时域模型的一种有限情况，它更不容易在过程中陷入极端情况。

当算法遵循上述模型中的一种时，性能的衡量有下面几个标准。

（1）**缓慢并最终收敛到最优**。与快速收敛到 90%最优行为的智能代理相比，慢速学习并最终收敛到最优状态（在此状态下行为步骤获得最大奖励）的智能代理比较不受青睐。

（2）**度量速度收敛到最优**。由于最优状态是不确定的，收敛速度需要是一个相对的、主观的测度，是一个全局最优或近似最优的微分函数。我们还可以在给定的时间或行为步骤之后度量性能水平。通常会有一段时间不会发生误差，因此需要在智能代理运行的环境上下文中仔细选择最短的给定时间。有时，如果智能代理在环境中运行的时间较长，那么它就成为了不合适的度量。智能代理也有可能在整个学习期间付出很高的代价。对于快速收敛到性能和精度阈值的模型，可以选择这个度量。

10.2　强化学习技术

有了强化学习的背景知识，接下来的几节将探讨一些探索搜索空间的技术，其目标是以最优的方式最大化奖励。

10.2.1　马尔可夫决策过程

为了理解**马尔可夫决策过程**（Markov Decision Process，MDP），让我们定义两种环境类型。

（1）**确定性环境**。在确定性环境中，在环境的特定状态下所采取的行为决定了特定的结果。例如，在国际象棋游戏中，在游戏开始时所有可能的走法中，将棋子从 e4 移动到 e5 时，下一步是确定的，并且在不同的游戏中也完全相同。在一个确定性环境中，伴随着下一个可能的状态，奖励也有一定程度的确定性。

（2）**随机性环境**。在随机性环境中，智能代理从当前状态转移到下一个状态总是存在一定程度的随机性和不确定性。

在构建智能系统时，智能代理所处的大部分现实环境本质上都是随机的。MDP 提供了一个在随机性环境中进行决策的框架，其总体目标是根据上下文中的一系列行为找到策略，以达到最终的预期状态。MDP 并不是简单地根据环境条件来确定和调整行动。MDP 为随机性环境下智能代理的决策过程提供了一个可量化的模型。

智能代理在时间 t，从其当前状态 s 的所有可用行为集合中，采取一个步骤（行为 a）。环境转换到新的状态 s'，同时给智能代理奖励 $R_a(s, s')$。由于环境的随机性，从状态 s 到特定状态 s' 的转换不能得到确定性的保证。这种转换的可能性为 $P_a(s, s')$。状态 s 中的每个行为步骤都独立于之前的状态和行为，满足马尔可夫性质。

> 如果一个随机过程未来状态的条件概率分布（含有过去状态和现在状态的条件）只依赖于当前状态，而不依赖于它之前的事件序列，那么它就具有马尔可夫性质。具有此性质的过程称为马尔可夫过程（Markov Process）。

图 10-3 直观地表示了环境的随机性和一系列行为引起的状态转换。

MDP 包含 5 个基本组成部分。

（1）S。环境的所有可能的状态集合。

（2）A。智能代理的所有可能的行为集合。A_s 表示状态 s 中可能的行为集合。

（3）$P_a(s, s')$。状态 s 通过行为 a 来得到状态 s' 的概率。在图 10-3 中，在状态 s_0 时采取行为 a_2 有 0.6 的概率将环境状态转换到 s_1。

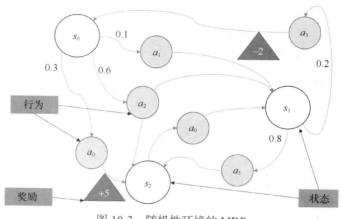

图 10-3　随机性环境的 MDP

（4）$R_a(s, s')$。它表示环境从状态 s 经过行为 a 转换到 s' 的奖励。在图 10-3 中，状态 s_1 通过行为 a_3 转换到 s_0，智能代理收到−2 的奖励。

（5）$\gamma \in [0,1]$。折算因子，表示基于特定行为导致状态转换的未来奖励与当前奖励之间的区别。

MDP 试图找到一个策略，使有限状态集中所有行为的累积奖励最大化。这个目标可以在动态规划框架的帮助下实现。

10.2.2　动态规划与强化学习

在强化学习的上下文中，动态规划（Dynamic Programming，DP）方法处理的是需要执行行为的控制器或智能代理与环境的交互。这种交互伴随 3 种不同的信号发生。

（1）**状态信号**：描述处理过程的状态。

（2）**行为信号**：智能代理（控制器）用该信号影响处理过程。

（3）**奖励信号**：基于最近的行为给控制器提供反馈。

智能代理通过状态-行为-奖励-状态-行为循环的重复迭代在解空间中移动。智能代理的整体行为由一个策略定义。该策略可以根据环境的性质（确定的或随机的）动态匹配。对于动态规划，智能代理的总体目标是找出一个最优策略，使其累积奖励最大化。我们将考虑无限时域模型上的奖励，同时采用一个平稳的最优策略，即对于给定的状态，最优行为的选择总是相同的。虽然动态规划和强化学习在无限时域模型上有着共同的目标，但在应用和算法上却存在着一定的差异。在深入研究动态规划和强化学习之前，先对它们做一个快速比较，如表 10-1 所示。

表 10-1　　　　　　　　　　　　　比较动态规划和强化学习

	动态规划	强化学习
应用领域	自动控制	人工智能
应用问题领域	非线性和随机最优控制问题	自适应最优控制
术语	控制器/处理	智能代理/环境
算法类型	基于模型	不基于模型

动态规划和强化学习采用常见的迭代策略，如值迭代、策略迭代以及搜索策略，以实现它们的优化目标。

首先在确定性环境中考虑动态规划和强化学习算法。在此环境中，当处于状态 s_t 的智能代理在第 t 步执行行为 a_t 时，根据转换函数 $f: S \times A \rightarrow S$，状态变为 s_{t+1}，有 $s_{t+1} = f(s_t, a_t)$。这时，智能代理根据函数 $\rho: S \times A \rightarrow \mathbb{R}$ 接收一个标量奖励信号 r_{t+1}，有 $r_{t+1} = \rho(s_t, a_t)$。智能代理进一步根据策略 $\rho: S \rightarrow A$ 执行行为，有 $a_t = P(s_t)$。当知道了转换函数 f，奖励函数 ρ，当前状态 s_t 和当前行为 a_t 时，下一个状态 s_{t+1} 和下一个奖励 r_{t+1} 就确定了。

在具有策略迭代的确定性环境中学习

让我们基于动态规划模型来了解一下智能代理的学习过程。想象一个智能代理正在学习用一个简单的键盘演奏音乐，如图 10-4 所示。

在图 10-4 中，P 表示键盘播放的智能代理，$K\{0, 1, 2, 3, 4, 5\}$ 表示 0~5 的键值。在这个简单的设置中，智能代理可以向左和向右移动，用 $A\{-1, 1\}$ 表示。向右的移动由 $a = 1$ 表示，向左的移动由 $a = -1$ 表示。假设智能代理在演奏特定音符时获得奖励，在本例中，当它从键 4 移动到键 5 时，奖励是 5；当它从键 1 移动到键 0 时，奖励是 1。对于所有其他转换，奖励为 0。为简单起见，假设键 0 和键 5 是声音音符的最终状态，并且一旦智能代理到达那里，它就不能再离开。

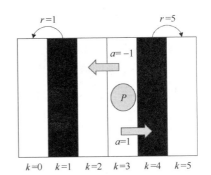

图 10-4　确定性环境中的动态规划模型

在本例中，转换函数表示如下：

$$f(k,a) = k + a \ (1 \leqslant k < 4)$$
$$f(k,a) = k \ (k = 0 或 k = 5)$$

奖励函数表示如下：

$$\rho(s,a) = \begin{cases} 5 \ (s = 4 且 a = 1) \\ 1 \ (s = 1 且 a = -1) \\ 0 \ (其他状态转换) \end{cases}$$

在这一上下文中，智能代理的目标是根据键盘上基于任意起始位置的转换获得最高的累积奖励。无限时域奖励公式如下：

$$R(k_x) = \sum_{k=1}^{\infty} \gamma^k r(k+1) = \sum_{k=0}^{\infty} \gamma^k \rho(s_k, f(x_k))$$

在本例中，$\gamma \in [0,1]$ 是折算因子，表示对智能代理的延迟奖励。这样，如果单个行为的奖励是有界的，那么累积奖励就是有界的。智能代理接受来自每个行为步骤的反馈，并最大化总体累积奖励。

在这种情况下，当前的行为步骤对总体奖励没有任何的影响。选择合适的 γ 值是非常必要的，它在奖励最大化和收敛速度最大化之间建立了一个平衡。我们可以使用值函数来获得代理的最优策略。值函数有两种类型，分别表示为 Q 函数和 V 函数。Q 函数是状态行为值函数，V 函数是状态值函数。

对于策略 $\mathbb{P}$ 的 Q 函数为 $Q^p : S \times A \to \mathbb{R}$，从一个给定状态 s 和给定行为 a 开始并遵循策略 $\mathbb{P}$，该函数给出一个返回值，有 $Q^p(s,a) = \rho(s,a) + \gamma \mathbb{R}^p(f(s,a))$。这里，$\mathbb{R}^p(f(s,a))$ 是步骤 $f(s,a)$ 的返回值。对于在状态 s 执行行为 a 并遵循策略 $\mathbb{P}$，Q 函数还可以将其表示为奖励的折算和：

$$Q^p(s,a) = \sum_{k=0}^{\infty} \gamma^k \rho(s_k, a_k)$$

当 $(s_0, a_0) = (s,a)$，$s_{k+1} = f(s_k, a_k)(k = 0)$，以及 $a_k = P(s_k) \ (k \geqslant 1)$ 时，可把累加值函数的第一项提取出来：

$$Q^p(s,a) = P(s,a) + \sum_{k=1}^{\infty} \gamma^k \mathbb{P}(s_k, a_k)$$

$$= P(s,a) + \gamma \sum_{k=1}^{\infty} \gamma^{k-1} \mathbb{P}(s_k, \mathbb{P}(s_k))$$

$$= P(s,a) + \gamma \mathbb{R}^p(f(s,a))$$

最优 Q 函数给出了智能代理在搜索空间中各种转换的最大 Q 值。

$$Q(s,a) = \max_p Q^p(s,a)$$

对于策略 P 的 V 函数为 $V^p : S \to \mathbb{R}$，它从一个特定的键开始并遵循策略 P 得到。V 函数可从遵循策略 P 的 Q 函数导出：$V^p(s) = R^p(s) = Q^p(s, \rho(s))$。同样，最优 V 函数是在各种转换中给出最大 V 值的函数，可以从最优 Q 函数计算得到。

在随机性环境中学习时，当智能代理采取 $a+1$ 行为时，不一定会移动到 $s+1$ 的状态。在这种情况下，Q 值和 V 值被作为智能代理通过搜索空间多次迭代学习到的转换的概率。

10.2.3 节将探讨一种流行的无模型 Q-Learning 算法。

10.2.3　Q-learning

Q-learning 是一种无模型的学习算法，当智能代理知道搜索空间中所有可能的状态和导致这些状态的行为时，它非常有用。Q-learning 能够在即时奖励和长期奖励之间进行选择，从而达到优化行为累积奖励最大化的目标。

用一个简单的例子来解释这一点。考虑一个迷宫，其中有 6 个位置（$L \in \{0,1,2,3,4,5\}$），当智能代理到达位置 5 时，它会找到宝藏（表示结束状态或智能代理的目标）。迷宫的结构如图 10-5 所示。双向箭头表示可能的状态转换，数字表示奖励。

当前位置	可能的位置	奖励
0	4	0
1	3,5	0,100
2	3	0
3	1,4	0
4	3,5	0,100
5	1,4,5	0,0,100

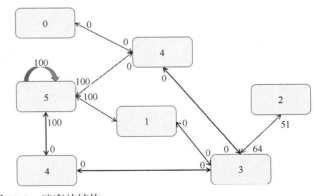

图 10-5　迷宫的结构

在 Q-learning 中，状态转换以标准化的方式表示为矩阵，其中行表示状态，列表示行为。-1 表示行为 a 在特定状态下不可能或被阻止，100 表示状态转换奖励 100 分，对于所有其他转换，奖励为 0，如图 10-6 所示。

现在，智能代理需要构建一个 $\boldsymbol{Q}$ 矩阵，该矩阵存储智能代理通过一系列行为和相应的状态转换所进行的所有学习。在 $\boldsymbol{Q}$ 矩阵中，行表示当前状态，列表示下一阶段的行为。$\boldsymbol{Q}$ 矩阵的初始状态表示智能代理对环境一无所知时的情况，因此矩阵全部为 0 值。在本例中，假设智能代理知道环境有 6 种可能的状态。但是，在实际场景中，智能代理并不知道所有的状态，需要探索搜索空间。在这种情况下，当遇到新的状态时，Q-learning 算法向 $\boldsymbol{Q}$ 矩阵添加列。Q-learning 算法的转换规则表示为：

$$Q(s,a) = R(s,a) + \gamma * \max[Q(s+1,a_{0,n})]$$

$\boldsymbol{Q}$ 矩阵中的一个值，表示 $\boldsymbol{R}$ 矩阵中对应的值，加上学习参数 γ 乘以下一状态下所有可能行为的最大 Q 值。当智能代理从起始位置转换到目标状态时，它会更新 $\boldsymbol{Q}$ 矩阵，这个转换称为一个情节（Episode）。在这一上下文中，Q-learning 算法表示为图 10-7。

$$R = \begin{array}{c} \text{状态} \\ \begin{array}{c} 0 \\ 1 \\ 2 \\ 3 \\ 4 \\ 5 \end{array} \end{array} \begin{array}{c} \overset{\text{行为}}{\overset{0\quad 1\quad 2\quad 3\quad 4\quad 5}{\left[\begin{array}{cccccc} -1 & -1 & -1 & -1 & 0 & -1 \\ -1 & -1 & -1 & 0 & -1 & 100 \\ -1 & -1 & -1 & 0 & -1 & -1 \\ -1 & 0 & 0 & -1 & 0 & -1 \\ 0 & -1 & -1 & 0 & -1 & 100 \\ -1 & 0 & -1 & -1 & 0 & 100 \end{array}\right]}} \end{array}$$

图 10-6　状态转换

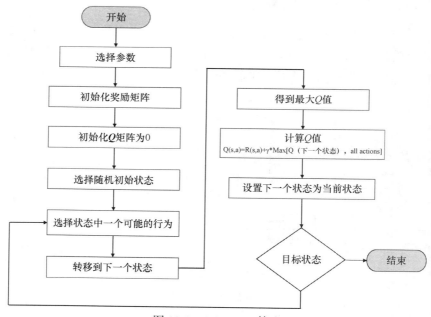

图 10-7　Q-learning 算法

通过这一算法，每经过一个情节都会丰富智能代理的内存，它会存储更多关于状态转换奖励的信息。当训练的迭代次数超过一定数量时，智能代理可以快速地在搜索空间中找到最优路径。参数 γ 的范围为 0～1。当 r 趋近于 0 时，智能代理优先考虑初始情节的奖励。当 γ 接近 1 时，智能代理考虑权重较大的未来奖励，即为了累积收益，愿意延迟奖励。

根据前面迷宫的例子，我们可以在几个情节中使用该算法。图 10-8 是奖励矩阵 **R** 和 **Q** 矩阵的初始状态。

图 10-8　奖励矩阵 **R** 和 **Q** 矩阵的初始状态

假设智能代理的初始状态是 1，随机地将 γ 值设置为 0.8。我们可以看到，从状态 1 开始，智能代理可能到达的状态是 3 和 5。假设智能代理随机地到达状态 5。在状态 5 中，智能代理有 3 种可能的状态选择：1、4 和 5。应用 Q-learning 方程：

$$Q(s,a) = R(s,a) + \gamma * \max[Q(s+1, a_{0,n})]$$
$$Q(1,5) = R(1,5) + 0.8 * \max[Q(5,1), Q(5,4), Q(5,5)]$$
$$= 100 + 0.8 * \max[0,0,0]$$
$$= 100 + 0.8 * 0 (切记将 Q 矩阵初始化为零)$$
$$= 100$$

由于 5 是目标状态，一个伴随着新版 **Q** 矩阵的情节就完成了，如图 10-9 所示。

对于下一个情节，智能代理从状态 3 开始。根据 **R** 矩阵，在状态 3，有 3 种可能的行为：1、2 和 4。智能代理执行行为 1，来到状态 1。设智能代理在状态 1，在这一点上它可以转移到状态 3 和 5。对这个路径计算 Q 值：

图 10-9　情节 1 后的 **Q** 矩阵

$$Q(s,a) = R(s,a) + \gamma * \max[Q(s+1, a_{0,n})]$$
$$Q(3,1) = R(3,1) + 0.8 * \max[Q(1,3), Q(1,5)]$$
$$= 0 + 0.8 * \max[0,100]$$
$$= 0 + 0.8 * 100$$
$$= 80$$

在这一点上，智能代理位于状态 1，还没有达到目标状态，会一直重复这个步骤直到达到目标状态（本例中即状态 5）。假设智能代理从状态 1 随机地转移到了目标状态 5，那么情节 2 也就结束了。图 10-10 所示的是情节 2 最终的 Q 矩阵。

$$Q = \begin{bmatrix} & 0 & 1 & 2 & 3 & 4 & 5 \\ 0 & 0 & 0 & 0 & 0 & 0 & 0 \\ 1 & 0 & 0 & 0 & 0 & 0 & 100 \\ 2 & 0 & 0 & 0 & 0 & 0 & 0 \\ 3 & 0 & 80 & 0 & 0 & 0 & 0 \\ 4 & 0 & 0 & 0 & 0 & 0 & 0 \\ 5 & 0 & 0 & 0 & 0 & 0 & 0 \end{bmatrix} \Rightarrow Q = \begin{bmatrix} & 0 & 1 & 2 & 3 & 4 & 5 \\ 0 & 0 & 0 & 0 & 0 & 400 & 0 \\ 1 & 0 & 0 & 0 & 320 & 0 & 500 \\ 2 & 0 & 0 & 0 & 320 & 0 & 0 \\ 3 & 0 & 400 & 256 & 0 & 400 & 0 \\ 4 & 320 & 0 & 0 & 320 & 0 & 500 \\ 5 & 0 & 400 & 0 & 0 & 400 & 500 \end{bmatrix}$$

情节2后的Q矩阵　　　　　　　　　　收敛后的Q矩阵

图 10-10　情节 2 最终的 Q 矩阵

矩阵可以进行缩放，即将所有非零值除以矩阵中的最大值然后再乘以 100。标准化后，最终收敛的 Q 矩阵如图 10-11 所示。

$$Q = \begin{bmatrix} & 0 & 1 & 2 & 3 & 4 & 5 \\ 0 & 0 & 0 & 0 & 0 & 80 & 0 \\ 1 & 0 & 0 & 0 & 64 & 0 & 100 \\ 2 & 0 & 0 & 0 & 64 & 0 & 0 \\ 3 & 0 & 80 & 51 & 0 & 80 & 0 \\ 4 & 64 & 0 & 0 & 64 & 0 & 100 \\ 5 & 0 & 80 & 0 & 0 & 80 & 100 \end{bmatrix}$$

图 10-11　标准化的 Q 矩阵

一旦得到收敛和标准化的 Q 矩阵，智能代理就会记住并学习状态转换的最优行为，从而去达到目标状态（本例中为状态 5）。带 Q 矩阵值的状态转移如图 10-12 所示。

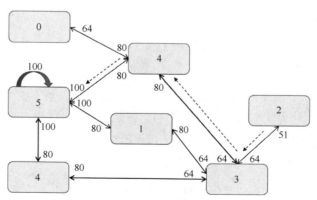

图 10-12　带 Q 矩阵值的状态转移

一旦定义了这个转移矩阵，智能代理就能以最优的方式在搜索空间中导航，方法是在每个步骤中选择一个使 Q 值最大的行为，如图 10-12 中的虚线箭头所示。

下面是实现 Q-learning 算法的代码片段，与之前看到的例子相同：

```java
package com.aibd.rl;

import java.util.Random;

public class QLearner {

    private static final int STATE_COUNT    = 6;
    private static final double GAMMA        = 0.8;
    private static final int MAX_ITERATIONS = 10;
    private static final int INITIAL_STATES[]= new int[] {1, 3, 5, 2, 4, 0};
    // 用状态转换组合初始化 R 矩阵
    private static final int R[][] =
        new int[][] {{-1, -1, -1, -1, 0, -1},
                     {-1, -1, -1, 0, -1, 100},
                     {-1, -1, -1, 0, -1, -1},
                     {-1, 0, 0, -1, 0, -1},
                     {0, -1, -1, 0, -1, 100},
                     {-1, 0, -1, -1, 0, 100}};

    private static int q[][] = new int[STATE_COUNT][STATE_COUNT];
    private static int currentState = 0;
    public static void main(String[] args) {
        train();
        test();
        return;
    }

    private static void train() {
        // 初始化 Q 矩阵
        initialize();
        // 从初始状态开始训练
        for(int j = 0; j < MAX_ITERATIONS; j++){
            for(int i = 0; i < STATE_COUNT; i++) {
                episode(INITIAL_STATES[i]);
            }
        }
        System.out.println("Q Matrix:");
        for(int i = 0; i < STATE_COUNT; i++) {
            for(int j = 0; j < STATE_COUNT; j++){
                System.out.print(q[i][j] + ",\t");
            }
            System.out.print("\n");
```

```
        }
        System.out.print("\n");
        return;
    }
    private static void test() {
        // 从初始状态开始执行测试
        System.out.println("Shortest routes from initial states:");
        for(int i = 0; i < STATE_COUNT; i++) {
            currentState = INITIAL_STATES[i];
            int newState = 0;
            do {
                newState = maximum(currentState, true);
                System.out.print(currentState + " --> ");
                currentState = newState;
            }while(currentState < 5);
            System.out.print("5\n");
        }
        return;
    }
    private static void episode(final int initialState) {
        currentState = initialState;
        do {
            chooseAnAction();
        }while(currentState == 5);
        for(int i = 0; i < STATE_COUNT; i++){
            chooseAnAction();
        }
        return;
    }
    private static void chooseAnAction() {
        int possibleAction = 0;
        // 随机选择一个当前场景下的可能行为
        possibleAction = getRandomAction(STATE_COUNT);

        if(R[currentState][possibleAction] >= 0){
            q[currentState][possibleAction] = reward(possibleAction);
            currentState = possibleAction;
        }
    return;
    }
    private static int getRandomAction(final int upperBound) {
        int action = 0;
```

```
        boolean choiceIsValid = false;
        // 随机选择一个当前场景下的可能行为
        while(choiceIsValid == false) {
            // 从 0(inclusive) 到 6(exclusive) 随机选择一个值
            action = new Random().nextInt(upperBound);
            if(R[currentState][action] > -1){
                choiceIsValid = true;
            }
        }
        return action;
    }
private static void initialize() {
    for(int i = 0; i < STATE_COUNT; i++)
    {
        for(int j = 0; j < STATE_COUNT; j++)
        {
            q[i][j] = 0;
        } // j
    } // i
    return;
}
private static int maximum(final int State, final Boolean ReturnIndexOnly) {
        // 若 ReturnIndexOnly 为 True, 则返回 Q 矩阵索引.
        // 若 ReturnIndexOnly 为 False, 则返回 Q 矩阵索引.
    int winner = 0;
    boolean foundNewWinner = false;
    boolean done = false;

    while(!done) {
        foundNewWinner = false;
        for(int i = 0; i < STATE_COUNT; i++)
        {
            if(i != winner){ // 以防自适应比较.
                if(q[State][i] > q[State][winner]){
                    winner = i;
                    foundNewWinner = true;
                }
            }
        }
        if(foundNewWinner == false){
            done = true;
```

```
        }
    }
    if(ReturnIndexOnly == true){
        return winner;
    }else{
        return q[State][winner];
    }
}
private static int reward(final int Action) {
    return (int)(R[currentState][Action] + (GAMMA * maximum(Action, false)));
}
}
```

程序输出如下：

```
Q Matrix:
0, 0, 0, 0, 396, 0,
0, 0, 0, 316, 0, 496,
0, 0, 0, 316, 0, 0,
0, 396, 252, 0, 396, 0,
316, 0, 0, 316, 0, 496,
0, 396, 0, 0, 396, 496,

Shortest routes from initial states:
1 --> 5
3 --> 1 --> 5
5 --> 5
2 --> 3 --> 1 --> 5
4 --> 5
0 --> 4 --> 5
```

如上所示，Q-learning 是一种优化折算奖励的方法，通常会优先考虑短期奖励而不是未来奖励。10.2.4 节将研究一种 Q-learning 算法的变体，称为 **SARSA 学习**。

10.2.4   SARSA 学习

状态-行为-奖励-状态-行为（State-Action-Reward-State-Action，SARSA）是一种基于策略的算法，其中生成前一个行为的策略也可以生成下一个行为。这与 Q-learning 不同，在 Q-learning 中，算法是基于非策略的，只考虑当前状态和奖励以及可用的下一个行为，而不考虑正在进行的策略。

在 SARSA 的每个步骤中，通过改进 Q 函数估计来评估和改进智能代理的行为。误

差会导致 Q 值的更新，并且 Q 值会由学习率 α 调整。在本例中，Q 值表示在状态 s 时执行行为 a_{t+1} 来到下一个状态的潜在奖励，加上下一个状态-行为步骤的未来折算奖励（γ）。算法可以用如下公式表达：

$$Q(s_t, a_t) \leftarrow Q(s_t, a_t) + \alpha[r_t + \gamma Q(s_{t+1}, a_{t+1}) - Q(s_t, a_t)]$$

与 Q-learning 的第一个不同是，在 SARSA 学习中，智能代理学习的是行为-返回值函数而不是状态-返回值函数。智能代理需要为所有状态 s 和行为 a 在策略 P 下估计 $Q^P(s, a)$。智能代理需要考虑从一个状态-行为对向另一个状态-行为对的转换，并学习这些状态-行为对的值。如果不是最终状态，那么从它转换之后就会触发更新。如果 s_{t+1} 是最终状态，那么 $Q(s_{t+1}, a_{t+1})$ 定义为 0。SARSA 在从一种状态过渡到另一种状态的决策中利用了所有元素（$s_t, a_t, r_{t+1}, s_{t+1}, a_{t+1}$）。与 Q-learning 类似，SARSA 也是一种迭代算法，可以表示为图 10-13 所示。

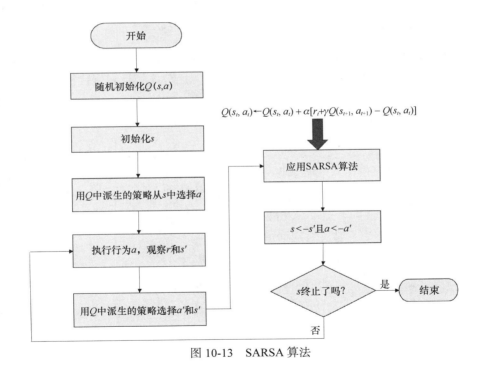

图 10-13　SARSA 算法

另一种不太常用的强化学习方法是 R-learning，它试图优化智能代理的平均奖励。在决定最优策略时，它对未来和短期的奖励一视同仁。

10.3　深度强化学习

为了将强化学习算法应用于真实的用例和场景,需要利用深度神经网络的强大功能,它可以像人类一样从环境中推断信息。人工智能的目标之一是通过创建与其行为环境交互的自主智能代理来增强人类的能力,同时随着时间推移从错误中不断改进,从而学习最佳行为。

例如,来自摄像机的信号可以用深度神经网络来解释。一旦这个信号被解释,摄像机观察到的物体和模式就可以借助深度神经网络进行分析。这些深度神经网络可应用于强化学习算法,创建一个基于训练源的在一段时间内学习的导航系统。

从根本上说,将深度神经网络和强化学习算法结合起来,可以在目标检测、自动驾驶汽车、视频游戏、自然语言处理等方面实现接近人类的能力。本节将介绍深度强化学习(Deep Reinforcement Learning,DRL)的各种方法和技术。

已知**深度神经网络**可以推导出高维数据集的低维表示,如音频/视频信号。此外,强化学习模型减少了对训练数据的依赖,转而依赖于奖惩范式,让智能代理在随机性环境中导航,并随着时间不断改进。深度学习使强化学习达到接近人类表现的新高度,对于某些需要蛮力的活动,自主智能代理甚至能够超越人类的能力。

虽然使用 DRL 做了很多开创性的工作,但最初的突破是通过训练算法来掌握 Atari 2600 视频游戏,仅仅通过输入像素数据就可以达到超越人类的专业水平。该智能代理的训练完全基于奖励信号和表示随机环境的像素图。另一个显著的成功是智能代理 AlphaGo,它击败了围棋世界冠军。AlphaGo 使用的是神经网络,经过监督和强化学习的结合,以及一种自我学习算法对网络进行训练。

DRL 在机器人领域非常有用。在该领域,视频信号由一个神经网络来解释,这个神经网络可以激活执行关键任务的控制器,比如操作数控机床以及尝试做手术。推动这一趋势的是制造能够进行元学习的智能代理,即学习如何去学习。这在 DRL 中也是可能的。在不久的将来,DRL 智能代理必将发展成完全补充人类能力的工具。DRL 之所以成功,是因为它能够将低维学习技术外推到高维非结构化数据集。

神经网络基于高维数据有很好的近似和学习能力。在此基础上,DRL 可以在高维空间应对维度产生的问题,并在各种随机性环境中训练模型。**卷积神经网络**(Convolution Netural Network,CNN)可以作为 DRL 的构建模块,它可以直接从实际生活中高维的原始数据资产中进行学习。DRL 通过状态转换和最优值函数 V、Q 和 A 来训练深度神经网络，使其生成最优策略。虽然将神经网络与强化学习相结合的可能性是很大的，但我们还是会评估深度神经网络作为函数近似在 DRL 策略搜索法中的应用。最流行的算法之一是**深度 Q 网络**（Deep Q-network，DQN）。

10.4 常见问答

问：监督学习和强化学习的区别是什么？

答：监督学习算法基于历史数据对模型进行训练，历史数据描述了数据的趋势，并建立了事件数据与结果输出之间的相关性。在这种情况下，监督学习模型所做的是一个曲线拟合，它将数据点（自变量）映射到一组输出变量（因变量）。历史数据的可用性对于监督学习是至关重要的。在强化学习中，智能代理在它所处的环境中执行行为，基于所获得的奖励来建模。智能代理没有可用的历史数据来对自己进行训练。然而，当智能代理知道了历史趋势，并应用探索和开发策略，以便在搜索空间向其目标转换的过程中获得最大奖励时，混合的方法通常非常有效。

问：强化学习的基本组件有哪些？

答：强化学习是在环境上下文中进行的。环境定义了影响智能代理（强化学习的第二个组件）性能的所有外部因素。智能代理在多个状态下通过解空间进行转换，目标是到达最终状态并在途中最大化奖励。智能代理执行的每一个行为都会产生一个奖惩，会对环境状态做出相应的改变。

问：智能代理遇到的环境类型有哪些？

答：智能代理会遇到确定性或随机性环境。确定性环境具有一定程度的确定性，这取决于环境状态和智能代理最近一次的行为。在这种类型的环境中，当环境处于 St 状态时，第 t 步的一个行为 at 会导致一个确定的状态和奖励。而在随机性环境中，在相同的环境状态下，同样的行为得到的奖励和导致的状态也存在一定程度的不确定性。

10.5 小结

本章探讨了最重要的机器学习技术之一强化学习，讲述了强化学习和监督学习的区别。基于智能代理行为强化的学习对智能机器建模至关重要。强化学习将在人类能力和智能机器之间架起桥梁。本章已经介绍了强化学习算法的基本概念以及参与其中的组件，还为一个通用的强化学习算法建立了数学方程，其中的总体目标是使智能代理执行行为在不同状态转换时获得最大的累积奖励。

本章还简要地介绍了确定性和随机性环境下的 MDP，并探讨了动态规划的概念以及 Q-learning 和 SARSA 学习算法。最后简单讨论了深度强化学习，它是深度神经网络和强化学习范式的结合。可以派生的用例非常多，并且本章已经为探索人的创造力构建了一个基础。

第 11 章将探讨数据管理最重要的方面之一——安全性。随着数据量的不断增长，网络安全至关重要。我们将探讨基础设施保护的基本概念，以及一些用于流处理和实时威胁检测的框架。

第 11 章
网络安全

在本书的学习过程中，我们构建了这样一个事实，即为了实现人工智能，我们需要访问大量的数据。数据在为智能机器构建功能方面发挥着核心作用，这些智能机器补充和增强了人类的能力。人们开发的基于机器学习体系结构和算法的应用程序，其好坏取决于底层数据质量。随着人们对数据的依赖增加，数据开始作为任务关键型系统的一种资产，如医疗设备、航空、银行系统等。维护数据资产的完整性是至关重要的优先事项，也是成功地广泛采用 AI 系统的关键因素。保护维生管线免受数据泄露的工作通常就被称为**网络安全**（Cyber Security）。

本章将介绍如何利用各种数据治理框架来保护关键数据资产，并通过对大数据管理和机器学习框架的理解来确保最重要的资产（数据）的安全。

本章主要介绍以下内容：如何利用大数据来保护维生管线；流处理的一般概念；安全信息和事件管理；Web 服务器访问日志文件的结构和策略，并在网络安全中利用它；Splunk 作为实现网络安全的企业级应用；ArcSight ESM 作为一个企业安全管理平台。

11.1 大数据用于维生管线保护

维生管线（Critical Infrastructure，CI）是企业和政府机构用来定义资产和工作模型的术语，这些资产和工作模型需要在最佳级别运行，以便直接为受益于这些系统或间接受这些系统影响的利益相关者提供无缝的舒适体验。例如，电网、供水、交通、执法以及许多需要全天候无缝工作的系统。在过去的几十年里，大多数 CI 已经数字化，并从不

同的数据源生成越来越多的数据。这些额外的数据资产促进了系统的不断进步并消除了
人工干预的需要,从而减少了错误。

这些系统生成的数据被当作用来描述状况和预测分析的资产,可以用来安排预防
性维护并防止故障。利用数据驱动的方法来实现其核心功能,CI 在效率和总体可靠性
方面有了巨大的改进。然而,仍然有恶意破坏 CI 的攻击者成功地侵入了 CI 并造成破
坏的重大事件发生。

防止针对 CI 的网络安全攻击的最重要方面之一,在于保证工作环境中生成的
CI 数据的可用性。这些数据需要在尽可能接近事件发生时刻的时间内用于分析,并
执行潜在的操作。除了核心 CI 组件的数据外,还需要利用间接连接到 CI 的其他异
构系统的数据来构建一个健壮的防御机制来对抗网络攻击。这意味着系统需要**数据
量**(Volume)、数据流**速度**(Velocity)和数据**多样性**(Variety)来有效地保护 CI。
这 3 个 "V" 加上从数据中衍生出来的第 4 个 "V" ——**价值**(Value),共同构成了
大数据。换句话说,大数据是有效应对网络攻击的关键资产。我们需要一个不断发
展的、数据驱动的框架和流程来保护 CI,并利用大数据分析来实现有效的安全监控
和保护。

这个数据驱动框架有 3 个主要组件,如图 11-1 所示。

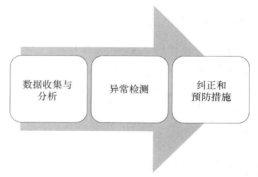

图 11-1　用于维生管线保护的数据驱动框架组件

11.1.1　数据收集与分析

构成 CI 的核心系统以事件日志的形式生成数据资产。数据收集组件需要从所有组件
(软件和硬件)收集这些日志。除了核心系统,流程还应该从 CI 系统的环境上下文中收

集数据。异构日志有助于整体分析和更精确的时间线解析。除了运行日志，系统还应该能够存储和访问 CI 系统的历史数据。

历史数据基于过去事件的模式相似性提供洞见。如果过去的一些缓解措施使关键事件得到了快速纠正和解决，那么就可以使用监督学习的方法根据经验采取类似的行动。历史数据也十分有助于防止未来基于类似系统漏洞的攻击。

CI 组件和相关环境上下文生成的数据（日志）可分为 3 类。

（1）**结构化数据**。对于结构化格式，实体的各个元素（属性）以预定义的、跨时间段一致的方式表示。例如，Web 服务器生成的日志（HTTP 日志）表示 IP 地址、服务器完成处理请求的时间、HTTP 方法、状态代码等字段。Web 请求的所有属性在请求之间表示方式一致。结构化数据相对容易处理，不需要复杂的解析和预处理就可以进行分析。使用结构化数据，处理速度快、效率高。

（2）**非结构化数据**。这是一种自由流动的应用程序日志格式，不遵循任何预定义的结构规则。这些日志通常由应用程序生成，并由故障排除人员使用。它用于记录事件，而对于计算机可读并不是其目标。这些日志需要大量的预处理、解析和某种形式的自然语言处理才能进行分析。

（3）**半结构化数据**。这是结构化和非结构化数据的组合，其中结构化格式中的一些属性以非结构化的方式表示。信息被组织到字段中，这些字段可以很容易地进行解析，但是各个字段在用于分析之前需要额外的预处理。

11.1.2　异常检测

当开始从异构系统收集数据时，会根据数据量、结构、信息内容和数据流转速度建立一个模式。这种模式在标准操作条件下保持一致，可以预期模式中会出现激增或变化。例如，一个在线零售商可以期待在假期时有更多的订单，而这并不算异常事件。当数据的常规模式在数据量、数据流转速度和数据多样性方面发生预期之外的变化时，一个成熟可靠的异常检测组件将触发告警和通知。异常检测组件的一个重要特性是，它能够在事件发生时立即生成告警，将事件时间和告警/通知时间之间的延迟降到最小。

图 11-2 根据事件时间与告警/通知时间的时差描述了理想的、可靠的和不可靠的异常检测组件。

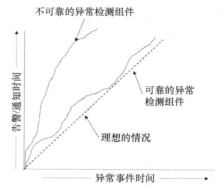

图 11-2　基于事件时间和告警/通知时间的异常检测可靠性

11.1.3　纠正和预防措施

当异常检测组件检测到可疑活动时,有两种响应方法。第一种方法是,告警/通知需要手动干预,以触发纠正操作。第二种方法是,系统本身会根据上下文和可接受的误差阈值采取一些纠正措施。

例如,如果侵入恒温器电路,开始以一种意想不到的方式提高冷藏的温度,系统可以将控制切换到替代的恒温器,并确保温度恢复正常且维持在正常水平。该组件可以基于历史数据或奖励函数使用监督学习和强化学习算法来触发纠正操作。当纠正被执行并将 CI 状态恢复正常时,系统需要分析导致问题的根本原因并训练自己采取预防措施(应用补丁、更改安全模型、实现新的访问控制等)。

11.1.4　概念上的数据流

典型的大数据环境往往采用分层架构。数据处理管道中的层有助于解耦数据通过的各个阶段,以保护维生管线。数据通过摄取、存储、处理和行为循环流动,图 11-3 展示了这个数据流以及用于实现网络安全的流行框架。

图 11-3 中使用的大多数组件都是开源的,是大型社区协作的结果。对所有这些组件的详细讨论超出了本章的范围,但是我们可以从网络安全的视角来理解这些组件。

为了成功地实现 CI 保护策略,必须从异构数据源收集数据,而不是从服务器日志这样显而易见的数据源收集。随着越来越多的数据源被识别和集成,存储的需求也逐渐增加。考虑到数据量和数据流转速度,是不可能使用传统的文件系统容纳数据的。现代体系结构都使用分布式文件系统作为替代。

图 11-3　概念上的数据流以及用于实现网络安全的流行框架

1．Hadoop 分布式文件系统

Hadoop 分布式文件系统是分布式文件系统最流行的实现之一。它是分布式计算平台 Hadoop 的核心。HDFS 的设计和发展考虑到以下目标，这些目标补充了 CI 保护系统的存储要求。

（1）**硬件故障**。HDFS 默认在 3 个节点上复制每个文件块。使用分布式计算的核心思想是能够利用普通硬件，因此集群由大量相对较小的节点组成。随着节点数量的增加，节点故障的概率也会增加。在不丢失任何数据的情况下进行检测并从这些硬件故障中恢复是 HDFS 的主要目标之一。为了检测网络安全威胁，CI 保护系统也需要具有相同等级的可靠性和容错能力。

（2）**大量数据集**。使用 HDFS 作为底层数据存储的应用程序被假定要处理几 GB 到 TB 甚至更多的大型数据集。HDFS 本身就支持大数据文件。CI 保护系统也会生成和处理大量数据。一个国家的中央管理机构是一个很好的实例，它监控这个国家的互联网主干，每秒处理几百 GB 的数据。

（3）**简单一致性模型**。CI 应用程序生成日志文件，这些文件需要一次写、多次读。一致性模型也是 HDFS 主要目标之一。文件一旦创建并写入，就不需要使用这个模型进行更改。这一目标也补充了网络安全应用。

（4）**跨异构硬件和软件平台的可移植性**。HDFS 很容易跨各种平台移植。这一目标也补充了网络安全系统的核心要求。网络安全系统部署在各种不同的平台上，HDFS 作为底层文件系统的可移植性是一个额外的优势。

2．NoSQL 数据库

NoSQL（Not only SQL）是一种范式，其中数据以实体的形式存储，而不是典型的 RDBMS 类型表关系格式。NoSQL 数据库的主要目标之一是水平扩展性和高可用性。根据 NoSQL 数据库的底层数据结构，可将其分为以下几种。

（1）**文档数据库**。数据库中的每个键都映射到一个文档。文档可以是二进制文件，也可以是 XML 或 JSON 之类的嵌套结构。文档数据库的例子有 MongoDB、CouchDB、Couchbase 等。

（2）**图数据库**。这些对于以社交媒体连接等连接图形式呈现的数据非常有用。图数据库的例子有 Neo4j、OrientDB、Apache Giraph 等。

（3）**列数据库**。这些数据库通过列而不是行将数据存储在一起。它们针对大型数据库上的分布式存储和快速查询访问进行了优化。列数据库的例子有 Cassandra、HBase 等。

NoSQL 数据库可以有效地用于网络安全应用程序的实现，因为它可以轻松地处理大量结构化数据，以及从 CI 周围的异构源收集而来的半结构化和非结构化的数据。NoSQL 数据库还支持地理分布式体系结构，可以根据需要进行扩展，而不会影响已经持久化的数据。这个特性对于维生管线的增量扩展非常方便，例如，偏远地区的电信服务就是增量构建的。

3．MapReduce

MapReduce 是 Hadoop 核心的编程范式。它能够处理很大规模的数据量。数据和处理可以分布到成百上千个节点，实现水平可伸缩性。顾名思义，MapReduce 作业包括两个阶段：map 阶段和 reduce 阶段。

在 map 阶段，数据集被分成多个块，并发送给一个独立的进程来收集结果。这些并行的 mapper 进程在集群中的各个可用节点上独立工作。一旦它们的处理完成（map 任务），就会在启动 reduce 任务之前对结果进行混洗（Shuffle）和排序。reduce 任务再次在可用节点上独立运行，整个计算作为一个整体完成。中间结果存储在文件系统（HDFS）中，并涉及 IO 操作。由于这些 IO 操作，MapReduce 范式适用于面向批处理的工作负载，在这些工作负载上处理大规模的数据。在网络安全的上下文中，MapReduce 框架可用于处理源自 CI 以及周围应用程序和环境上下文的历史数据。这些数据可以聚合起来进行汇报，也可以把它当作监督学习的训练数据，用于网络安全的实现。

4. Apache Pig

HDFS 和 MapReduce 是 Hadoop 核心的存储和计算引擎。并行处理应用程序的原始实现十分复杂且容易出错。Apache Pig 为 Hadoop 上的并行处理作业提供了一个封装。Pig 通过提供一个简单的编程接口和 API，使大型数据集的处理变得很容易。使用 Pig 编写的任务和操作在底层 Hadoop 集群上天然并行地运行。在网络安全的上下文中，Pig 可以用来实现复杂的并行数据聚合和异常检测任务，同时，当 CI 保护应用程序利用机器学习算法时，它还可以用于准备监督学习的训练数据。

5. Apache Hive

Apache Hive 是构建在 Hadoop 之上的数据仓库。Hive 为存储在 HDFS 上的数据提供了一个类似 SQL 的接口。查询操作在 Hadoop 集群上以 MapReduce、Tez 或 Spark 作业的形式执行。Hive 支持快速查询的索引以及像 ORC 这样的压缩存储类型。在网络安全的上下文中，Hive 可用于存储 CI 应用程序生成的各种日志的聚合视图。

虽然 Hadoop 上 MapReduce 之类的批处理框架可以有效地处理大量数据，但它们不适合为任务关键型维生管线提供安全性。这样的 CI 系统需要实时（至少接近实时）地处理流数据或微批数据，以便快速告警、通知和及时操作。在网络安全和 CI 保护的上下文中，需要更多地关注流处理体系结构。

11.2　理解流处理

部署在企业中的软件应用有两个基本组件：基础设施和应用程序。

基础设施包括物理硬件和连接不同系统的网络。基础设施和应用程序的安全实现有不同的考虑因素，因此保护 CI 的框架和过程也不同。

安全系统需要跨基础设施并在应用程序内进行操作。（网络和应用程序的）数据通过各种事件流动。事件在某个时刻发生，发生后可以立即使用相应的数据进行分析和操作。

例如，客户端应用程序（如 Web 浏览器）通过 HTTP 请求访问网站。事件序列在浏览器输入 URL 之后立即启动。为了保护 Web 应用程序免受恶意攻击，基于请求的相关分析需要尽可能地靠近事件发生的时间。将数据作为流来检测异常的能力是网络安全有效实现的关键因素。流处理中，主要考虑的是无界数据、无界数据处理和低延迟分析。

（1）**无界数据**。这个术语指的是近乎无限的数据集。例如，从一个物理系统到另一个物理系统的网络数据包。这些数据包包含作为连续流不断生成的信息。

（2）**无界数据处理**。处理需要在数据流转时进行。网络数据包或应用程序数据在生成时需要访问和处理，这与批处理引擎不同，批处理引擎在处理数据之前将数据保存到持久存储中。

（3）**低延迟分析**。在流处理用例中，基于无界数据的分析需要尽可能接近事件时间。网络安全是一个重要的用例，它需要低延迟分析和操作才能有效。正如图 11-2 所示，当事件时间和告警/通知时间的时间差最小时，异常检测是可靠的。这个时间差是不定的，取决于多种条件，比如网络拥塞、分布式环境中处理开销带来的延迟等。

11.2.1　流处理语义

当事件在系统中触发时，会有消息（数据包）在数据源生成并在处理引擎中被处理。流处理系统有 3 种不同的语义，即至少一次（At Least Once）、最多一次（At Most Once）和恰好一次（Exactly Once）。

（1）**至少一次**。在这种情况下，消息可能由数据源发送多次。但是，处理引擎需要确保在同一消息的多个传输中至少处理一条消息。消息可能被处理不止一次，这在某些用例中是可接受的。最终应用程序可能需要对语义进行重复数据删除检查。

（2）**最多一次**。流处理应用程序保证只处理消息一次。即使同一消息有多个传输，处理引擎也需要保证消息不会被处理超过一次。在这种情况下，一些特定的包可能根本不会被处理，但它绝不能被处理超过一次。这种语义在一些应用程序中非常重要。在这些应用程序中，如果消息被处理多次，事务的最终结果将导致其自身处于不一致的状态。例如，带有资金转移的银行事务需要严格执行"最多一次"语义。

（3）**恰好一次**。即使源系统不止一次地传递消息，它也只被消费和处理一次。这是网络安全系统最理想的语义。只处理一次的关键消息可以保证及时而正确的操作，从而防止对网络和应用程序基础设施的潜在攻击。然而，这种精确到一次的语义是最难实现的，因为它需要源系统和目标系统之间的密切协作。强一致性是"恰好一次"语义的基本要求。

流式数据处理的"恰好一次"语义被一些开源框架支持，如 Spark Streaming、Apache Kafka 和 Apache Storm。在研究利用这些框架的网络安全系统高层架构之前，先从较高的层次来理解这些框架。

11.2.2　Spark Streaming

Spark 是一种通用的内存分布式计算引擎。Spark Streaming API 是 Spark 核心库的扩展，它的设计考虑到了可伸缩性、高吞吐量和流式（无界）数据的容错性。Spark Streaming 与各种数据源集成，如 TCP 网络套接字、HTTP 服务器日志、Kafka 生产者、社交媒体流等。

流和复杂事件通过 MapReduce、连接（Join）和窗口（Windowing）等通用操作进行处理，可以分析、聚合、过滤正在流转的数据，并将其发送到下游应用程序、持久化存储或活动仪表板。机器学习和图形处理算法的 API 可以由 Spark Streaming 应用于这些无界数据。Spark Streaming 根据基于时间的窗口将流数据分解为各个批次。

数据流按特定的（预定义的和可配置的）时间间隔进行分块，并以离散的流作为处理单元的底层抽象进行处理。这称为 DStream。DStream 可以从输入流数据（网络或应用程序日志）创建，也可以从流式系统（如 Flume、Storm 或 Kafka）消费得来。Spark Streaming 管道的概念如图 11-4 所示。

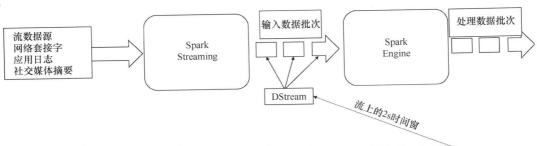

```
SparkConf sparkConfiguration = new SparkConf().setMaster("local[3]").setAppName("CyberSecurity");
JavaStreamingContext streamingContext = new JavaStreamingContext(sparkConfiguration, Durations.seconds(2));

Java ReceiverInputDStream<String> lines = streamingContext.socketTextStream("<<URL_end_point>>",<<PORT>>);
Java DStream<String> words = lines.flatMap(x -> Arrays.asList(x.split(" ")).iterator());
```

图 11-4　Spark Streaming 管道的概念

当数据流的源头（如 Kafka）开启了确认处理（Acknowledgement Processing）时，Spark Streaming 作为可靠的接收方，提供了流式数据处理上的"恰好一次"语义。

11.2.3　Kafka

Kafka 可充当一个预写日志，把消息记录到一个持久化存储，允许订阅者在适当的系统时间范围内读取并将这些更改应用到它们自己的存储。常见的订阅者包括实时服务，它们对这些流进行消息聚合或其他处理；还包括 Hadoop 和数据仓库管道，它们加载几乎所有的提要（Feeds），以便进行批处理。总的来说，Kafka 的构建目标如下：

（1）消息生产者和消息消费者之间的松耦合；

（2）针对不同消费者的消息数据持久化和故障处理；

（3）使用低延迟组件最大化端到端的吞吐量；

（4）管理不同的数据格式和类型；

（5）在不影响现有设置的情况下线性扩展服务器。

在 Kafka 中，每条消息都是一个字节数组。生产者希望将信息存储到 Kafka 队列的应用程序或进程。它们向 Kafka 主题发送消息，Kafka 主题存储所有类型的消息。每个主题被分成一个或多个分区，每个分区都是一个有序的消息预写日志。系统只执行两项操作：在日志末尾进行追加；从一个消息 ID 开始并从给定分区获取消息。

在物理上，每个主题分布在不同的 Kafka 代理（Broker）上，这些代理托管每个主题的一个或两个分区。理想情况下，Kafka 管道应该在每个代理上有统一数量的分区，并且每台机器上都包含所有主题。消费者是订阅主题或从这些主题接收消息的应用程序或进程。

图 11-5 展示了 Kafka 集群的简单概念布局。

在消息传递系统中，消息需要存储在某个地方。在 Kafka 中，消息存储在主题中。每个主题都属于一个范畴，这意味着可能有一个主题存储项目信息，而另一个主题存储销售信息。想要发送消息的生产者可以将消息发送到它所选择的范畴。想要读取这些消息的消费者只需订阅它感兴趣的主题范畴并消费它。在发布和订阅架构方面，需要了解以下几个术语。

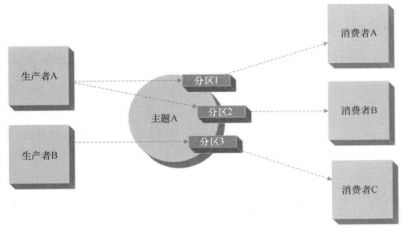

图 11-5　Kafka 集群的简单概念布局

（1）**保留时间**。无论吞吐量如何，主题中的消息都需要存储在一个定义好的时间段内以节省空间。可以配置一个保留时间，默认情况下选择的是 7 天。Kafka 将在配置的时间段内保存消息，之后删除它们。

（2）**空间保留策略**。还可以对 Kafka 主题进行配置，以便在大小达到配置中提到的阈值时清除消息。如果在将 Kafka 部署到组织之前没有进行足够的容量规划，就可能会出现这种情况。

（3）**偏移量**。Kafka 中的每条消息都被分配一个名为偏移量的数字。主题由许多分区组成，每个分区按照消息到达的顺序存储消息。消费者用偏移量确认消息，意味着他接收到了该消息偏移量之前的所有消息。

（4）**分区**。每个 Kafka 主题由定义好数量的分区组成。在创建主题时，需要配置分区的数量。分区是分布式的，有助于实现高吞吐量。

（5）**压缩**。主题压缩是在 Kafka 0.8 中引入的。在 Kafka 中，没有办法切换到以前的消息，消息在保留期结束时被删除。有时，可能会收到具有相同键的新 Kafka 消息，其中包含一些更改，而在消费者端，消费者只想处理最新的数据。压缩时会将使用相同键的所有消息进行压缩，为"**键：偏移量**"这一键值对创建映射，从而实现这一目标。它有助于从大量消息中删除重复内容。

（6）**领导者**（Leader）。分区是根据指定的复制因子跨 Kafka 集群进行复制的。每个分区都有一个领导者代理和多个追随者（Follower），对该分区的所有读和写请求都只经过领导者。如果这个领导者发生故障，另一个领导者将当选，继续进行处理。

（7）**缓冲**。Kafka 在生产者和消费者端缓冲消息，以增加吞吐量、减少 IO 操作。

　　Spark Streaming 和 Kafka 的结合为网络安全应用的实现提供了一个全面的架构。这些应用程序具有容错性，确保低延迟，并且每秒能够处理大量事件。图 11-6 是大数据生态系统下网络安全应用的参考体系架构。

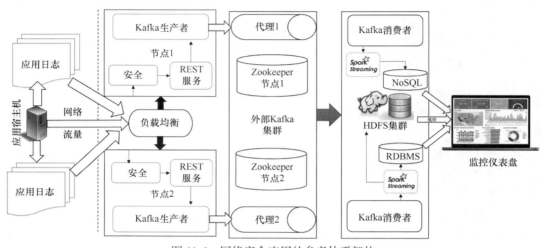

图 11-6　网络安全应用的参考体系架构

　　现在来了解一些常见的网络安全攻击类型和处理这些攻击的一般策略。

11.3　网络安全攻击类型

　　"一个主要的网络风险是对它视而不见。另一个风险是总想一劳永逸地解决所有潜在的风险。（修复最基础的部分，先保护对企业来说重要的东西，准备好对相关威胁做出适当的反制。不仅要考虑数据，还要考虑商业服务诚信、品牌认知、客户体验、合规性和声誉。）"

——斯蒂芬·纳波（Stephane Nappo）

　　随着越来越多的系统和 CI 被数字化，安全漏洞的数量也在增加。攻击者采用新的技术来利用应用程序中的漏洞访问未经授权的信息和管理特权。本节将列出一些常见的攻击类型和对应的通用解决方案。

11.3.1 网络钓鱼

这是（从攻击者的角度来看）对应用程序最常见和最成功的攻击之一。大多数情况下，攻击者向用户发送电子邮件或某种熟悉的通信，诱使用户点击 URL 并提供凭据。其想法是让用户相信信息是真实的。攻击者有时会创建一个与用户熟悉的 Web 页面完全相同的假页面，逼真到没有理由怀疑其真实性。一旦用户点击 URL，一些恶意软件就会被下载到计算机，并开始通过连接的网络访问信息。

 使用机器学习算法可以防止这些攻击。用户的电子邮件头信息和内容可以用作训练数据，并可以训练模型来理解常见的模式。这种学习有助于基于历史邮件中的行为趋势检测"钓鱼"企图。

11.3.2 内网漫游

当攻击者访问企业网络时，他/她会试图利用给定网络节点上的漏洞。在此过程中，攻击者从一个网络端点移动到另一个端点，同时获得更多服务的访问权，以及对网络和应用程序基础设施的管理。漫游的过程会在网络日志中留下踪迹。

 机器学习算法可以通过内网漫游训练来跟踪数据并检测可疑的用户活动。如果在处理系统中传输实时网络日志来跟踪这些活动，则可以准实时地检测到入侵。

11.3.3 注入攻击

恶意代码通过表单字段或其他输入机制提供给目标应用程序。SQL 注入是注入攻击的一种特殊情况，其中 SQL 语句通过字段输入被推入系统，SQL 命令可以获得网络外部敏感数据的转储。攻击者可以访问存储在数据库中的身份验证详情。尽管在 Web 服务器层进行了所有字段验证和过滤，但是注入攻击仍然很频繁，并且是主要的攻击类型之一。数据库日志可用于训练基于统计性的用户文件的机器学习模型，该模型可在用户与数据库交互的时间段内构建。

可以将访问模式中的异常情况（Abnormality）称为异常（Anomaly）并生成告警。除了 SQL 注入，攻击者有时还运行模拟真实应用程序用户的脚本，并代表真实用户执行业务功能操作。例如，攻击者能够访问电子商务平台并代表真实用户下订单，或者执行类似更改地址的操作。在这种情况下，需要训练机器学习模型来学习单个用户的行为，并且应该使用这些模型来识别 Web 应用程序中用户导航和操作模式中可疑的改变。

11.3.4　基于 AI 的防御

"通过人工智能和机器学习，可以进行推理和基于模式的监视和告警，但真正的机会存在于预测性恢复。"

—— 罗伯·斯特劳德（Rob Stroud）

随着人工智能的普及，攻击者也将利用人工智能借助相关工具和技术攻击 CI。针对此类攻击，防御机制自身也需要升级，利用数据和计算的能力快速构建基于 AI 的模型，以防护 CI 和其他应用程序。

总的来说，图 11-7 展示了基于 AI 的网络安全攻击防御机制的各个阶段。

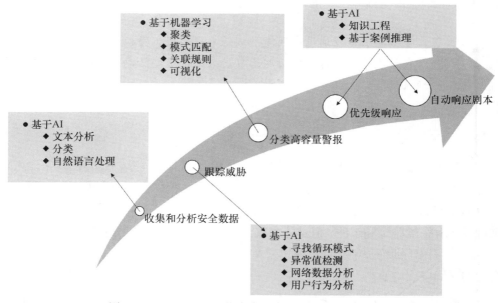

图 11-7　基于 AI 的网络安全攻击防御机制的各个阶段

各种机器学习算法可以用来检测和预防网络攻击。虽然每个应用程序的网络和安全配置各不相同，但不同机器学习算法预防网络攻击的一般指导方针如图 11-8 所示。

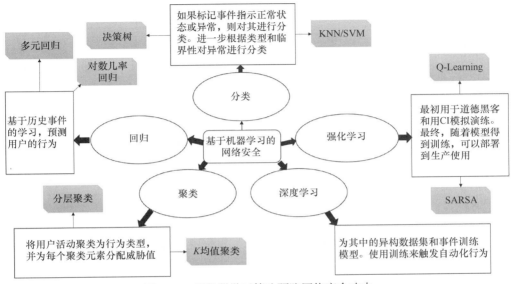

图 11-8　用机器学习算法预防网络安全攻击

11.4　了解 SIEM

安全事件和事件管理（Security Incident and Event Management，SIEM）是这样一个过程：它通过在一个集中的位置收集与安全相关的信息（例如网络和应用程序日志）来帮助实现网络安全，或者将这些信息资产标记在网络边缘（物联网中数据生成的位置），并使用这些信息来识别异常，这些异常表示企业安全基础设施存在漏洞。

SIEM 还提供了直观的可视化仪表板，方便了对安全基础设施的持续监控。SIEM 作为一个处理过程被实现为一套软件，通过角色访问控制由企业安全管控。SIEM 系统的特性如图 11-9 所示。

SIEM 软件应用程序需要支持以下基本构建块。

（1）**数据收集**。SIEM 软件应该支持各种网络通信协议，以便连接到组织边界内的异构系统。原始数据从企业应用程序、网络流量包和硬件控制器的日志获取。这些原始数据资产需要以无缝和安全的方式收集。为了成功地实现 SIEM，应该识别每个系统并将其添加到数据收集栈。跨系统收集的数据可以有多种格式，比如文本、XML、JSON、二进制等。SIEM 系统需要支持各式各样的数据格式。

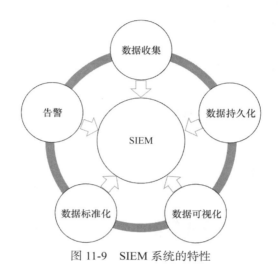

图 11-9　SIEM 系统的特性

（2）**数据持久化**。根据数据量的不同，SIEM 软件可以使用本地和网络驱动，或者使用分布式文件系统（如 HDFS）进行数据持久化。只要应用程序和设备中的数据对 SIEM 可用，它就需要根据格式解析和索引数据，使人类用户或集成应用程序能够对其执行临时搜索。历史日志和滚动日志是一种不断累加的资产，因此 SIEM 系统的索引功能需要更加先进且高效。

（3）**数据标准化**。这是 SIEM 软件最重要的方面之一。一旦数据被获取并持久化，就需要对其进行建模和标准化。标准化的目的是使可视化组件更容易地在仪表板上显示关键信息。标准化模块还可以利用数据资产建立基于历史趋势的机器学习模型。与执行描述性分析并提供基于规则的告警的 SIEM 系统相比，利用数据训练机器学习模型并提供预测分析的 SIEM 系统将更受欢迎。

（4）**数据可视化**。可视化是负责企业安全和管理的工作人员窗口，可能需要对整个系统状态建立高层次视图。由于决策和操作都基于仪表板上的可视化内容，SIEM 系统需要部署一个成熟全面的流程来定义可视化。每个企业和用例都是独特的，因而没有哪种可视化能满足所有企业和用例的需求。SIEM 工具需要为可视化组件提供简单的定制。

可视化的一组通用特性如图 11-10 所示。

图 11-10 可视化的一组通用特性

可视化属性和特性

可视化属性和特性如下。

（1）**值检索**。SIEM 软件应该支持跨数据资产检索任何属性值。在理想的场景中，SIEM 软件将支持类似 SQL 的查询语言，以基于某些连接条件获取来自多个数据集的数据。

（2）**过滤和排序**。SIEM 软件应该考虑最终用户所需，支持基于一个或多个关键列的直观过滤和排序。

（3）**极值**。SIEM 软件应该支持用颜色编码高亮显示属性的极值，以便用户能够根据关键条件快速采取行动。

（4）**数据范围**。对于关键属性，SIEM 软件应该提供一个高亮显示范围值的特性，以便当异常存在时识别它。

（5）**数据分布**。SIEM 软件应该具有基于一组标准去显示关键属性的数据分布的特性。它可以回答像这样的问题：各类网络安全攻击的分布情况如何？技术支持团队可以优先处理分布最多的问题来有效地保护 CI。

（6）**异常显示**。为了能够尽快降低风险，异常的显示应引人注意，并且提供足够的信息。

（7）**数据聚类及相关性**。与 CI 安全基础设施应用程序相关的数据应该在相关实体的聚类或分组中进行可视化。应用程序应该能够支持聚类上的一些操作（过滤、排序等）。

（8）**告警**。SIEM 软件应该支持在关键事件上生成告警的机制。用户需要能够配置告警阈值并根据需求配置新的告警。对于 Web 服务器访问日志之类的常用日志，应用程序应该具有预定义的告警，可以通过配置阈值快速设置。该软件还应利用历史数据来训练机器学习模型，这些模型根据历史趋势生成预防性告警。

接下来了解两个 SIEM 软件包。Splunk 和 ArcSight ESM 是两个最受欢迎的 SIEM 应用程序，它们被广泛部署到一些 CI 任务。

11.5　Splunk

在撰写本书时，**Splunk** 是市场上最受欢迎并经过时间考验的 SIEM 解决方案之一。在 CI 的保护方面，它受到了全球 1.5 万多家客户的信赖。本节将介绍 Splunk 支持的一些用于安全监控和告警的特性。

Splunk 平台的总体概览如图 11-11 所示。

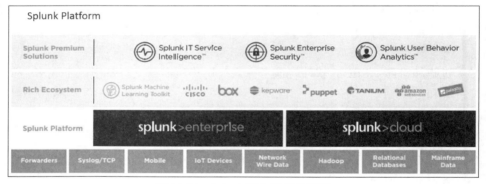

图 11-11　Splunk 平台的总体概览

Splunk 作为一个平台提供了一系列的子产品，以满足特定的组织需求。接下来将介绍 **Splunk Enterprise Security** 和 **Splunk Light** 的高级特性。

11.5.1　Splunk Enterprise Security

这是一个全面的套件，它通过减少操作时间来改进安全操作，使机器数据可用于交互式仪表板的端到端可视化，并利用机器学习和人工智能来为预防性安全措施训练预测模型，从而对企业安全有一个全局观。

11.5.2 Splunk Light

Splunk Light 是针对处理企业范围日志的产品。日志包含大量信息，可用于纠正和预防网络安全。Splunk Light 允许企业收集和索引所有日志文件，无须考虑它们的结构和其他语义。

数据输入层足够灵活，可以接受任何格式的日志。它有一个直观的用户界面，可以从配置的位置读取日志，并通过各种运行时配置驱动用户使索引日志文件的内容变得容易。转发器组件可以从由于网络限制而不能直接访问 Splunk 的系统中收集日志。

转发器可以通过许多受支持的协议连接到外部源，并将数据提取到 Splunk Light 进行预处理和索引。Splunk 支持大数据框架无模式（Schemaless）写入的范式。模式在读取时被定义，可以根据上下文和用例对数据资产进行多种解释。

另一个方便的特性是对年表推断（Chronology Inference）的支持。Splunk 可以根据时间戳和缺少时间戳的消息确定事件序列，还可以根据上下文推断时间戳。所有日志都集中在一个位置，可以一致的方式访问，无须考虑源文件和格式如何。日志在后台持续索引，可用于分析、过滤、排序和聚合。

Splunk 支持将 **Splunk 搜索处理语言**（Splunk Search Processing Language，SPL）作为一个简单的类似 SQL 的查询接口查询日志文件。它还支持分析和可视化命令，这使得基于不同模式和异常值的异常检测变得很容易。搜索与预处理和索引日志或流式日志无关。有一个用于搜索日志的通用接口，支持对日志进行实时查询。

搜索结果可以通过交互式仪表板可视化。可视化提供了开箱即用的切片（Slice）和骰子（Dice）功能，可以根据企业需求轻松定制。图 11-12 所示的是 Splunk 中的搜索处理语言。

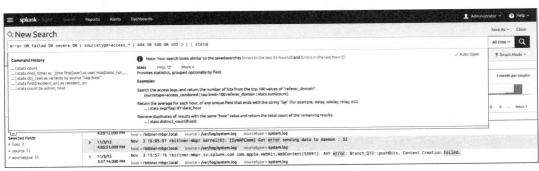

图 11-12　Splunk 中的搜索处理语言

为了使 SIEM 有效地工作，来自多个离散源的事件数据需要集中在一个地方进行分析。Splunk 支持跨不同系统的复杂事件之间的关联。这允许在事件发生于数据源时监视事件的"血缘"及其与来自其他源系统的事件的相关性。这有助于为安全团队提供开箱即用的调查，从而提高发现异常根本原因的概率。

Splunk Light 可以自动检测模式的变化，不需任何用户干预。例如，一个特定的 Web 应用程序主机在一周的第 d 天接收 n 个请求（如果有显著的变化）。Splunk 可以高亮显示模式的变化，以便快速地对其进行研究。Splunk Light 允许根据管理团队执行的常见搜索配置告警。可以根据用例上下文将告警查询设置为以预定义的频率运行或实时运行，如图 11-13 所示。

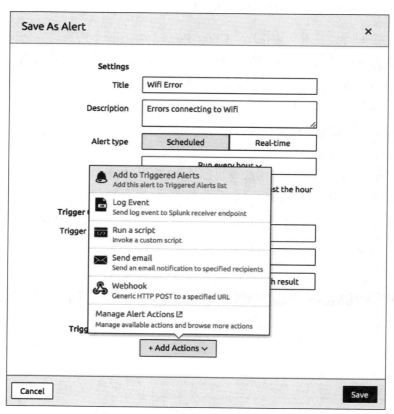

图 11-13　基于 Splunk 查询的告警配置

11.6 ArcSight ESM

ArcSight ESM 是 HP SIEM 的一款产品，提供一流的安全事件管理解决方案。ArcSight 分析并关联每一个事件，使其可用于异常检测。该产品极大地补充了合规性和风险管理方面的工作，帮助了网络运营团队。ArcSight 的主要特点如下：

（1）监管合规；

（2）自动日志收集和归档；

（3）欺诈检测；

（4）实时威胁检测；

（5）业务 KPI 到 IT 资产的映射和监视；

（6）对威胁进行业务影响分析并自动确定优先级。

11.7 常见问答

下面我们简要回顾一下本章的内容。

问：大数据在网络安全中有何重要意义？

答：大数据与网络安全相辅相成，在彼此的关联和使用中发挥着至关重要的作用。随着越来越多的设备被数字化连接，它们产生了更大的数据量（Volume）。这些连接设备生成的数据需要在接近的时间内处理（Velocity），它们遵循多种形式，如结构化、非结构化和半结构化（Variety）。这 3 个"V"构成通常意义上的大数据，产生了价值（Value）来作为第 4 个"V"。网络安全系统要求对大数据进行整体处理，以便对企业的安全基础设施提供可操作的洞见，并帮助发现异常，防止对组织计算资产进行的攻击。

问：什么是维生管线（Critical Infrastructure，CI）？ 保护 CI 的关键部件是什么？

答：维生管线是企业和政府机构用来定义资产和工作模型的一个术语，这些资产和工作模型需要在最佳级别运行，以便直接为受益于这些系统或间接受这些系统影响的利益相关者提供无缝的舒适体验。一个国家的电网就是 CI 的一个很好的例子。大多数 CI 系统现在已经数字化，因此可以用计算机程序进行控制，而无须人工干预。这些系统昼夜不停地运转，很容易受到网络攻击。从防御的角度来看，保护 CI 免受攻击的系统也至关重要。CI 系统生成大量的日志数据和其他操作数据。这些数据是保护 CI 最重要的资产。除了数据，还需要能够及时利用和处理这些数据资产的系统，以检测系统行为中的异常，并生成触发人工或自动化操作的告警。

问：如何利用机器学习和人工智能有效地保护 CI？

答： 基于规则的告警和监控系统不足以应对网络安全攻击并保护 CI。机器学习模型需要基于历史数据进行训练（监督学习），以便在入侵过程中提前或近实时地预测恶意活动的发生。机器学习和人工智能将网络安全系统的职责转型为了预测分析，从而预防攻击。

问：攻击者是否也利用人工智能来破坏安全基础设施？如何预防它？

答： 是的，攻击者已经在利用人工智能和机器学习来破坏安全基础设施。这是一场战胜攻击者、保护系统的竞赛。数据是 CI 保护系统的优势。为了保持领先并保护 CI，需要近乎实时地利用跨异构源的数据。

问：流处理在网络安全中有什么意义？

答： 大数据资产可以批处理和实时处理。批处理模式适用于处理大量数据，且处理过程对时间不敏感（不需要是实时的）。然而，CI 系统不断地将数据生成一个无界的信息源。摄取、处理和分析需要尽可能地靠近事件发生的时间，以便更好地保护 CI。流处理是一种架构范式，它处理无界数据，这些数据作为流被消费，并在其流转时进行处理。这大大方便了在入侵过程中执行异常检测，并有助于防止对 CI 的潜在攻击。

11.8　小结

本章讲解了网络安全的基本概念，以及大数据在处理关键应用程序安全威胁方面的意义。对于流式数据源，大数据处理有两种基本类型：批处理和实时处理。本章研究了批处理和实时处理的基本概念和框架。

实时流处理是处理网络安全威胁的重要手段。前面已经见识了攻击者利用的不同类型常见安全威胁和漏洞。机器学习和人工智能在很大程度上已经普及，攻击者能利用它们对 CI 进行复杂的攻击。这使得在构建处理网络安全攻击的系统时，利用机器学习和人工智能成为一个关键的考虑因素。前文介绍了 SIEM 系统的基本构建模块和几个例子，如 Splunk 和 ArcSight SEM 这两个流行的 SIEM 框架。网络安全领域至关重要，为了保护数据资产，还需要进行更多的研究。由于 CI 和其他系统越来越依赖于获得准确可靠的数据，保护数据资产就变得愈发重要。

在第 12 章中，我们将学习认知计算。认知智能使机器尽可能地接近人类智能。这是一个令人兴奋的研究领域。第 12 章将会介绍一些基本概念和工具，可用来在智能机器上进行实验和实现认知智能，这将补充和增强人类的能力。

第 12 章
认知计算

本书已经介绍了**机器学习**和**人工智能**的一般原理。这是创建能够补充和增强人类能力的智能机器的良好基础和起点。计算能力的不断增强以及数据量的不断增加使智能机器成为可能。然而，为了制造出能够与人脑适配的智能机器，还需深入理解人类的认知。

虽然大量的研究和思考已经进行了几十年（或者几个世纪），但远没有完全解码人类认知的本质。本章将向读者介绍认知科学，并介绍一些可用的框架来推进研究。

本章主要介绍以下内容：认知科学；认知系统；认知智能在大数据分析中的应用；IBM Watson 作为最先进的认知计算框架之一；用 Java 开发 IBM Watson 应用程序。

12.1 认知科学

我们试图建造与人类大脑和感官相匹配的智能机器，并尽可能模仿它们的能力。人类通过 5 种感官来感知这个世界。认知科学的目标是在智能机器中重建这些感知能力，使它们之间的互动是自然和无缝的。

（1）**视觉**。通过这种感官可以观察物体，了解它们在三维中的位置，以及它们随时间这一第四维度运动的过程。用眼睛作为视觉的外部接口时，其他的一切都发生在大脑中。依据认知科学的原理构建智能系统，通过摄像机拍摄物体及其运动轨迹，创建数学模型，将视觉信号转化为知识。

（2）**听觉**。通过这种感官可以听到各种各样的声音信号。人体的外部接口是耳朵，而声音处理也是在大脑中进行的。通过声音识别人，理解信号的含义，这一切都归功于大脑实时处理信号的能力，并利用记忆将音频信号存储于特定上下文，同时触发必要的动作。人工智能系统也可以通过建模来感知音频信号，同时用 NLP 处理将这些信号转化为知识，并引发行为。

（3）**味觉**。通过这种感官可以感知物体（食物）的味道。外部接口是舌头，味觉信号是在大脑中处理的。

（4）**嗅觉**。通过这种感官可以闻到各种各样的东西。外部接口是鼻子，所有的信号都在大脑中处理。

（5）**触觉**。通过这种感官可以感知各种各样的物体。外部接口是皮肤，同样地，对温度、纹理和物体的理解，以及所有其他有形方面的处理过程都由大脑完成。

本书前几章已经介绍了用来模拟人类这 5 种感官，并创建智能机器的理论、数学模型、工具和框架。我们可以用物理模型来模拟这些有形感觉的显示表现。然而，第 6 种"器官"和相应的感觉支配着人类的生活，它被称为**意识**（Mind）。

人类的意识是宇宙意识最接近的表现形式，它控制着其他 5 种感官。当谈论意志力、情感、决心和所有其他无形的东西时，是意识在发挥作用。在建造智能机器或创造人工智能时，意识是最主要的方面，这可使人工智能在更大的意义上补充和增强人类的能力。

研究并最终模仿人类的意识很重要，同时也很困难。这是因为人类的意识不容易被观察、测量或操控，有时它被称为宇宙中最复杂的实体（也是无形的）。认知科学是对意识进行跨学科研究的科学分支。虽然各个学科在各自的研究空间和领域是相互独立的，但它们都有一条与意识研究相联系的共同主线。一些与大脑研究相一致的主要领域如图 12-1 所示。

图 12-1　认知科学是一门对意识的跨学科研究

而意识是如何运作的仍然是一个未被探究的研究领域，为了简单起见，在很大程度上我们可以把意识与计算机联系起来。它是一个中央信息处理单元，收集输入，并基于预定义模糊规则的处理过程，将输入转化为输出，以提供最终决策的系统。人脑也可以识别信息，并将其转化为知识和行为。而输入来自我们前面提到的感官。

然而，模拟人类意识的计算机和人脑存在着根本的区别。基于认知计算构建智能机器时，其目标是用计算机相关的基础设施和知识资产（数据库）来补充和增强人类的能力。更深层次的目标是解码元知识和人类智能，从而有机会构建具有认知能力（情感和精神智能）的机器。从更深层次的角度来看，AI 可以分为 3 个阶段，如图 12-2 所示。

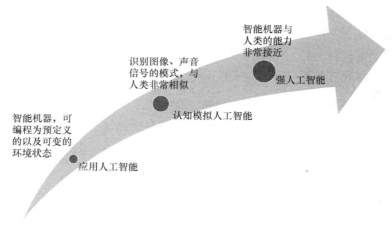

图 12-2　AI 的发展阶段

这些阶段的介绍如下。

（1）**应用人工智能**。人工智能用于主流应用已经有一段时间了。使用模糊逻辑的家用电器（洗衣机、空调等），智能导航系统根据实时交通情况可以预测驾驶时间，工业机器在一定环境中执行预定义的任务等人工智能应用实例。人工智能利用机器学习模型和数据资产来实现监督、无监督和强化学习算法来开发智能机器。

（2）**认知模拟人工智能**。拥有该功能的机器可以进行自然语言处理、视频解释和处理来自环境的其他感官输入，并根据上下文做出反应，真正增强人类的能力。人们手机上的智能助手模拟认知智能，使人类可与智能机器进行无缝互动。目前需要更高的计算能力和数据，来实现人工智能的认知模拟。随着大数据系统成为主流，现已基本实现了基于认知模拟的人工智能应用。

（3）**强人工智能**。这个阶段的人工智能已尽可能地接近人类的智慧，可以使用蛮力计算是计算机的一个额外的优势，基于强人工智能的系统可能超越人类智慧，从而改变世界。在这个层次上，人工智能基于高级认知，可以执行多阶段推理，完全理解自然语言的"意义"，并且可以在没有指示的情况下无中生有。

"强人工智能的目标是创造标准的人类。一个机器人也有它的童年，就像人们小时候学语文，通过自己的感官认识世界，获得知识，并最终思考整个人类的思想领域。"

—— 魏泽鲍姆（Weizenbaum）（MIT AI 实验室）

虽然应用人工智能和认知模拟人工智能已经被广泛使用，但认知科学是对强人工智能的探索。这意味着，系统无须任何外部训练就能很自然地完成非常基本的活动，如语言的使用、逻辑推理、计划未来的活动和策略，这些是智能机器最难复制的地方。这些行为是认知科学研究和发展强人工智能的核心认知能力。

12.2 节将介绍一些为了实现强人工智能而构建的认知系统的特征。

12.2　认知系统

认知系统（Cognitive System，CS）的一个关键特征是，它们能尽可能以类似于人类的方式，用自然语言与人类互动。系统能够从随机性环境和历史数据输入中学习和思考。系统应该能够快速地从依赖结构化数据输入（传统计算），发展到依赖类似于人机界面的半结构化和非结构化数据输入。

在关于模糊系统的章节中已经看到，基于人工智能的系统应该能够接受自然格式的模糊输入，而不需要任何清洗或处理。由于认知系统以一种自然的方式与人类互动，它们可以利用蛮力和几乎无限的数据存储能力来扩展和增强人类的能力。

正如在导论部分所看到的，认知系统的发展是依赖多个学科的努力，需要大量的协作和知识共享，朝着实现一个真正与人类没有区别的认知系统的方向进步。认知系统的多学科性质可以用图 12-3 来描述。

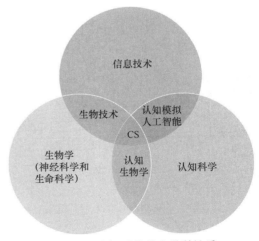

图 12-3　认知系统的多学科性质

认知系统基于**信息技术**（**Information Technology**，IT）、生物学（神经科学和生命科学）和认知科学构建。它为认知系统提供了数据存储和数据处理的能力。随着基于云的分布式计算的出现，我们可能拥有无限的存储和计算能力。IT 系统还将高级的自然输入转换为可操作的低级数字形式，以使其在认知系统之间通信。生物学知识，特别是在神经学和神经系统的生理学研究领域，有助于模拟认知系统中的一些有形模式。神经系统是最复杂的系统，目前还远未被完全了解。然而，认知系统可以从神经学研究中获得很多灵感。

认知科学是心理学、意识及其与生理学、语言学等学科交叉而成。这 3 个领域结合在一起有潜力发展出一个真正的拥有类似于人类的行为的认知系统。

让我们先看一下认知系统在这一点上的发展。

12.2.1　认知系统简史

尽管目前还远没有创造出一个与人类能力相匹配的真正认知系统，但认知系统目前已经有了很大的发展。

图 12-4 展示的是认知系统进化时间表。

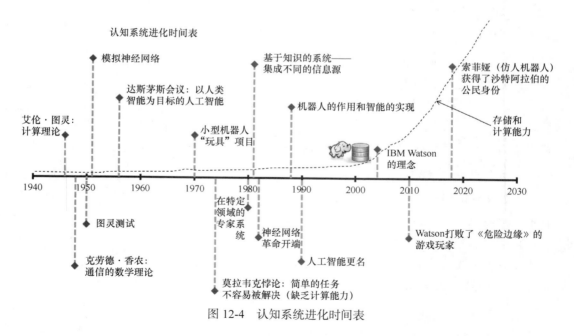

图 12-4　认知系统进化时间表

从图 12-4 中可以看出，认知系统的一般理论和科学已经存在了几十年，但是其快速发展依赖分布式计算架构，这些架构在 2000 年左右开始成为主流。随着数字数据资产和计算能力的指数级增长，这些系统正以越来越快的速度发展。2010 年，基于认知智能的 IBM Watson 引擎在《危险边缘》游戏中击败了一名世界冠军，取得了一项重大成就。

有了这一背景，让我们来看一下认知系统的一些目标。

12.2.2 认知系统的目标

认知系统的主要目标是补充人类的能力，并为人类社会的整体利益和进步而努力，例如帮助人类解决面临的一些问题（一些疾病的高效诊断、自动驾驶和无人驾驶汽车、解码人类 DNA 等）。设计认知系统时，有一些通用的能力有助于实现认知系统的总体目标。这些能力如下。

（1）**探索**。认知系统应该能够自主地探索环境上下文并从中推断出含义。这种探索可以超越上下文本身，从而处理大量的数据，并将这些数据转换为信息，最终转换为知识资产。认知系统架构应该保证探索的深度不受上下文所限制。

（2）**检索**。数据可作为知识资产和认知实体产生逻辑联系，该架构能有效和准确地处理与检索知识资产。

（3）**语义搜索**。这是检索功能的通用扩展。每当人机界面或其他认知系统需要基于认知输入的某些信息时，认知系统应该能够及时搜索知识资产，并将提取的信息提供给用户。此时，关键字应该具有与之关联的语义上下文，而不仅是纯文本。这部分内容已经在第 2 章中介绍过。

（4）**物理活动和状态操作**。认知系统应该有能够进行物理活动的有形组成部分。例如，可以进行精细手术的机械手臂。系统还应该能够根据上下文和预期的最佳行为来影响外部环境。例如，系统应该能够根据一个人在房间里的心情、一天中的时间和许多其他个性化参数为他播放音乐。

（5）**信息丰富度**。这是认知系统非常重要的一面。根据历史数据、当前语境和学习程度，认知系统应该能够以隐式和无形的方式丰富知识资产，而不需要显式地执行数据输入操作。它应该是一个自动的闭环，每次交互的信息都将被记录，并用于丰富知识库。

（6）**导航控制**。认知系统应该能够在某一场景的问题空间中操作物理对象。常见的对象是自动驾驶汽车、交通控制系统、智能家居系统，这些系统可实时控制各种运行参数。

（7）**决策支持**。认知系统应该在日常和关键任务中实现有效的决策。例如，认知系统可以根据病人的病史、症状和各种报告，做出医疗决定，对病人的某一特定情况进行手术，或使用现有药物进行治疗。

- ◆ **模型**。在这类**决策支持系统**（Decision Support System，DSS）中，决策是基于特定领域的成熟模型和理论做出的。认知系统能与模型做出一致的解释和推断。

- ◆ **数据**。在这类决策支持系统中，决策是基于历史数据做出的。这是认知系统可以用来做监督学习算法的一个例子。

- ◆ **通信**。认知系统应该能够与其他各种人类和其他认知系统保持实时沟通，以便在特定的情况下做出决策。

- ◆ **文档**。文档驱动的决策基于大量非结构化数据，这些数据被数字化为扫描文档或音频与视频文件。认知系统能搜索这些知识资产，并以及时有效的方式提供基于上下文的决策支持。

- ◆ **知识**。这些知识属于特定类型的认知系统，它们作用于某领域的数据资产和本体，可被用于特殊目的。这些系统还可利用基于历史的数据资产和旧的机器学习模型。这些系统不断地添加数据资产，在域内构建语义关系，并提供类似于人类的决策。管理人员可从中寻找一些报告和启发。基于企业中某一领域知识资产的决策支持系统可以成倍地提高工作效率。

（8）**自然语言接口**。认知系统支持自然语言作为数据输入，并生成类似于人类的自然语言作为数据输出。这些系统也能够以一种标准化和自然的形式与其他认知系统交互。这有助于无缝的知识交互和系统改进。

有了上述目标和认知系统中的预期能力，接下来介绍一些能够实现认知系统的实体。

12.2.3 认知系统的因素

建立类似于人类智力行为的认知系统需要以下核心要素。

（1）**数据**。如图 12-4 所示，数据量的增加促进了认知系统的发展。由于缺乏大量的数据，几十年前制定的理论和算法无法产生作用。数据是认知系统的最大推动者之一。

（2）**计算能力**。为了处理数据并发挥理论和算法的价值，需要不断提高计算能力。再次强调，只要分布式计算成为主流，认知系统就会加速进化。

（3）**连通性**。认知系统需要来自异构数据源的数据来交叉验证实体，并从中获得意义，从而创建知识库。所有数据源以及数据源中的实体之间的连接对于开发高效、准确的认知系统至关重要。

（4）**传感器**。物联网（Internet of Thing，IoT）领域的传感设备产生的数据在许多应用中都是至关重要的。认知系统还部署了各种模拟人类感官系统的传感器，以促进自然语言与人类以及其他认知系统的对话和互动。

（5）**脑科学**。为了使研究维持在正确的方向，人类需要更详细地了解自身大脑的功能。目前还远未完全了解人脑的工作原理。为了使认知系统真正接近人类的智力水平，人们还需继续研究大脑。意识研究是复杂的，因为意识是无形的。

（6）**自然**。认知系统需要从自然中获得灵感，即从各种生物如何通过基本的生存本能相互作用中获得灵感。所有自然生物都具有适应环境并持续生存的智慧。正如在群体智能的章节中所看到的，生物的自然行为可以帮助建立认知系统。

12.3 认知智能在大数据分析中的应用

大数据和认知智能这两个术语经常被同时使用，本节将梳理两者的关系。本节将介绍大数据的主要细节，如数据量、数据流转速度、数据多样性。随着越来越多的设备和系统跨业务领域和平台产生数据，数据量已呈指数级增长。

举个简单的例子。一个生活在世界任一城市的人，每天使用智能手机、电视、各种电子设备，甚至汽车，都会产生至少几个 MB 的数据。这些个性数据以及工业和企业数据资产每天都在增加。这些数据的生成速度越来越快，同时存储到本地或云服务器。为了使数据资产具有价值，应该尽可能在事件发生的时间附近生成分析和可操作的洞见。这意味着高速是大数据的另一个关键点。

本节讨论的数据资产大多都没有标准格式。它们会以各种各样的格式生成，本质上是非结构化的。同时会生成越来越多的结构化和半结构化数据。多样性是大数据的第 3 维度。Hadoop 等分布式计算框架能够存储和处理大量数据。随着**平台即服务**（Platform as a Service，PaaS）在云上的普及，也推动和加速了大数据分析的增长。整个分析集群可以在几分钟内生成，并且可以根据数据量和计算量自动伸缩。

大数据分析平台是认知智能得以建立的基础。正如本章前面所看到的，大数据底层技术是构建人工智能的核心组件。其中的关键组件是存储大量数据和提供计算能力。

尽管数字化的数据在不断增长，但超过 80%的数据以原始方式存储。例如，古籍、古老的官方纸制文件、手抄本等。其中一些知识资产已经数字化，但它们仍然是非结构化的原始格式。这些大数据非常重要，是知识资产的重要组成部分。这些数据作为一个整体被称为暗数据。大数据和认知智能的一个核心目标是能够挖掘这些暗数据。

使用认知智能创建一个暗数据的语义视图，从而使这些数据纳入主流数据资产，并成为认知系统的一部分。要完全理解或使用人工处理暗数据是不可能的。我们需要利用大数据的技术工具和认知智能算法来处理暗数据。认知图像和文件处理技术，如先进的成像、光学字符识别、自然语言处理，以及各种机器学习与文本分类算法。一旦知识资产被数字化，它们就会通过实体关系组织起来。

传统大数据系统被统称为**企业数据中心**（Enterprise Data Hub，EDH）或数据湖，其中的一个关键组件是数据建模。这是一个将源系统映射到目标数据结构进入数据湖的过程。数据建模很大程度上是一个人工过程，它需要理解源系统中特定某一领域的数据属性（列）的重要性，并将它们映射到数据湖中的字段。利用认知智能，完全消除数据建模过程是可能的。在这种新的范式中，认知系统对源数据库进行解析和语义理解，生成目标结构的连接原型，这完全可以用于数据探索等高级分析。从本质上而言，随着大数据技术和认知智能的结合，数据管理系统将变得更加自主、高效、准确。由于人工干预较小，因此可以快速获得数据分析和可操作的洞见。

认知智能使得与数据平台的无缝交互成为可能。传统大数据分析使用可视化和报告工具来生成和展示数据趋势，并对数据进行定性分析。数据资产还可用于执行预测分析的机器学习模型。如果在这些系统中引入认知智能，就可以用更自然的方式与数据平台交互。

这与人类交流非常相似，人类可以用自然语言向平台提出基于领域和某上下文的特定问题，通过各种机器学习算法挖掘底层数据资产和应用，并以自然的形式将答案呈现给用户。这种能力开辟了一个全新的世界，使得人机交互进化到难以区分对方是否为机器的地步。

12.4　认知智能即服务

认知智能领域广阔而令人兴奋，因为我们正试图追随一个无形的实体——人类的意识。随着人类对自身理解的不断加深，我们可以在认知系统中实施类似的行为。总体而言，基于认知智能的人类决策过程有以下 4 个基本组成部分，如图 12-5 所示。

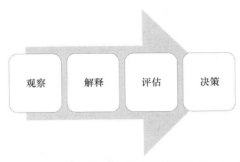

图 12-5　基于认知智能的人类决策过程的基本组成部分

通过感官同时观察环境和接受各种输入。这些输入在某一环境上下文中可被解释。解释阶段参考了历史数据以及这个过程的预期目标。解释完成后，可基于过去的经验和期望目标来评估各种可能项，找出最优解，使总体收益最大化。决策过程可基于第 10 章介绍过的强化学习。任何基于认知智能的平台都需要实现上述 4 个核心模块。

虽然研究还在进行，而且在不久的将来还会加速，但是像 IBM、微软和谷歌这样的公司已经是该领域的先驱。他们已经投身于人工智能研究，特别是认知计算相关的研究和应用开发。IBM Watson 在《危险边缘》(*Jeopardy*) 游戏中的成功，鼓励了社区将使用认知智能的应用程序商业化。先驱者还承诺将知识进行普及，并创建抽象层，以便更广泛、更容易地被大众使用。因此，数据科学家和爱好者的社区能够以最少的启动时间和最少的探索和实验成本获得存储和计算能力。下面介绍一些框架、API 和工具，这些框架、API 和工具可用于认知智能的实验和研究。

12.4.1　基于 Watson 的 IBM 认知工具包

IBM 最初开发 Watson 作为一个可以玩《危险边缘》游戏的引擎。在这个游戏中，主持人用自然语言以某种方式提问，所有的玩家都同时听到这个问题。玩家可以按蜂鸣器来表示他们已经准备好回答。第一个按蜂鸣器的玩家将有机会答题。Watson 在这方面的表现很成功并获得了《危险边缘》游戏 2010 年世界冠军。它的决策过程也经历了观察、解释、评估、决策这个周期。作为一种智能机器，Watson 可以用自然语言回答问题。图 12-6 展示的是其架构。

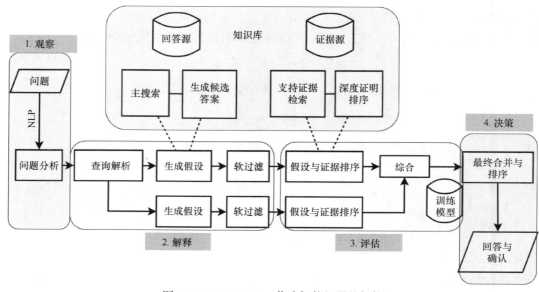

图 12-6　IBM Watson 作为智能机器的架构

"计算机破解了《危险边缘》游戏的技术！这个线索听起来和我的一样。这台计算机把注意力集中在线索的关键词上，然后梳理它的记忆（以 Watson 为例，是一个 15TB 的人类知识数据库），找出与这些词相关的关联关系。它严格地根据自身能收集到的所有上下文信息来检索：类别名称，寻求的答案，线索中暗示的时间、地点和性别，等等。当它肯定答案时，会嗡嗡叫。对于《危险边缘》游戏的玩家来说，这是一个即时、直观的过程，但我确信，在幕后，我的大脑或多或少在做着同样的事情。"

——肯·詹宁斯（Ken Jenning S）（《危险边缘》游戏中最好的玩家之一）

在 Watson 作为《危险边缘》游戏的引擎获得最初成功之后，IBM 将 Watson 发展为一种认知智能即服务（Cognitive Intelligence as a Service），并且可以在 IBM 云上使用。本章前面已经看到的认知系统因素（数据、计算能力、连通性、传感器、脑科学、自然）提供了平台上的公共接口。

12.4.2　基于 Watson 的认知应用

在撰写本书时，IBM 基于其云平台将以下认知应用程序作为服务。

（1）**Watson 助理**（Watson Assistant）。该应用程序被正式命名为"Conversation"。这个应用程序使其他任何应用程序集成自然语言接口变得很容易。它能简化特定领域的查询模型训练过程，也可实现定制的聊天机器人。

（2）**发现**（Discovery）。该应用程序允许基于互联网的通用认知关键字搜索用户的文档。默认情况下，该服务提供连接、元数据、趋势和情感信息。它可以从本地文件系统、电子邮件和扫描的文档以非结构化方式输入数据，也可以连接到企业存储库（门户站点）或关系数据库存储，还可以无缝地连接到云存储的内容。

（3）**知识目录**（Knowledge Catalog）。该应用程序对可用于各种数据科学算法实验和假设的数据资产进行管理。知识目录中的数据科学项目包含可视化的数据集、合作者、笔记、数据流和仪表板。当有数千个数据集和数百个需要同时访问该数据集并需要协作的数据科学家时，知识目录能很好地满足这个需求。知识目录提供了索引数据、分类文档和基于用户和角色的访问控制工具。应用程序支持 3 个用户角色。完全控制数据资产的管理员、可向目录添加内容并授予用户访问权限的编辑器，以及基于角色访问数据资产的查看器。

（4）**语言翻译器**（Language Translator）。该应用程序是一个方便使用的工具，可以很容易地集成到移动应用程序和 Web 应用程序，并对外提供语言翻译服务。这可以促进多语言应用程序的开发。

（5）**机器学习**（Machine Learning）。使用该应用程序可以在 Watson Studio 中以一种上下文敏感的辅助方式实验和构建各种机器学习模型。使用 IBM 云上的模型构建器可以很容易地构建模型。流编辑器提供了一个图形用户界面来表示模型，这是基于 SparkML 的 DAG。

（6）**自然语言理解**（Natural Language Understanding）。这是一个认知应用程序，它可以使用预先构建的训练模型来解释自然语言，同时可以很方便地集成到移动和 Web 应用程序中。该应用程序可以识别概念、实体、关键词、类别、情感与情绪，最重要的是支持自然语言文本之间的语义关系作为输入。

（7）**个性洞察**（Personality Insight）。该应用程序尽可能地模拟人类在相互交流时所展示的认知智能。通过语言中的特定词汇，以及在做某些陈述时的断言、音调、对他人观点的开放性等来判断。该应用程序根据语言分析和人格理论使用各种算法，并根据 Twitter 信息流、博客或某人录制的演讲获得可用的信息并得出五大需求和价值评分。服务提供 JSON 格式的输出，包含各种参数的百分比，如图 12-7 所示。

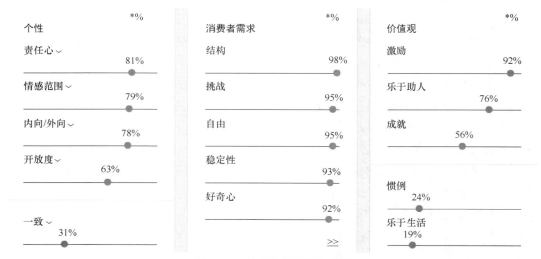

图 12-7　各参数的百分比分数

（8）**语言文本相互转换**（Speech to Text and Text to Speech）。这是向企业应用程序添加语音识别功能的两个服务。这些服务将来自不同语言、不同方言和语调的演讲进行转录。该服务支持宽带和窄带两种音频格式。文本传输（请求和响应）支持 UTF-8 编码的 JSON 格式。

（9）**语气分析器**（Tone Analyzer）。这是人类拥有的另一种认知技能，即从说话人的语气中看出此人的情绪和含义。这可以帮助呼叫中心和其他客户交互时清晰理解其含义。可以根据客户端检测到的音调对服务进行优化。该服务利用认知语言学分析来识别各种类型的音调，并对情绪（愤怒、快乐等）、社交属性（开放性、情绪范围等）和语言风格（自信和试探性）进行分类。

（10）**视觉识别**（Visual Recognition）。该服务使应用程序可识别图像，并能识别上传到服务的对象和人脸。带标记的关键字将与置信度评分一起生成。该服务使用深度学习算法。

（11）**Watson 工作台（Watson Studio）**。该服务使探索机器学习和认知智能算法，以及将模型集成到应用程序的过程变得非常简单。该工作台提供数据探索的能力，可促进项目团队之间的协作。数据资产和计算机可共享，并且可使用 Watson 工作台的接口轻松创建可视化仪表板。

12.4.3 用 Watson 进行开发

Watson 提供了前面列出的所有服务，更多服务可参考 IBM 云。所有服务都有统一的 Web 用户界面，可以快速开发原型并进行测试。认知服务可以很容易地集成到应用程序，因为大多数认知服务都提供 REST API。与 Watson 的交互需要通过加密和用户身份验证，因此是安全的。下面使用 Watson 服务开发一个语言翻译器。

1．设置先决条件

注册 IBMid 以使用 IBM Watson 服务。

（1）创建 IBMid。

（2）使用登录名和密码登录到 IBM 云。

（3）浏览 Watson 服务目录，如图 12-8 所示。

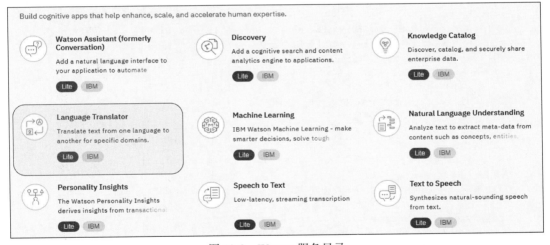

图 12-8　Watson 服务目录

（4）选择**服务名**（可以使用默认名称）和要部署服务的地区/位置，单击 **Create** 按钮。

（5）创建服务凭据（用户名和密码），用于验证对语言翻译器服务的请求，如图 12-9 所示。

（6）一旦获得了服务凭据和 URL 端点，语言翻译器服务就可以随时接受文本翻译的请求。

图 12-9 语言翻译器

2. 用 Java 开发语言翻译程序

我们继续如下工作。

（1）创建 Maven 项目，并增加包括 Watson 库的依赖：

```
<dependency>
        <groupId>com.ibm.watson.developer_cloud</groupId>
        <artifactId>java-sdk</artifactId>
        <version>5.2.0</version>
</dependency>
```

（2）调用 LanguageTranslator API：

```
package com.aibd;

import com.ibm.watson.developer_cloud.language_translator.v2.*;
import
com.ibm.watson.developer_cloud.language_translator.v2.model.*;

public class WatsonLanguageTranslator {
    public static void main(String[] args) {
        // 使用身份验证信息初始化翻译对象
        LanguageTranslator languageTranslator = new
LanguageTranslator("{USER_NAME}","{PASSWORD}");
        // 输入证书的 URL
languageTranslator.setEndPoint("https://gateway.watsonplatform.net/
language-translator/api");
        // 创建 TranslateOptions 对象，并增加待翻译文本
        TranslateOptions translateOptions = new
TranslateOptions.Builder()
                .addText("Artificial Intelligence will soon become
    mainstream in everyone's life")
                            .modelId("en-es").build();
```

```
    // 调用 translation API 并将结果赋予 TranslationResult 对象
    TranslationResult result = languageTranslator.translate(translateOptions)
        .execute();
    // 输出 JSON 结果
    System.out.println(result);
    // 这是一个支持列出所有可识别语言的 API
    IdentifiableLanguages languages =
        languageTranslator.listIdentifiableLanguages()
        .execute();
    //System.out.println(languages);
    // 根据输入语言创建 identification
    IdentifyOptions options = new IdentifyOptions.Builder()
                .text("this is a test for identification of the language")
                .build();
    // 语言的 identification API 返回一个 JSON 对象，包含所有支持语言的置信度评分
    IdentifiedLanguages identifiedLanguages =
languageTranslator.identify(options).execute();
    //System.out.println(identifiedLanguages);
    // 列出模型属性的 API
    GetModelOptions options1 = new
GetModelOptions.Builder().modelId("en-es").build();
    TranslationModel model =
languageTranslator.getModel(options1).execute();
    //System.out.println(model);
    }
}
```

输出 1 翻译输出以 JSON 格式返回，JSON 格式包含大量被翻译的单词、字符数和基于所选模型的目标语言翻译文本：

```
{
    "word_count": 9,
    "character_count": 70,
    "translations": [
        {
            "translation": "Inteligencia Artificial pronto será incorporar en la
vida de todos"
        }
    ]
}
```

输出 2 `listIdentifiableLanguages` 提供了 JSON 格式支持的语言列表：

```
{
    "languages": [
```

```
{
    "language": "af",
    "name": "Afrikaans"
},
{
    "language": "ar",
    "name": "Arabic"
},
{
    "language": "az",
    "name": "Azerbaijani"
},
{
    "language": "ba",
    "name": "Bashkir"
},
{
    "language": "be",
    "name": "Belarusian"
},
...
```

输出 3　该服务提供 API 标识输入文本的语言。对于移动和 Web 应用程序来说，这是一个非常方便的特性，用户可以在其中输入任何语言的文本，而 API 会自动检测该语言并将其翻译成目标语言。以 JSON 格式输出，并输出每种语言的置信度评分。下面的数据表示服务返回的语言为英语（en），可信度为 0.995921：

```
{
    "languages": [
    {
        "language": "en",
        "confidence": 0.995921
    },
    {
        "language": "nn",
        "confidence": 0.00240049
    },
    {
        "language": "hu",
        "confidence": 5.5941E-4
    },
...
```

输出 4　可以使用 GetModelOptions API 调用显示模型属性：

```
{
    "model_id": "en-es",
    "name": "en-es",
    "source": "en",
    "target": "es",
    "base_model_id": "",
    "domain": "news",
    "customizable": true,
    "default_model": true,
    "owner": "",
    "status": "available"
}
```

12.5 常见问答

问：人工智能分为哪几个阶段？认知能力的特性是什么？

答：从适用性以及与人脑的相似度来看，人工智能可以分为 3 个阶段。应用人工智能是将机器学习算法应用到数据资产，以便定义智能机器的行为。这些智能机器可以在预先定义的环境上下文中运行，也可以在随机性环境中工作。这种级别的人工智能在日常生活中很常见。

认知模拟人工智能是人工智能发展的下一个阶段。该阶段的智能机器能以一种自然的方式与人类进行交互（通过语音、视觉、肢体动作和手势等）。这种人机界面是无缝的、自然的，智能机器在这个阶段可以作为人类能力的补充。下一个阶段是强人工智能，人们打算开发出与人类认知能力相匹配或超过人类认知能力的智能机器。随着数据量的增加和计算力的增强，这些智能机器会增强人类的能力，帮助人类解决困难的问题，并在人工智能中开辟新的领域。到那时，就很难从认知智能行为的角度来区分智能机器和人类。

问：认知系统的目标是什么？是什么促使认知系统朝着目标前进？

答：开发认知系统的主要目标是创造智能机器，保留原始人机界面的同时，补充和增强人类的能力。今后将不再用键盘、鼠标与计算机进行交互，而是通过 5 种感官和思维与计算机进行交互。开发包含强人工智能的认知系统，其最重要的因素是数据的可用性和处理数据的计算能力。

问：大数据在认知系统发展中的意义是什么？

答：机器学习理论、各种算法和认知系统已经存在了几十年。大数据的出现加速了这一领域的发展。系统可以从数据中学习已有模式。监督学习和学习模型具有数据量大、精度高的特点。大数据还允许系统访问异构数据资产，它们能提供关键的信息，使得智能机器更加精确，从而支持整体决策。认知系统从数据资产的可用性中获益，它可以利用非结构化的知识，开辟一个全新的领域。

12.6 小结

本章介绍了人工智能发展的下一波浪潮——认知计算。通过利用人类的 5 种主要感官和大脑，认知系统的新时代即将到来。目前已经看到了人工智能的各个阶段和强人工智能的发展趋势，以及实现强人工智能的关键推动力。

我们了解了认知系统的发展史，并观察到随着可用的数据越来越多，认知系统的发展也在加速，大数据带来了处理大量数据的分布式计算框架。虽然人脑还远未被完全了解，但一些能够接触到大数据的公司做了很多开创性工作，使得该领域的前景十分光明。这些公司将人工智能作为一种服务，并且不断推动普及，从而加速整个社区的研究。

本书介绍了机器学习和人工智能的一些基本概念，并讨论了大数据如何加速这个令人兴奋的领域的研究和发展。新工具或创新已在我们手中，只要不迷失补充和扩展人类能力的总体目标，很多领域是对更多的研究敞开的，一些令人兴奋的新应用场景会在不久的将来成为主流。